A Física no Ensino Médio:
Livro do professor

Márcio Barreto

Graduado em Ciências pela PUC-Campinas, com mestrado em Educação e doutorado em Ciências Sociais pela Unicamp, onde atualmente leciona Filosofia da Ciência, foi professor de Física no ensino médio de 1980 a 2009.

A Física no Ensino Médio: Livro do professor

2ª Edição

Área do Conhecimento: Ciências da Natureza e suas Tecnologias
Componente Curricular: Física

Campinas - SP, 2021

PAPIRUS EDITORA

Capa	Fernando Cornacchia
Gráficos	Fabio Roberto de Souza
Coordenação	Ana Carolina Freitas e Beatriz Marchesini
Copidesque	Aurea Guedes de Tullio Vasconcelos
Diagramação	DPG Editora
Revisão	Isabel Petronilha Costa, Julio Cesar Camillo Dias Filho e Maria Lúcia A. Maier

Dados Internacionais de Catalogação na Publicação (CIP)
(Câmara Brasileira do Livro, SP, Brasil)

Barreto, Márcio
  A física no ensino médio: Livro do professor/Márcio Barreto. – 2. ed. – Campinas, SP: Papirus, 2021.

Bibliografia.
ISBN 978-65-5650-061-4

1. Física (Ensino médio) I. Título.

20-53476   CDD-530.7

Índice para catálogo sistemático:

1. Física: Ensino médio   530.7

Cibele Maria Dias – Bibliotecária – CRB-8/9427

2ª Edição – 2021

Exceto no caso de citações, a grafia deste livro está atualizada segundo o Acordo Ortográfico da Língua Portuguesa adotado no Brasil a partir de 2009.

Proibida a reprodução total ou parcial da obra de acordo com a lei 9.610/98.
Editora afiliada à Associação Brasileira dos Direitos Reprográficos (ABDR).

DIREITOS RESERVADOS PARA A LÍNGUA PORTUGUESA:
© M.R. Cornacchia Editora Ltda. – Papirus Editora
R. Barata Ribeiro, 79, sala 316 – CEP 13023-030 – Vila Itapura
Fone: (19) 3790-1300 – Campinas – São Paulo – Brasil
E-mail: editora@papirus.com.br – www.papirus.com.br

SUMÁRIO

CARTA AO PROFESSOR — 7

1. MOVIMENTOS — 11

2. FORÇAS EM EQUILÍBRIO — 27

3. AS TRÊS LEIS DE NEWTON — 39

4. GRAVITAÇÃO UNIVERSAL — 69

5. ENERGIA E IMPULSO — 85

6. ELETROMAGNETISMO — 115

7. ONDAS E ÓPTICA GEOMÉTRICA — 139

8. FÍSICA MODERNA — 161

REFERÊNCIAS BIBLIOGRÁFICAS — 189

Carta ao professor

Prezado(a) Professor(a),

A concepção deste livro teve como mote o desejo de oferecer articulações entre a física abordada no ensino médio e as demais disciplinas desse importante período da vida escolar, conforme o que preconiza a Base Nacional Comum Curricular (BNCC). A interdisciplinaridade, como apontam pesquisas,[1] é mais bem praticada quando parte de um referencial disciplinar. Nesse sentido, os três primeiros capítulos podem ser considerados um bloco de caráter disciplinar que contempla pré-requisitos essenciais para o desenvolvimento do conteúdo por vir, apresentado então com indícios de seus vieses filosóficos, históricos e sociais.

A sequência dos temas é uma sugestão que facilita o letramento científico relativo à física: a gravitação após o estudo dos movimentos curvilíneos; o eletromagnetismo e os movimentos harmônicos simples antes da ondulatória e outras sutis indicações de encadeamento podem contribuir para o planejamento das aulas. Não obstante, os capítulos possuem suficiente autonomia para serem explorados isoladamente, conforme a conveniência de cada situação de ensino-aprendizagem.

O Capítulo 1 traz o estudo dos movimentos retilíneos unidimensionais, ou seja, da cinemática escalar, como é de praxe nos livros didáticos de física. Todavia, a maioria desses livros não traz na sequência o estudo das forças em equilíbrio, mas aqui ele é sugerido no Capítulo 2, com o objetivo de promover a aquisição das habilidades indispensáveis às operações vetoriais, as quais serão fundamentais ao longo dos três anos do ensino médio. O conceito de força introduzido no Capítulo 2 se estenderá por todo o Capítulo 3, com as três leis de Newton. A dinâmica dos movimentos curvilíneos é trabalhada também no Capítulo 3, que termina com o estudo dos lançamentos oblíquos, completando o estudo dos movimentos.

A partir de então, os capítulos incorporam traços das relações entre os conceitos científicos e suas raízes epistemológicas, suas origens históricas e

---

1. Ivani Catarina Arantes Fazenda e Nali Rosa Silva Ferreira (orgs.). *Formação de docentes interdisciplinares*. CRV, 2013; Robert Frodeman (org.). *Oxford handbook of interdisciplinarity*. Oxford University Press, 2010; Olga Pombo. "Interdisciplinaridade e integração dos saberes". *Liinc em Revista*, v. 1, n. 1, mar. 2005, pp. 3-15 (Disponível na internet: https://doi.org/10.18617/liinc.v1i1.186, acesso em 12/2020).

filosóficas. Nos Capítulos 4, 5 e 6, a lei de Newton da atração gravitacional, o conceito de energia, a termodinâmica e o eletromagnetismo transcendem as fronteiras da física, sem abandonar o referencial disciplinar. O Capítulo 7 traz os fenômenos óticos e ondulatórios, fundamentais para a telecomunicação contemporânea. A física moderna é apresentada no último capítulo de forma bastante acessível aos estudantes do ensino médio, permitindo o reconhecimento da ciência na vida cotidiana.

A palavra *hábito* tem a mesma raiz etimológica do verbo *habitar*, não só no português, mas na maioria dos idiomas ocidentais, ou seja, o hábito se refere diretamente à nossa maneira de estar no mundo. Arvorar-se em outras áreas do conhecimento traz um desconforto inerente à quebra do hábito disciplinar, mas é preciso aceitar que aquilo que sabemos é sempre limitado, e a dimensão do que desconhecemos é infinita. Aí reside a riqueza do conhecimento de si próprio e do conhecimento do outro. Algumas leituras podem ajudar no processo de desconstrução da artificialidade das fronteiras que fragmentam o conhecimento. A obra de Isaac Newton (1643-1727), conhecida principalmente pelas leis dos movimentos e pela gravitação universal, é muito rica em aspectos que fogem à perspectiva da física, mas que foram determinantes para a formação dessa disciplina. Newton tinha preocupações teológicas importantíssimas, e seu interesse pela alquimia era maior do que comumente se imagina.

Vale a pena ler os *Principia* (1686), com destaque para o "Escólio Geral", e *Óptica* (1704), ambos do próprio Newton, mas ele escreveu também um livro interessantíssimo chamado *As profecias de Daniel e o Apocalipse de são João* (1733), no qual, entre outros assuntos insuspeitados, utiliza os cálculos do movimento de precessão da Terra para mostrar como foi fixada a data das festividades do Natal. Os escritos de Newton sobre a alquimia são igualmente incríveis, pois foi a partir dela que ele chegou à síntese entre os movimentos dos corpos celestes e os movimentos próximos à superfície terrestre. A máxima da *Tábua de Esmeralda*,[2] "O que está embaixo é como o que está no alto", expressa o que Newton fez ao atribuir à manutenção de toda a teia cósmica forças da mesma natureza daquela que puxa um objeto ao solo terrestre.

Pode ser uma atividade interessante escutar com os alunos a canção do cantor e compositor Jorge Ben Jor intitulada "Hermes Trismegisto e sua celeste Tábua de Esmeralda". Para se aprofundar no assunto, sugiro uma sondagem nos artigos e livros do professor Roberto de Andrade Martins e do norte-americano Richard Westfall, autor de *A vida de Isaac Newton* (1993) e *Never at rest* (1980), sem falar na norte-americana Betty Dobbs, autora de *The foundations of Newton's alchemy* (1984), cujas pesquisas relativamente recentes revelaram a importância da alquimia na vida e na obra de Newton.

A lei de Newton da atração gravitacional representa o coroamento da ciência moderna, que desde Francis Bacon (1561-1626) e Galileu Galilei (1564-1642) moldou o funcionamento da ciência contemporânea. É importante trazer à tona a questão do advento da ciência moderna, mostrando seu impacto na visão de

---

2. Texto que deu origem à alquimia, atribuído ao filósofo Hermes Trismegisto, que teria vivido no Egito no período antes de Cristo.

mundo do senso comum. Trata-se de um tema que pode envolver várias disciplinas: história (grandes navegações, Reforma, prensa tipográfica etc.), literatura (*Hamlet*, de Shakeaspeare), geografia (geocentrismo *versus* heliocentrismo) etc. Uma atividade interessante é a de combinar a leitura do livro *Do mundo fechado ao universo infinito*, de Alexandre Koyré (1992), com a leitura de *Hamlet* (1609) e com o filme *O sétimo selo* (1957), de Ingmar Bergman: o cavaleiro que retorna das Cruzadas no filme tem em comum com o príncipe Hamlet a inquietude da dúvida que, segundo Koyré, é a marca do homem moderno após a consolidação da ciência moderna.

No tocante à física moderna, a obra de Albert Einstein (1879-1955) não é menos rica em curiosidades e especulações interdisciplinares. A polêmica com a física quântica, a ligação entre a relatividade especial e a sincronização dos horários dos trens por toda a Europa, a questão da relatividade geral em oposição à gravitação newtoniana, além do efeito fotoelétrico, que rendeu a Einstein o prêmio Nobel, e da famosa equação $E = m \cdot c^2$, estão repletos de entradas para questões como a da bomba atômica, dos aparelhos de GPS, dos sensores de presença de pessoas e objetos etc.

Sugiro fortemente a leitura de "*Sutil é o senhor...*": *A ciência e a vida de Albert Einstein*, de Abraham Pais (1995), além de uma obra do próprio Einstein para popularização da teoria da relatividade, já disponível em português, *A teoria da relatividade especial e geral* (1921). O filme *Contato* (1997), de Robert Zemeckis, é um bom aliado na abordagem do tema. A série *Universo mecânico* (1985-1986), filmada no Instituto de Tecnologia da Califórnia (EUA) e facilmente encontrada na rede, contribui muito com o professor, não apenas no que diz respeito à relatividade e à física moderna, mas também em todos os assuntos abordados ao longo de seus 52 episódios. A série pode servir também como material de apoio didático de ótima qualidade.

O aprendizado de ciências em ambientes não formais de educação tem se mostrado relevante na formação de crianças, jovens e adultos. Além do cinema, que possui grande potencialidade para aguçar a percepção pública da ciência, os museus de ciência são espaços em que vivências lúdicas e interativas sobre conceitos científicos facilitam o aprendizado. O Museu do Amanhã, no Rio de Janeiro, o Museu Catavento, em São Paulo, a Estação Cabo Branco, em João Pessoa, o Museu de Ciências Naturais PUC-Minas, em Belo Horizonte, o Museu de Ciências e Tecnologia da PUCRS, em Porto Alegre, e o Museu de Ciências da Universidade Federal de Goiás, em Goiânia, são, entre muitos outros, exemplos desses espaços.

A organização dessas atividades é muito importante. Você deve separar um tempo para cada uma delas, o qual deve ser dividido em três partes: planejamento, execução e discussão posterior. O planejamento, que deve tomar entre uma e duas horas, não deve ser rígido a ponto engessar a atividade, pois, além dos imprevistos que podem surgir e para os quais temos que estar preparados para não perder o fio condutor, derivações inerentes às dinâmicas das atividades por vezes têm intensidade inesperada e positiva. De mesma importância é o tempo a ser reservado para discussões interdisciplinares suscitadas pelas atividades, que deve durar também entre uma e duas horas, preferencialmente com a presença dos docentes de outras disciplinas. No caso das visitas a museus ou cinemas, é recomendável reservar todo um período para isso.

Como atividade essencial de cada capítulo, é recomendada a resolução minuciosa dos exercícios cuidadosamente selecionados de importantes exames nacionais e salpicados ao longo do livro. Esses exercícios formam um interessante repertório para a compreensão profunda dos conceitos apresentados e podem ser oferecidos aos estudantes, primeiramente, como propostas para que tentem resolvê-los e, num segundo momento, com as resoluções comentadas por você, até que sejam esgotadas as dúvidas.

O tempo empregado com os exercícios deve ser o necessário para atingir o objetivo, qual seja, o de certificar-se que o conteúdo do capítulo foi satisfatoriamente apreendido pelos estudantes. Em seguida, a proposição de outros exercícios complementa a atividade. A grande oferta de questões relativas a cada tópico da física na internet permite que cada professor escolha os mais adequados à sua realidade. O vertiginoso desenvolvimento das tecnologias de informação deslocou o professor de seu papel de fonte de informação para o daquele que promove o agenciamento do conhecimento em sua interação com os alunos, daquele que instiga interesses de pesquisa e oferece repertório para discernir, no labirinto de informações disponíveis, o que pode ser virtuoso e o que pode ser apenas vicioso.

É relevante dizer ainda que as avaliações podem e devem ser repensadas de modo que incorporem a repercussão das relações interdisciplinares nos estudantes. A sinergia entre as disciplinas tende naturalmente a relativizar a importância dos instumentos avaliativos comumente utilizados, da simples quantificação do aprendizado em notas, resignificando a avaliação como aliada de docentes e estudantes. Os encontros interdisciplinares e a participação nas atividades podem ser aproveitados na construção de um processo de avaliação contínua, reduzindo o privilégio das provas que, no entanto, têm sua importância como instrumento avaliativo e preparativo para o futuro dos alunos.

Você, prezado(a) professor(a), cujo papel na educação contemporânea é indispensável, pois é guia sem o qual o estudante enfrentaria uma odisseia num mar de informações, tem em mãos um manual da física para o ensino médio que fomenta a construção do conhecimento por docentes e estudantes a partir de textos profundos no que diz respeito aos conceitos científicos, permeáveis às interações entre esses conceitos e as humanidades, rigorosos em suas abordagens matemáticas e flexíveis em relação ao obsoleto hábito disciplinar. É nesse sentido que a presente obra é sua parceira nas práticas que se alinham aos princípios norteadores da BNCC.

Saudações com o encanto que tem o ofício de ensinar, especialmente física.

Cordialmente,

Márcio Barreto

1 Movimentos

A maioria das escolas de ensino médio começa o ensino da física pela cinemática escalar. Os livros didáticos escritos para a primeira série também trazem esse assunto nos primeiros capítulos.

Em geral, os livros fazem uma introdução à física tratando da relevância do estudo da disciplina e de como as grandezas físicas são expressas por algarismos significativos e unidades de medida. Há quem prefira entrar logo na cinemática escalar e diluir essa introdução ao longo do ano letivo, reforçando continuamente as especificidades da física.

Embora do ponto de vista do encadeamento de conceitos seja mesmo mais indicado começar por esse tópico, alguns inconvenientes devem ser considerados. Um deles é o fato de a cinemática escalar ser intimamente ligada ao estudo de funções. As funções horárias relacionam espaço, velocidade e aceleração de um móvel com a variável do tempo.

O aluno, entretanto, nesse princípio da primeira série, não estudou ainda funções na disciplina de matemática. Por isso, o professor de física tem uma tarefa mais difícil e o aluno, por sua vez, encontra mais dificuldades, sem perceber que lhe falta um instrumental matemático mais bem apurado.

Velocidade escalar média, velocidade escalar instantânea e funções horárias

Velocidade é uma grandeza que depende do referencial adotado. Não faz sentido afirmar que um móvel tem velocidade de 50 km/h sem indicar em relação a que esse valor foi medido. Se dois automóveis estão viajando por uma mesma estrada retilínea, no mesmo sentido e ambos a 50 km/h em relação ao chão da estrada, a velocidade de um deles em relação ao outro é zero. O chão, por sua vez, está em movimento quando consideramos que a Terra está em movimento em relação ao Sol. Não há um referencial absoluto ou privilegiado, nem um estado de repouso absoluto. É tão correto dizer que um automóvel tem velocidade de 40 km/h em relação ao poste contra o qual se chocará quanto dizer que o poste tem velocidade de 40 km/h em relação ao automóvel.

Velocidade é também uma grandeza vetorial. Se dissermos simplesmente que a velocidade de um carro é de 6 km/h, não teremos uma informação completa sobre seu movimento: faz toda a diferença dizermos em que direção e em que sentido o veículo se movimenta dentro de um sistema de referência; nesse caso, se deixarmos claro que o carro está, por exemplo, dando marcha à ré numa certa rua ou que ele tem velocidade de 6 km/h no sentido da mão dessa mesma rua, a informação sobre a velocidade do carro fica completa para o referencial adotado.

Para definir o conceito de velocidade na cinemática escalar,[1] portanto sem a noção de vetor, adota-se um referencial unidimensional no qual um ponto serve de referência para o movimento. Em outras palavras, imaginamos o móvel como um ponto material que se movimenta sobre uma linha reta, com liberdade apenas para se locomover num sentido ou no sentido contrário. Para diferenciar os dois sentidos, adota-se um sinal positivo para essa trajetória retilínea: os movimentos a favor desse sentido, chamados *movimentos progressivos*, têm velocidade positiva; os de sentido oposto, chamados de *movimentos retrógrados*, negativa. Vamos, então, estabelecer esses limites imaginando um carro num trecho retilíneo de estrada. O carro será pensado como um ponto, e a estrada, como uma reta.

Precisamos escolher um ponto de referência na estrada: um posto rodoviário, ou um restaurante que fica à beira dela etc. Escolhamos uma árvore que fica próxima ao acostamento para medirmos, em qualquer instante, a distância a que o carro está desse ponto da estrada. A árvore, tal como o carro, é representada por um ponto na nossa reta.

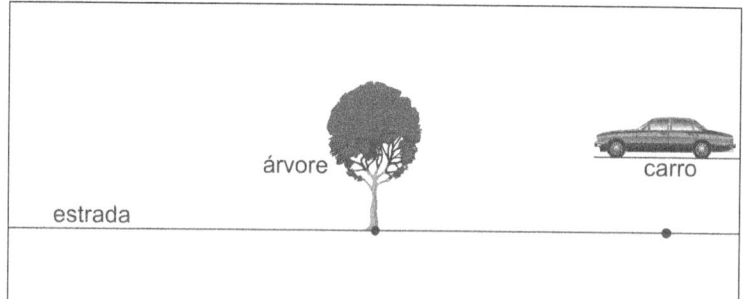

Figura 1

O carro está, em certo instante, a uma distância da árvore: por exemplo, a 2 km. A árvore é o referencial, é o "marco zero". Então, podemos dizer que a posição do carro, nesse instante, é de 2 km. Se o carro estivesse também a 2 km da árvore, mas do lado esquerdo da figura ao lado, sua posição precisaria ser diferenciada da que fica do lado direito. Por isso, adota-se o sentido positivo da trajetória. De um lado do referencial, medidas positivas para a posição do carro; do outro, medidas negativas. As escolhas do ponto de referência e do sentido da trajetória são arbitrárias. Orientemos, então, nossa trajetória para a esquerda.

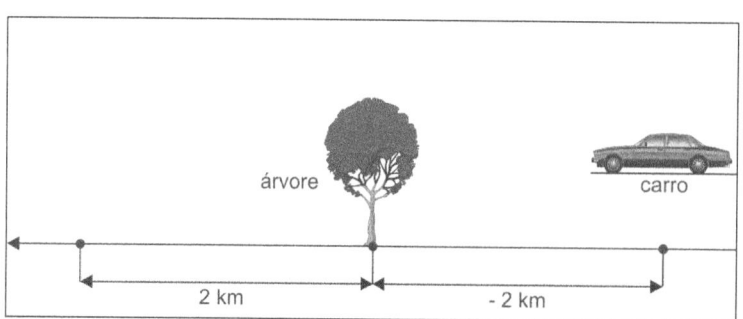

Figura 2

Admitamos que o carro em questão se movimente passando da sua posição -2 km para a posição +2 km, levando certo tempo para isso. Sua posição variou de -2 km num certo instante para +2 km num instante posterior. A "posição" do carro é chamada de *abscissa horária* (S) porque indica, *a cada instante do movimento*, a distância a que o carro

---

1. *Escalar* é o termo que restringe as grandezas na cinemática ao seu valor numérico, sem os atributos de direção e sentido que um vetor possui.

se encontra da árvore e de que lado dela ele está. Por exemplo, ao passar pela árvore no movimento acima descrito, sua abscissa horária é zero (S = 0).

A abscissa horária inicial é -2 km (S_0 = -2 km) e a abscissa horária final é 2 km (S = 2 km).

A velocidade escalar média do nosso carro é definida pela razão entre a variação da sua abscissa horária e o intervalo de tempo em que essa variação ocorreu.

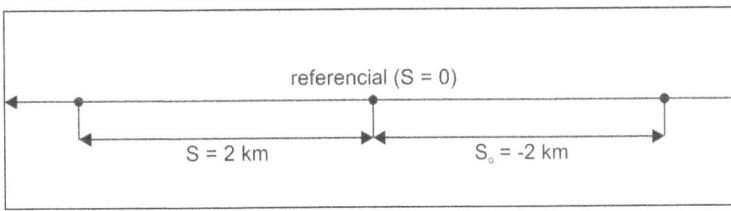

Figura 3

$$Vm = \Delta S / \Delta t = S - S_0 / t - t_0$$

Se um cronômetro foi disparado no instante em que o carro passou por S = -2 km e se esse mesmo cronômetro marca 4 minutos quando o carro passa por S = +2 km, a velocidade escalar média no movimento descrito será:

$$Vm = 2 - (-2) / 4 - 0 = 4/4 = 1 \text{ km/min}$$

1 km/min corresponde a 60 km/h.

Aqui está uma oportunidade para explorar com o aluno, ainda que brevemente, as conversões das unidades de medida, bem como, dependendo do desenrolar do assunto em sala de aula, abordar as questões da *ordem de grandeza* e dos *algarismos significativos*. Outras oportunidades surgirão seguidamente ao longo do curso, nas quais o rigor científico pode ser invocado até que o hábito o incorpore na linguagem dos estudantes.

Se o nosso automóvel tomasse o sentido contrário, passando primeiro por S_0 = 2 km e depois de 4 minutos por S = -2 km, sua velocidade média seria, nesse percurso, de -60 km/h, pois sua variação de abscissa horária seria negativa.

É estranho por vezes ao aluno o fato de que, se um carro passar, por exemplo, por S = 2 km em certo instante e depois de algum tempo passar novamente por esse mesmo ponto da estrada, sua velocidade escalar média será nula para esse intervalo de tempo, ainda que o carro em questão tenha ido muito longe antes de voltar ao ponto inicial.

Talvez o mais importante nesse momento seja dar ao aluno a "chave" da cinemática escalar, o seu caráter, por assim dizer. Num movimento, a cada instante que se considere, o móvel ocupa uma posição diferente, ou seja, sua abscissa horária varia conforme o tempo passa. É possível, portanto, tentar identificar uma função que relacione a abscissa (S) com o instante (t) do movimento em questão.

A função horária é capaz de traduzir o movimento numa sentença matemática e a cinemática escalar se fundamenta nessas funções. Podemos nos arriscar a dizer que é possível "ver" o movimento se soubermos "ler" a função horária. De todo modo, é certo afirmar que a função horária permite a previsão do movimento, ou seja, permite que seja determinada a posição, a velocidade ou a aceleração do móvel em qualquer instante.

Esse ponto é importantíssimo, pois trata-se do *determinismo científico* que, antes da teoria quântica, norteava o pensamento científico. Encontrar uma fórmula que assegure com precisão numérica o comportamento de um móvel ou que revele e preveja um fenômeno da natureza fascinou cientistas do Iluminismo no início do século XX, quando a margem de indeterminação foi incorporada à verdade científica.

"S" e "t" representam, respectivamente, a abscissa horária (no nosso caso, a distância relativa até a árvore) e o instante (no nosso caso, indicado no mostrador do cronômetro). São duas grandezas que, de acordo com o modo como são relacionadas numa função, "codificam" um movimento diferente.

Vejamos alguns exemplos, admitindo que "S" é medido em quilômetros e "t" em minutos:

$$S = 2 \cdot t^0$$

Qualquer que seja o valor de "t" elevado a zero, resultará 1. Portanto, S = 2 km qualquer que seja o valor de "t". Isso significa que o tempo passa, mas a posição do móvel não muda. $S = 2 \cdot t^0$ quer dizer: o móvel está parado a 2 km da árvore, à esquerda dela.

$$S = -2 + t$$

Nesse caso, a cada instante temos uma posição diferente para o móvel. Podemos atribuir alguns valores para "t" numa tabela:

t (min)	0,0	0,5	1,0	1,5	2,0	2,2	3,0	3,5	4,0
S (km)	-2,0	-1,5	-1,0	-0,5	0,0	0,2	1,0	1,5	2,0

Pela tabela, percebe-se que o movimento foi uniforme. Ou seja, em intervalos de tempo iguais, o espaço percorrido é o mesmo. Essa função bem poderia ser a do movimento que descrevemos para calcularmos a velocidade escalar média, mas não é a única que se encaixa em nosso exemplo. Vejamos outra que, apesar de determinar outro tipo de movimento, tem os mesmos pontos de partida e de chegada nos mesmos instantes:

$$S = -2 + t^2/4$$

t (min)	0,0	1,0	2,0	3,0	4,0
S (km)	-2,00	-1,75	-1,00	0,25	2,00

Tanto nessa função quanto na anterior, o móvel se encontra em S = -2,0 (para t = 0) e em S = 2,0 (para t = 4,0). No entanto, enquanto na anterior o movimento é uniforme, aqui ele é acelerado, o que se percebe na tabela: em intervalos iguais de tempo, o carro percorre um espaço cada vez maior.

Nos dois casos, a velocidade escalar média é de 1 km/min.

Embora o aluno não tenha ainda conhecimento geral da função horária do espaço no movimento uniformemente variado, seria interessante que percebesse como ela pode lhe dar muita informação e esse respeito. É aí que lhe pode ser revelada a importância do estudo das funções na matemática para melhor compreender a linguagem por meio da qual a função horária traduz, representa ou significa um movimento.

O conceito de velocidade escalar instantânea é deduzido a partir do conceito de velocidade média: a velocidade instantânea é a velocidade média num intervalo de tempo tão pequeno que os dois instantes, final e inicial, praticamente coincidem.

Os chamados "radares" de velocidade instalados nas avenidas das cidades "materializam" o conceito de velocidade instantânea. Dois fios são instalados no solo, paralelamente um ao outro. A distância entre eles é de aproximadamente dois metros. Quando as rodas dianteiras de um carro passam por cima do primeiro fio, um sinal é enviado ao processador que medirá o tempo entre este e o segundo sinal, enviado quando as mesmas rodas passarem pelo segundo fio. As rodas traseiras também passam pelos fios, o que permite a confirmação da medição. Em seguida, utilizando o tempo medido, o processador calcula a velocidade escalar média nesse pequeno trecho de dois metros. Acontece que o intervalo de tempo entre um sinal e outro é relativamente tão pequeno que essa velocidade média é tomada como instantânea.

Por exemplo, para certo veículo, esse tempo foi de 0,1 segundo. A velocidade média é dada por 2 m/0,1 s = 20 m/s = 72 km/h. Dizemos então que, naquele *instante*, a velocidade do carro era de 72 km/h, embora esse instante, na verdade, seja um intervalo de tempo de 0,1 segundo. Num tempo e num espaço tão pequenos, a velocidade de um automóvel não pode variar muito, e podemos considerar a média como instantânea. Quanto menor for a distância entre os fios, menor será o tempo medido e, digamos assim, mais "instantânea" será a velocidade. No limite, o intervalo de tempo seria nulo e a velocidade "perfeitamente" instantânea.

A velocidade instantânea é uma grandeza que varia com o tempo. O velocímetro de um automóvel fornece, a cada instante, a velocidade do veículo. Portanto, uma função que relacione a velocidade com o tempo também pode revelar muito sobre um movimento.

Ainda que o aluno não tenha o conceito de aceleração, é possível fazê-lo perceber as características de um movimento por meio de uma função horária de velocidade. Vejamos alguns exemplos, admitindo que a velocidade (v) de um automóvel é medida em metros por segundo e o tempo (t) medido em segundos:

$$v = 10 - 2t$$

Se atribuirmos valores para "t", descobriremos algumas características do movimento expresso por essa função horária da velocidade:

t (s)	0	2	4	5	6	7	9
V (m/s)	10	6	2	0	-2	-4	-8

A função revela que, entre os instantes 0 e 5 segundos, a velocidade do automóvel diminuiu e que ele está sendo freado. A partir de t = 5 s, a velocidade muda de sinal, o que indica inversão de sentido e, apesar de a velocidade continuar decrescendo em valor relativo (0 > -2> -4 > -8), percebemos que o automóvel está em movimento acelerado. O móvel inicialmente está em movimento *progressivo* (com velocidades positivas) e *retardado*; atingindo a velocidade nula, inverte o sentido de seu movimento (passando a ser *retrógrado*, com velocidades negativas) e passa a acelerar. São muitas as informações contidas nessa função horária de velocidade.

Outro exemplo de função horária de velocidade: v = 20 t^0. Não é difícil perceber que agora se trata de um movimento com velocidade constante: para todo instante "t", v = 20 m/s.

Aceleração escalar média e aceleração escalar instantânea

Foi preciso definir primeiro a velocidade escalar instantânea para apresentar o conceito de aceleração, pois essa é a grandeza que indica a taxa de variação da velocidade instantânea num intervalo de tempo. Os carros mais comuns apresentam um desempenho satisfatório quando capazes de variar suas velocidades de 0 a 100 km/h num intervalo de aproximadamente 10 s. A taxa de variação média da velocidade desse veículo, quer dizer, a sua *aceleração escalar média* (Am), é dada pela razão entre a variação da velocidade e o tempo:

$$Am = \Delta v / \Delta t = V - V_0 / t - t_0$$

$$Am = 100 \text{ km/h} - 0/10 \text{ s}$$

$$Am = 10 \text{ km/h} \cdot s$$

Em média, a velocidade desse carro comum aumentou 10 km/h a cada segundo. Se essa taxa de variação foi *constante*, podemos dizer que o carro partiu do repouso, depois de 1 s atingiu a velocidade de 10 km/h, depois de 2 s a de 20 km/h, depois de 3 s, 30 km/h e assim por diante, até atingir 100 km/h, no instante t = 10 s.

Há aqui nova oportunidade para trabalhar com o aluno a questão das unidades de medida. A aceleração da gravidade, facilmente assimilada pela percepção de que os corpos aumentam sua velocidade ao caírem, pode ajudar. Seu valor para corpos em queda sem qualquer resistência é de aproximadamente 10 m/s² = 10 m/s . s: os corpos em queda livre aceleram a uma taxa de 10 m/s (36 km/h) a cada segundo. Uma queda de dois segundos implica um ganho de velocidade de 72 km/h; se um automóvel comum gasta em torno de dez segundos para atingir os 100 km/h a partir do repouso, menos de três segundos de queda são suficientes para um corpo atingir a mesma velocidade.

Talvez o mais importante seja levar o iniciante no estudo da física a estabelecer a diferença entre o conceito de velocidade e o de aceleração. Ao observar que a segunda indica a maneira como a primeira varia, os passos seguintes dependerão da intenção de se aprofundar ou não nos detalhes introduzidos pelo referencial adotado. O referencial e o sentido da trajetória atribuem sinais positivos e negativos à velocidade e à aceleração como artifícios para trabalhar esses conceitos sem o auxílio do vetor, pois velocidade e aceleração são grandezas vetoriais.

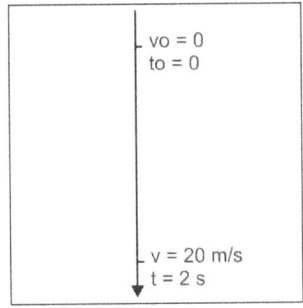

Figura 4a

Retomemos o exemplo de um corpo em queda. Pode ser um objeto pesado que deixamos cair do alto de uma plataforma até o chão: na cinemática escalar, temos que adotar uma trajetória orientada e nela um referencial. Adotemos uma trajetória orientada para baixo (Figura 4a) e analisemos dois segundos da queda: o movimento é *progressivo* (a favor do sentido da trajetória) e a velocidade varia de 0 (em $t_0 = 0$) até 20 m/s num intervalo de tempo de dois segundos, o que dá uma aceleração positiva de 10 m/s². Entretanto, se orientarmos a trajetória para cima (Figura 4b), as velocidades terão sinal negativo, pois o mesmo movimento de queda continua para baixo, mas agora é contrário à orientação da trajetória, ou seja, é *retrógrado*: ao invés de variar de 0 a 20 m/s, o valor da velocidade passaria de 0 a -20 m/s, em dois segundos. Ora, no cálculo da aceleração média, teríamos uma aceleração também negativa (ainda que o movimento seja acelerado):

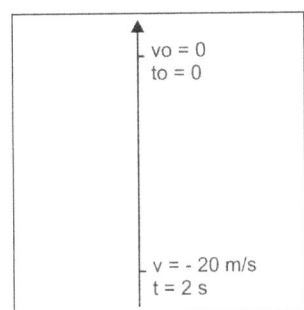

Figura 4b

$$Am = \Delta v / \Delta t = V - V_0 / t - t_0$$

$$Am = -20 \text{ m/s} - 0 / 2 \text{ s}$$

$$Am = -10 \text{ m/s}^2$$

O sinal da aceleração depende, portanto, da orientação da trajetória. Quando, mais adiante, a aceleração e a velocidade forem tratadas vetorialmente, o incômodo dos sinais positivo e negativo desaparece. No exemplo anterior, a aceleração é "para baixo" e a velocidade também (Figura 5a); portanto, ambas têm o mesmo sentido, o que na cinemática escalar é traduzido como "mesmo sinal", seja ele positivo ou negativo.

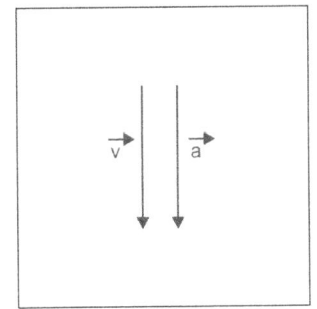

Figura 5a

Quando um corpo sobe verticalmente, sua velocidade é orientada para cima, mas sua aceleração é para baixo, ou seja, o vetor aceleração é contrário ao da velocidade (Figura 5b). Na cinemática escalar, diremos que velocidade e aceleração terão *sinais* opostos, ao invés de *sentidos* opostos.

Definida a aceleração escalar média (Am), a aceleração escalar instantânea (a) segue o mesmo raciocínio da passagem da velocidade

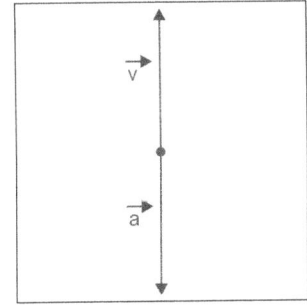

Figura 5b

média (Vm) para a instantânea (v). Quer dizer, a aceleração instantânea é a aceleração média calculada num intervalo de tempo tão pequeno que pode ser considerada instantânea. $a = Am$ num intervalo de tempo quase nulo, assim como $v = Vm$ no limite da razão $\Delta S / \Delta t$ quando Δt tende a zero.

A aceleração média e a velocidade média levam em conta apenas dois instantes: o que corresponde ao início e o que corresponde ao final do movimento. A aceleração e a velocidade instantâneas são variáveis no tempo, ou seja, têm um valor correspondente a cada instante considerado. Por isso, podemos construir funções que relacionam velocidade instantânea (v) e instante (t), ou aceleração instantânea (a) e instante (t), ou, ainda, abscissa horária (S = "posição") e instante (t). Tais funções determinam, descrevem, codificam, traduzem um movimento. $S = f(t)$, $v = f(t)$ e $a = f(t)$ são funções que informam sobre as características do movimento.

Fica evidente, assim, o quanto o estudo de funções na matemática ajudaria o estudo da cinemática, o quanto seria interessante uma abordagem interdisciplinar. O determinismo científico – tão relevante na história e na filosofia da ciência, aqui caracterizado na redução de um movimento no espaço a uma sentença matemática no papel –, os conceitos matemáticos aplicados à física e a física emprestando materialidade à trama das relações matemáticas são exemplos de possíveis conexões, dentre outras, que se esboçam na dissolução das fronteiras das disciplinas.

Cabe novamente aqui a decisão de se aprofundar ou não na cinemática escalar: por um lado, é interessante a compreensão de como os referenciais adotados e as variáveis velocidade, tempo, abscissa horária e aceleração dão conta de criar uma linguagem para os movimentos, uma linguagem cuja gramática é dada pela matemática e cujo discurso é do determinismo científico; por outro lado, até que ponto vale a pena se demorar num tópico que estuda os movimentos sem levar em conta as suas causas? A cinemática escalar analisa os movimentos, mas não se preocupa com as razões que levam um corpo a acelerar, a manter sua velocidade constante, a cair ou a permanecer em repouso, seja lá qual for o referencial adotado.

Em outras palavras, há muito mais física no porvir. Talvez o melhor seja classificar os movimentos básicos, ou seja, o movimento uniforme e o movimento uniformemente variado, apresentar suas funções horárias e logo entrar nas *causas* desses movimentos, mas sempre voltando à cinemática escalar quando reaparecerem questões que envolvem a análise de movimentos.

Movimento retilíneo uniforme

O mais simples dos movimentos merece especial atenção. Ele é importante para a compreensão da inércia, das leis de Newton e da Teoria da Relatividade. De Aristóteles a Einstein, o movimento retilíneo com velocidade constante e não nula em relação a um referencial inercial esteve presente na evolução dos conceitos da física.

Como a velocidade é constante no movimento retilíneo e uniforme (MRU), a velocidade escalar média (Vm) é igual à velocidade (v) que o móvel teve em todos os instantes do movimento considerado. No MRU,

$$Vm = v$$

$$Vm = v = \Delta S / \Delta t = S - S_0 / t - t_0$$

Fazendo $t_0 = 0$, tiramos da expressão acima a função horária do espaço para o movimento retilíneo uniforme:

$$S = S_0 + v \cdot t, \text{ onde } S \text{ e } t \text{ são as variáveis.}$$

Essa forma geral de função horária representa o MRU, e sua representação no gráfico cartesiano se dá por meio de uma reta, já que a função é do primeiro grau.

Podemos retomar o exemplo visto anteriormente da função $S = -2 + t$.

Nessa função,

$$S_0 = -2 \text{ km}$$

$$v = 1 \text{ km/min}$$

t (min)	0,0	0,5	1,0	1,5	2,0	2,2	3,0	3,5	4,0
S (km)	-2,0	-1,5	-1,0	-0,5	0,0	0,2	1,0	1,5	2,0

O gráfico cartesiano da velocidade em função do tempo será uma linha reta e paralela ao eixo do tempo, uma vez que a velocidade não varia.

Apesar da simplicidade do movimento retilíneo, os problemas propostos sobre movimentos de velocidade constante não são necessariamente triviais. Em alguns casos, a boa interpretação do enunciado é fundamental para a resolução de uma questão. Vejamos dois exemplos, adaptações de questões de vestibulares.

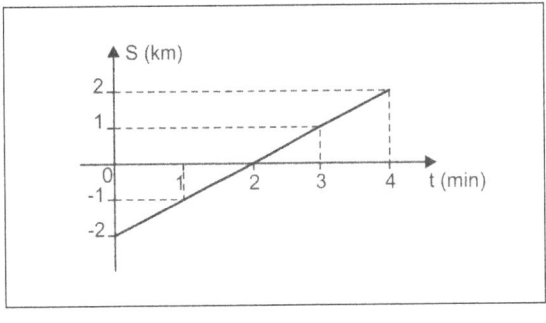

Figura 6

1) Um carro com vazamento de óleo se movimenta num trecho retilíneo de estrada com velocidade constante de 18 km/h. O gotejamento de óleo se dá à razão de seis gotas por minuto. Determine a distância no solo entre duas gotas consecutivas.

18 km/h correspondem a 5 m/s.
6 gotas por minuto é o mesmo que 1 gota a cada 10 segundos.
Em 10 segundos, qual a distância que o carro percorre?

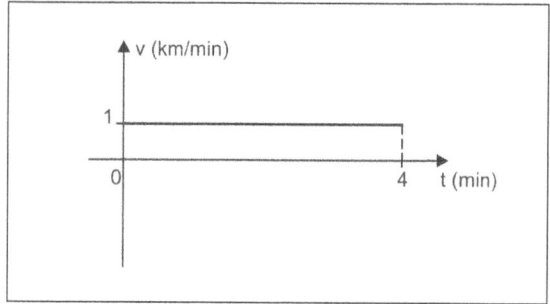

Figura 7

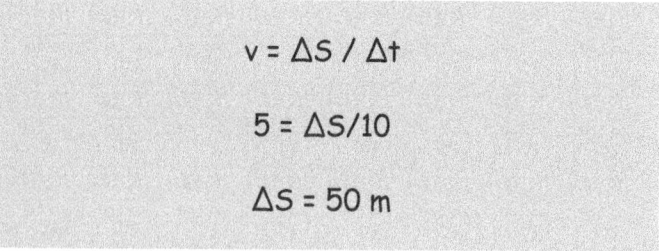

Não raramente, ao resolverem essa questão, alguns desenham no papel seis gotas alinhadas sobre a estrada. Calculam, então, o espaço percorrido pelo carro em um minuto, tempo em que caem seis gotas. Encontram como resposta 300 m. No entanto, para saberem a distância entre duas gotas consecutivas, olham para o desenho que fizeram e contam apenas cinco espaços entre as seis gotas, o que os leva a dividir 300 por 5 e a encontrar 60 m como resposta. O correto, no entanto, seria dividir 300 por 6, pois é preciso considerar o espaço que o carro percorre até que a primeira das seis gotas caia no chão. Portanto, a distância é de 50 metros mesmo.[2]

2) A escada rolante de um *shopping center* tem degraus com 20 cm de altura e serve de ligação entre dois pisos. A altura do piso superior é de quatro metros em relação ao inferior e a velocidade com que a escada se move em relação aos pisos tem módulo igual a "v". No instante em que uma senhora inicia a descida parada sobre um degrau, um garoto que estava no piso inferior começa a subir os degraus da mesma escada, ou seja, na "contramão". Ainda se nota que o menino chega ao piso superior no mesmo instante que a senhora chega ao piso inferior.

2.1) Podemos afirmar que:
a) Em relação a um referencial fixo na Terra, a velocidade do garoto é (em módulo) igual a "v".
b) Em relação a um referencial fixo na Terra, a velocidade do garoto é (em módulo) igual a "2 v".
c) Para um referencial fixo na senhora, a velocidade do garoto é igual a "3 v".
d) O garoto passa pela senhora num ponto que fica mais próximo do piso inferior do que do piso superior.
e) O garoto passa pela senhora num ponto que fica mais próximo do piso superior do que do piso inferior.

RESPOSTA: A (o garoto tem velocidade "2 v" em relação à escada na qual se encontra, mas "v" em relação à Terra).

2.2) Podemos afirmar ainda que o garoto, ao subir, passou por:
a) 10 degraus.
b) 20 degraus.
c) 40 degraus.
d) 60 degraus.
e) 80 degraus.

RESPOSTA: C (o garoto sobe dois degraus cada vez que a própria escada desce um).

---

2. A *analogia* com a equação fundamental de onda é possível: $v = \lambda.f$; $5 = \lambda.1/10$; $\lambda = 50$ m.

Movimento retilíneo uniformemente variado

Não menos importante é o movimento retilíneo uniformemente variado. Suas equações serão pré-requisitos para muitos assuntos posteriormente abordados. Diferentemente do movimento retilíneo e uniforme, a velocidade aqui varia, mas de maneira ordenada, digamos assim. No movimento uniformemente variado, a aceleração é constante e diferente de zero. Assim como Vm = v no movimento uniforme, no movimento uniformemente variado a aceleração escalar média (Am) do móvel é igual à sua aceleração escalar instantânea (a):

$$Am = a$$

$$Am = a = \Delta v / \Delta t = V - V_0 / t - t_0$$

$$a = V - V_0 / t - t_0$$

Daqui tiramos a forma generalizada da função horária da velocidade para esse tipo de movimento: **V** = V_0 + a . **t**, onde **V** e **t** são as variáveis. Como V = f(t) é uma função do primeiro grau, o gráfico cartesiano correspondente a representará com uma reta.

Retomemos a função v = 10 - 2 . t

t (s)	0	2	4	5	6	7	9
V (m/s)	10	6	2	0	-2	-4	-8

A parte superior do gráfico indica um movimento progressivo e retardado; na parte inferior, temos um movimento retrógrado e acelerado. Melhor do que ensinar técnicas do tipo "quando o módulo da velocidade decresce, o movimento é retardado", é procurar levar o aluno a perceber, na parte superior do gráfico, que o móvel está freando e que, nesse trecho, as velocidades são positivas. Em outras palavras, exercitar a leitura do gráfico dispensa o excesso de regras secundárias que por vezes poluem o conteúdo.

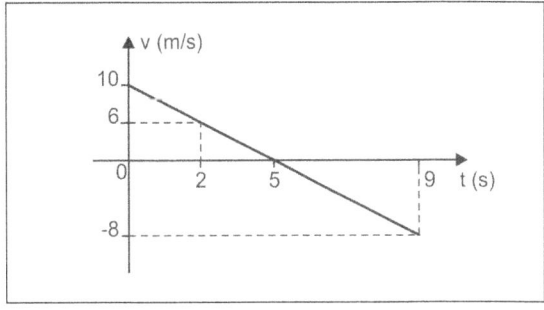

Figura 8

Uma pequena mudança no referencial, orientando-se a trajetória em sentido contrário ao anteriormente adotado, e a função se modifica: v = -10 + 2t

t (s)	0	2	4	5	6	7	9
V (m/s)	-10	-6	-2	0	2	4	8

O gráfico também sofrerá mudanças, embora nada tenha mudado no movimento em si, apenas a maneira de representá-lo foi alterada.

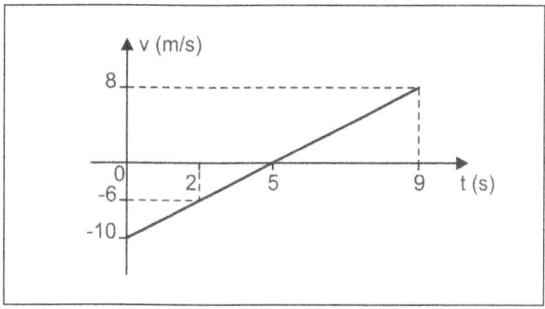

Figura 9

A parte inferior do gráfico representa um movimento retrógrado e retardado. A parte superior indica um movimento progressivo e acelerado.

Outra característica importante do movimento uniformemente variado é o fato de a velocidade escalar média poder ser dada pela média aritmética entre as velocidades (instantâneas) inicial e final:

$$Vm = (V_0 + V) / 2 = \Delta S / \Delta t = S - S_0 / t - t_0$$

$$(Vo + V) / 2 = S - S_0 / t - t_0$$

Fazendo $V = V_0 + a \cdot t$ e admitindo que $t_0 = 0$, obteremos a função horária do espaço para movimento uniformemente variado:

$$(Vo + V_0 + a \cdot t) / 2 = S - S_0 / t$$

$$S = S_0 + V_0 \cdot t + a \cdot t^2/2$$

S e **t** são as variáveis nessa função. S = f(t) é uma função do segundo grau, cujo gráfico será uma parábola. Considerando que o aluno estuda funções na disciplina de matemática depois de aprender, na física, a cinemática escalar, e como os matemáticos costumam fazer referência ao movimento uniformemente variado ao ensinarem a função quadrática, talvez não seja o caso de se aprofundar aqui nas características matemáticas da função e do respectivo gráfico. Talvez o mais conveniente seja observar simplesmente o gráfico para analisar o que ele revela.

Retomemos a função $S = -2 + t^2/4$.

t (min)	0	1	2	3	4
S (km)	-2,00	-1,75	-1,00	0,25	2,00

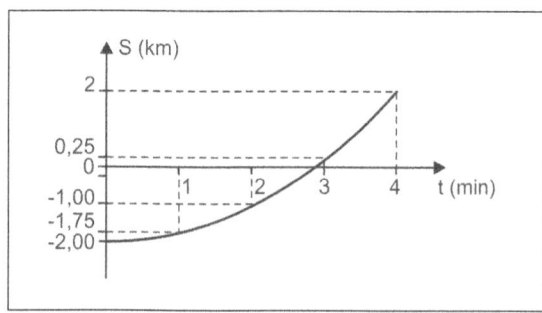

Figura 10

Um esboço do gráfico revela que o movimento é acelerado: entre 0 e 1 minuto, o deslocamento foi de 0,25 km; entre 1,0 e 2,0 minutos, portanto no mesmo intervalo de 1 min, o deslocamento foi bem maior: 0,75 km; entre 2,0 e 3,0 minutos, o deslocamento aumentou para 1,25 km. Em intervalos de tempo iguais, o móvel se desloca num espaço cada vez maior, o que indica que o movimento é acelerado. Entre 3,0 e 4,0 minutos, o deslocamento foi de 1,75 km.

Sabemos que a derivada da função do espaço é a função da velocidade e que a velocidade instantânea do móvel é dada geometricamente pela inclinação da reta tangente à curva do gráfico S x t no instante correspondente, mas essas características não merecem mais do que uma observação em sala de aula, ao menos por enquanto. Seria desproporcional ao incipiente estudo da física uma análise detalhada dos gráficos e dos meandros matemáticos do movimento uniformemente variado. Mais vale dar ao aluno a certeza de que o gráfico também é uma linguagem que pode, tal como a função horária, representar o movimento.

Vimos as funções horárias do espaço e da velocidade:

$$S = S_0 + V_0 \cdot t + a \cdot t^2/2 \quad (1)$$

$$V = V_0 + a \cdot t \quad (2)$$

Isolando "t" em (1) e substituindo o resultado em (2), temos uma função que não é horária:

$$t = V - V_0 / a$$

$$S = S_0 + V_0 \cdot (V - V_0 / a) + a \cdot (V - V_0 / a)^2 / 2$$

$$V^2 = V_0^2 + 2 \cdot a \cdot \Delta S$$

Conhecida como "equação de Torricelli", essa função relaciona a velocidade instantânea do móvel com a posição que ele ocupa na trajetória.

As três funções acima precisam ser apresentadas ao aluno. Com elas e com os conceitos fundamentais que discutimos anteriormente, ele estará apto a resolver as questões sobre cinemática escalar com as quais se deparará nas salas de aula, nos exames vestibulares e no Enem.

As principais provas do país têm como objetivo avaliar a capacidade de compreensão de texto, a habilidade para lidar com informações que muitas vezes são fornecidas pelo próprio enunciado e que se somam aos conhecimentos dos estudantes. Assim, a prática recomendada tem sido a de poupar o aluno de informações excessivas e a de valorizar sua habilidade para lidar com uma determinada quantidade de dados em situações diversas.

Tomemos como exemplo uma questão sobre cinemática escalar extraída de um exame vestibular da Universidade Estadual de Campinas (Unicamp). O aluno deveria conhecer as equações básicas do movimento uniformemente variado, mas as dificuldades que a questão apresenta são duas: a compreensão de seu enunciado e a maneira *como* usar essas equações.

Um automóvel trafega com velocidade constante de 12 m/s por uma avenida e se aproxima de um cruzamento onde há um semáforo com fiscalização eletrônica. Quando o automóvel se encontra a uma distância de 30 m do cruzamento, o sinal muda de verde para amarelo. O motorista deve decidir entre parar o carro antes de chegar ao cruzamento ou acelerar o carro e passar pelo cruzamento antes de o sinal mudar para vermelho. Esse sinal permanece amarelo por 2,2 s. O tempo de reação do motorista (tempo decorrido entre o momento em que o motorista vê a mudança de sinal e o momento em que realiza alguma ação) é 0,5 s.
a) Determine a mínima aceleração constante que o carro deve ter para parar antes de atingir o cruzamento e não ser multado.
b) Calcule a menor aceleração constante que o carro deve ter para passar pelo cruzamento sem ser multado.
Aproxime $1,7^2$ para 3,0.

O aluno deverá perceber que a primeira providência a ser tomada é calcular o espaço percorrido pelo carro durante o *tempo de reação do motorista*, conceito apresentado no enunciado que exige a correta interpretação do texto. Durante esse tempo, o motorista não tomou nenhuma atitude e o seu carro permaneceu com velocidade de 12 m/s.

O espaço percorrido nesse meio segundo é de seis metros (v = ΔS / Δt; 12 = ΔS / 0,5).

Dos 30 metros iniciais, apenas 24 metros separam o motorista do semáforo no instante em que ele começar sua ação, decida ele acelerar ou frear o carro.

No item "a", a questão pede que o candidato admita que o motorista acelera para passar pelo semáforo sem ser multado. Nesse caso, dos 2,2 segundos em que o sinal permanece amarelo, restam apenas 1,7 s. Para calcular a aceleração necessária, basta que ele use a função horária do espaço (o candidato deveria, portanto, conhecê-la).

$$S = 24 \text{ m}, S_0 = 0, V_0 = 12 \text{ m/s e } t = 1,7 \text{ s}$$

$$S = S_0 + V_0 \cdot t + a \cdot t^2/2$$

$$24 = 0 + 12 \cdot 1,7 + a \cdot 1,7^2/2$$

$$a = 2,4 \text{ m/s}^2$$

No item "b", deve ser calculada a "desaceleração" mais "suave" para que o motorista não seja multado. O aluno aqui poderá se complicar caso não analise bem a situação. Ele pode pensar, por exemplo, que o móvel tem apenas 1,7 segundos para parar:

$$V = V_0 + a \cdot t$$

$$0 = 12 + a \cdot 1{,}7$$

$$a = -7{,}0 \text{ m/s}^2$$
(valor aproximado)

Esse valor não é correto para responder à pergunta feita, pois o carro não precisa parar em *1,7 segundos*. Para que ele possa frear com suavidade sem passar pelo sinal vermelho, o motorista precisa brecá-lo em *24 metros*. O sinal pode ter fechado ainda com o carro em movimento, desde que este não atravesse o cruzamento. O tempo aqui não é importante como foi no item "a", mas o espaço, sim. Por isso, o indicado é usar a equação de Torricelli:

$$V^2 = V_0^2 + 2 \cdot a \cdot \Delta S$$

$$0^2 = 12^2 + 2 \cdot a \cdot 24$$

$$a = -3{,}0 \text{ m/s}^2$$

Conhecendo a aceleração, calcula-se o tempo gasto na frenagem:

$$V = V_0 + a \cdot t$$

$$0 = 12 - 3 \cdot t$$

t = 4,0 segundos, bem superior a 1,7 segundos, tempo em que o semáforo permaneceu amarelo após o início da frenagem.

Ao trabalhar os gráficos, pode ser interessante pensar em taxas de variação sem recorrer necessariamente ao conceito de derivada.

Um experimento interessante que pode ser feito mentalmente, mas que se enriquece muito se realizado na prática, é o da velocidade com que um mesmo fluxo constante de água preenche vários vasos de formatos diferentes, como mostra a figura a seguir.

O fluxo de água pode ser regulado de modo que os observadores possam anotar, em intervalos de tempo (t) iguais, a altura (h) da água dentro do recipiente e, com esses dados, construir um gráfico cartesiano h x t.

O recipiente, que tem a forma cilíndrica, indicará a mesma variação de altura para intervalos de tempo iguais.

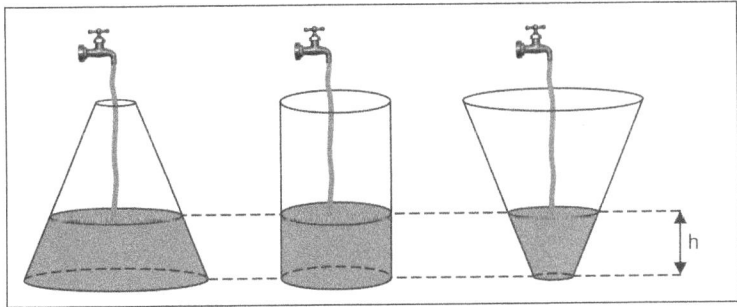

Figura 11

O que tem a forma de tronco de cone e está à esquerda apresentará uma variação de altura cada vez maior entre uma medição e outra do tempo. Com o da direita, ocorre o inverso: embora a altura da água fique cada vez maior, a taxa de acordo com a qual ela cresce diminui.

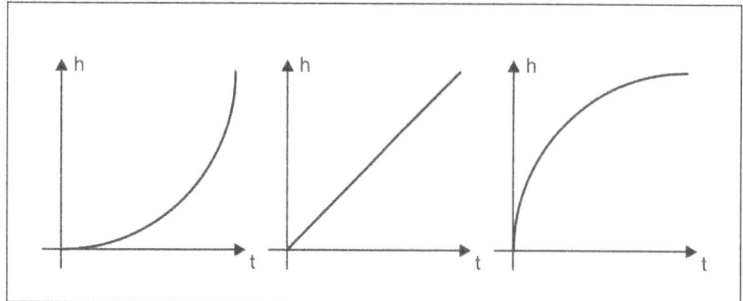

Outros recipientes, construídos de forma criativa, podem gerar gráficos bem interessantes.

Embora a matemática também o faça, e considerando que essa questão vai surgir muitas vezes no estudo da física, é interessante atrair desde já a atenção do aluno – porque pode fazer a diferença para ele num futuro próximo – para grandezas direta ou inversamente proporcionais ou para grandezas que variam direta ou inversamente com o quadrado de outra. A cinemática escalar permite isso, tal como na questão abaixo:

Figura 12

A mínima altura da qual um ovo de galinha deve ser abandonado para que se quebre no choque com o solo é "h". Para quebrar certa garrafa de vidro, sabe-se que ela terá que chegar ao solo com uma velocidade, no mínimo, nove vezes maior do que a do ovo. Considere que o ar oferece resistência desprezível, de modo que as quedas têm aceleração constante (g). A altura da qual a garrafa deve ser solta para quebrar-se no choque com o chão deve ser:
a) Maior do que 9 h.
b) Menor do que 9 h.
c) Maior do que 81 h.
d) Menor do que 3 h.
e) Maior do que 18 h.

RESPOSTA: C (a equação de Torricelli, aplicada ao movimento do ovo e ao da garrafa, soluciona a questão. Nessa equação, a altura é proporcional ao quadrado da velocidade ou, dito de outra maneira, a velocidade é proporcional à raiz quadrada da altura).

2 Forças em equilíbrio

Este capítulo, tal como em certo sentido o anterior, consiste em uma preparação para o estudo das leis de Newton. É inevitável introduzir a noção de vetor e levar o aluno a adquirir alguma familiaridade com as operações vetoriais, especialmente com a soma de vetores e o produto de um vetor por um escalar. Ao exigir a análise dos vetores que representam as forças, o estudo dos corpos em equilíbrio introduz adequadamente o estudante no cálculo vetorial.

Partiremos da noção de vetor e faremos a relação dos vetores com algumas grandezas que eles podem representar. A partir daí, ao aprender a calcular a resultante de um sistema de forças, o aluno terá condições de lidar com vetores e de estudar as forças em equilíbrio tanto num ponto quanto num corpo extenso, surgindo, assim, uma oportunidade para que lhe seja exposta a classificação das forças mecânicas que agem num corpo (peso, contato, tração).

A seguir, tendo já trabalhado com o conceito de força num nível pouco formal, será necessário apresentá-lo ao aluno com mais precisão.

O percurso deste capítulo facilitará a travessia do próximo.

Vetores

Dependendo de sua formação, cada professor opta por uma maneira de introduzir o conceito de vetor no curso de física do ensino médio. Após a explicação de suas características fundamentais, módulo, direção e sentido e da exposição da maneira correta de se representar o vetor, tem início o estudo da soma de vetores. Vale lembrar que, ao usar a notação vetorial, não é correto igualar um vetor a um número, pois o vetor, além de valor numérico, tem os atributos da direção e do sentido. Assim, não se escreve, por exemplo, $\vec{A} = 5$.

Estabelecer a distinção entre direção e sentido é importante. Em geral, sobre o plano de uma folha de papel ou da tela de um computador, adotam-se dois sentidos para a representação da direção horizontal: para a direita e para a esquerda. A direção vertical pode ter sentido para cima ou para baixo. Uma direção inclinada em relação à linha horizontal é dada pelo ângulo formado com ela e pode estar orientada para o primeiro, segundo, terceiro ou quarto quadrante.

A soma de vetores de mesma direção é de fácil assimilação: dois vetores orientados para a direita têm seus módulos somados, mas, se um deles for para a direita e o outro para a esquerda, seus módulos se subtraem. O interessante é não estabelecer regras que mecanizem a operação, mas reforçar a ideia de que somar vetores é somar também suas direções e sentidos. Se um vetor é para a direita e o outro é para a esquerda, isso é levado em conta na soma desses vetores: se uma pessoa der três passos para a direita e dois para a esquerda, a soma desses deslocamentos é igual a um passo para a direita. Mas, se a pessoa der três passos para a direita mais dois passos também para a direita, a soma desses vetores deslocamento será um vetor de cinco passos para a direita.

Vetores com direções diferentes podem ser somados pelo processo do paralelogramo, pelo processo do polígono vetorial ou pelo processo da decomposição vetorial.

Para introduzir o processo do paralelogramo, uma sugestão interessante é a de colocar o problema da velocidade de arrastamento, retomando o caráter relativo da velocidade visto no capítulo anterior, agora no nível vetorial. A velocidade de arrastamento provoca a deriva de barcos e aviões em relação a um referencial fixo na Terra.

Na descida de um rio, as velocidades de um barco em relação à água e da correnteza em relação à margem se somam quando o referencial é um ponto fixo na margem; quando o barco sobe o rio, sua velocidade em relação a esse ponto é menor do que a que desenvolve em relação às águas que ele corta. Se a velocidade do barco for nula em relação à água, não será nula em relação à margem, pois a água se movimenta, carregando o barco.

Tomemos o exemplo de um barco que tenta atravessar um rio mantendo seu movimento perpendicularmente à correnteza. Em outras palavras, o vetor velocidade do barco é perpendicular ao vetor que representa a velocidade das águas do rio em relação às suas margens (velocidade de arrastamento). Em relação às margens do rio, ou seja, em relação à Terra, ocorrerá uma deriva do barco que pode ser calculada com a soma dos vetores que representam as duas velocidades: do barco em relação à água e da água em relação à margem (de arrastamento).

O processo do paralelogramo consiste na construção desse polígono a partir dos vetores a serem somados. O ângulo α, formado entre os vetores $V_{barco\ em\ rel.\ à\ água}$ e $V_{Resultante\ (em\ rel.\ à\ Terra)}$ é chamado de *ângulo de deriva*.

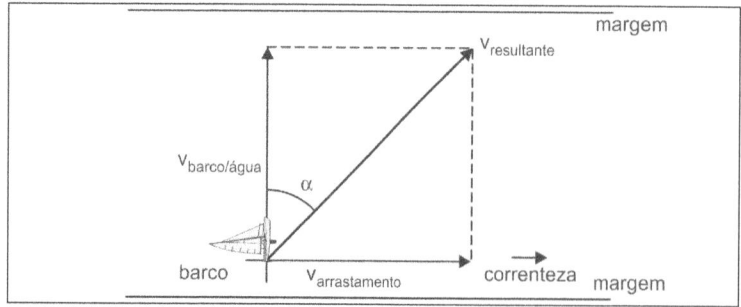

Figura 13

Assim acontece com aviões: um avião se movimenta no ar, mas, se o ar se move em relação à Terra, isso afetará a trajetória do avião em relação ao solo. Se um avião sai de Porto Alegre rumo ao norte e o vento sopra do leste para o oeste, o piloto terá que voar numa direção levemente inclinada para o leste em relação ao vento para que, em relação à Terra, o avião se movimente para o norte. O valor do ângulo (β) que o aviador terá que imprimir à sua velocidade em relação ao vento dependerá das velocidades do avião e do vento. O ângulo β é chamado de *ângulo correção de deriva*.

O barqueiro que tenta atravessar o rio também pode corrigir sua deriva: α e β podem ser calculados usando-se a trigonometria no triângulo retângulo, o que é fácil de apresentar ao aluno que desconhece o assunto.

$$\text{sen } \alpha = V_{correnteza} / V_{Resultante}$$

$$\text{sen } \beta = V_{correnteza} / V_{barco\ em\ rel.\ à\ água}$$

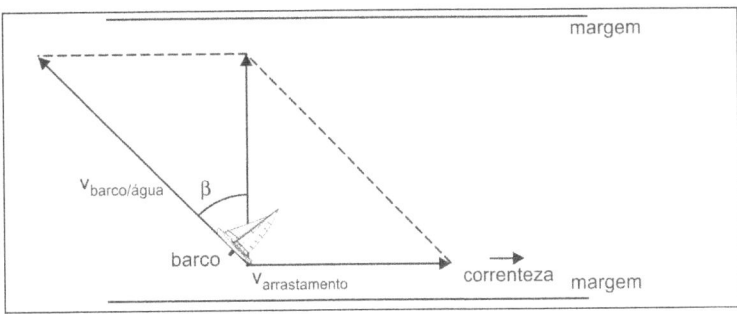

Figura 14

Para uma mesma situação, seja de um barco, seja de um avião, o ângulo de correção de deriva é maior do que o de deriva.

Exercícios sobre deriva e correção de deriva são bons para praticar a soma de vetores pelo processo do paralelogramo. Tomemos agora dois vetores $\vec{V}_1$ e $\vec{V}_2$ que formam entre si um ângulo θ.

O "vetor soma" ($\vec{S} = \vec{V}_1 + \vec{V}_2$) terá intensidade (ou módulo) calculada por uma expressão adaptada da lei dos cossenos: $S^2 = V_1^2 + V_2^2 + 2 \cdot V_1 \cdot V_2 \cdot \cos \theta$.

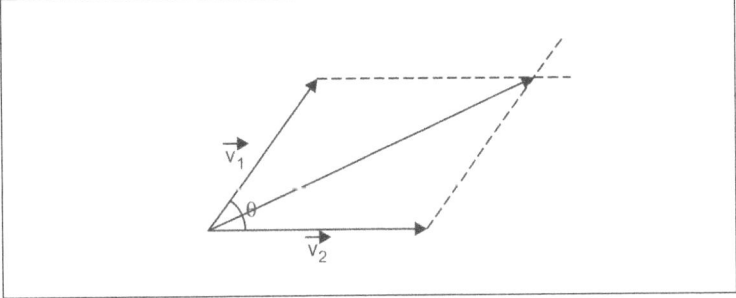

Figura 15

Outro processo de soma vetorial importante que deve ser mencionado é o do *polígono vetorial*. Além de consistir em uma técnica alternativa ao processo do paralelogramo, ele permite a soma de vários vetores de uma vez. Numa superfície plana, tal como representada na Figura 16, admitamos que uma pessoa se desloque do ponto "A" ao ponto "B"; em seguida, do ponto "B" ao "C"; e, então, do ponto "C" ao "D".

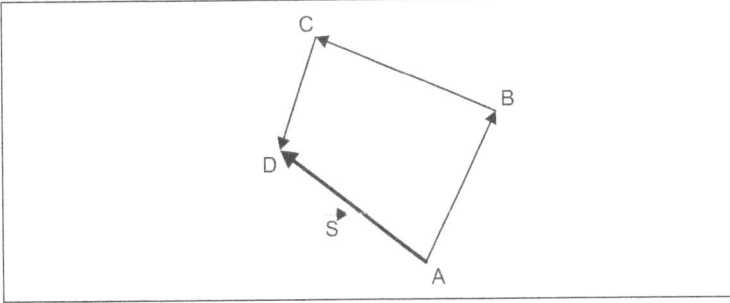

Figura 16

Deslocamento também é uma grandeza vetorial, já que a direção e o sentido são essenciais para representá-lo. Os vetores que ligam o ponto "A" ao "B", o "B" ao "C" e o "C" ao "D", ao serem somados, resultam num vetor que une o ponto "A" ao ponto "D", ou seja, vetor que representa o deslocamento total da pessoa. O processo do polígono vetorial consiste em formar uma linha poligonal com os vetores tais como eles são. Essa linha será fechada pelo vetor soma ($\vec{S}$).

Força é uma grandeza vetorial, e o aluno pode facilmente aceitar essa ideia. Basta que ele pense numa pessoa puxando um objeto com uma corda para que a direção, o sentido e mesmo a intensidade da força ganhem materialidade em seu imaginário.

Para um sistema de forças, tal como várias cordas atadas a um corpo e puxadas por diferentes pessoas em diferentes direções e sentidos, podemos calcular a resultante (soma vetorial das forças) pelo método do polígono vetorial, tal como vimos, ou pelo método da *decomposição vetorial*. É importante que o aluno aprenda a decompor um vetor e a calcular o valor de suas componentes, pois essa operação vetorial será muito frequente até o final do ensino médio.

Tomemos o vetor $\vec{A}$, com inclinação de 37° em relação à horizontal e apontado para o primeiro quadrante. Suas componentes surgem da sua projeção ortogonal nos eixos x e y.

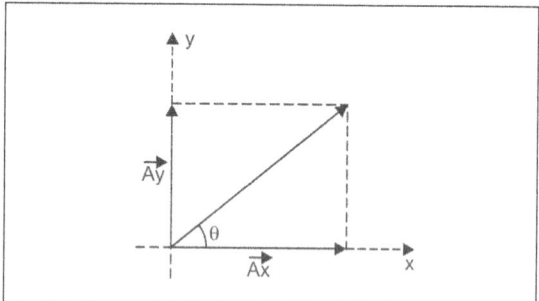

Figura 17

O cálculo do valor dos módulos das componentes $\vec{A}_x$ e $\vec{A}_y$ é feito por meio da trigonometria no triângulo retângulo: $A_x = A \cdot \cos\theta$; $A_y = A \cdot \sin\theta$.

Com o aluno mais familiarizado com a soma de vetores, facilmente se introduz o produto de um vetor por um escalar e a subtração de vetores, esta como a soma de um vetor com o outro multiplicado por -1.

Ao multiplicar um vetor por -1, obtém-se o seu oposto, o vetor que anula o seu original. Ao multiplicar por -1 o vetor força resultante de um sistema de forças, obtém-se a *equilibrante* do sistema, ou seja, uma força que seria capaz de equilibrar o sistema, de "zerar" a resultante.

$$\vec{R} = -\vec{E} \; ; \; \vec{R} + \vec{E} = \vec{0}$$

$\vec{0}$ é chamado de "vetor nulo". Num sistema de forças em equilíbrio, $\vec{R} = \vec{0}$.

Aplicação de forças num corpo

Aproveitando ainda apenas a noção "intuitiva" de força, apresentemos as forças mecânicas que agem num corpo: peso ($\vec{P}$) ou força gravitacional; força de tração ($\vec{T}$), presente quando um fio, corda, barbante ou similar "puxa" um corpo; e força de contato, que pode ser decomposta em normal ($\vec{N}$) e força de atrito ($\vec{Fat}$).

A força peso ($\vec{P}$), exercida pela Terra sobre um corpo próximo a sua superfície, tem seu par exercido pelo corpo sobre a Terra, mas nem a lei da ação e reação nem a lei da atração gravitacional foram ainda propostas ao aluno. No entanto, considerando os objetivos deste início do aprendizado da física, é suficiente que o aluno admita que a Terra puxa um corpo verticalmente para baixo e que essa força pode ser representada por um vetor com ponto de aplicação no centro de massa do corpo (conceito que também é novidade para os estudantes, mas que pode ser brevemente entendido).

A força normal ($\vec{N}$) é aplicada perpendicularmente ao plano em que o corpo se apoia. Haverá força de atrito ($\vec{Fat}$) entre essa superfície e o corpo se ela estiver se opondo a um movimento ou a uma tendência de movimento do corpo na direção tangente a essa superfície. A soma vetorial da força normal com a de atrito resulta na chamada força de contato ($\vec{C}$).

A distinção entre atrito estático e cinético já pode ser feita: quando, por exemplo, um bloco de madeira desliza sobre uma superfície de mármore igualmente polida, a força de atrito é considerada constante e sua intensidade é ligeiramente menor do que a da força de atrito *máxima*, a qual corresponde à situação de iminência do deslizamento. O *coeficiente de atrito estático* (μ_e) é obtido pela razão entre os módulos da força de força de atrito máxima e da força normal; o *coeficiente de atrito cinético* (μ_c) é a razão entre a força de atrito de deslizamento e a normal.

$$\mu_e = Fat_{máx} / N \qquad \mu_c = Fat_{desliz} / N$$

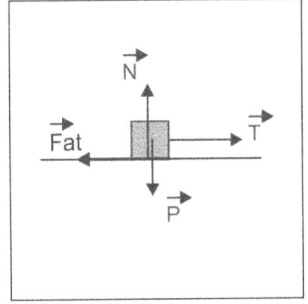

Figura 18a

Interessante notar que o coeficiente de atrito é uma grandeza adimensional, pois, ao dividirmos uma força por outra força, as unidades de medida se cancelam.

Um caminhão que carrega um grande bloco de pedra em sua carroceria de madeira é uma boa imagem para pensar na força de atrito. Quando o caminhão parte do repouso em movimento acelerado, é o atrito da carroceria que leva a pedra (basta imaginarmos o bloco de pedra sobre rodinhas para perceber que, com pouco atrito, o caminhão não consegue levar a rocha com ele). A percepção de que a pedra acompanha o movimento do caminhão desde que este não acelere demais (caso contrário, haverá escorregamento) invoca a ideia da força de atrito máxima. No capítulo seguinte, faremos um exercício completo sobre essa suposta situação. Por hora, o aluno ainda não aprendeu as leis de Newton, mas já é possível introduzir informalmente a questão da inércia.

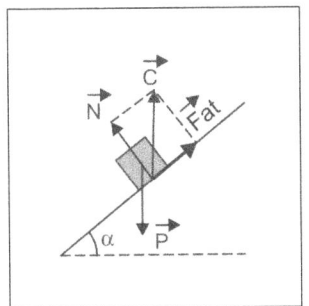

Figura 18b

Os valores dos coeficientes de atrito dependem da natureza das superfícies em contato e do grau de polimento dessas superfícies, mas não do valor das áreas que estão em contato.

Uma maneira de medir esses coeficientes entre duas superfícies, um tijolo e uma tábua sobre a qual ele se apoia, por exemplo, é a seguinte: coloca-se o tijolo em repouso sobre a tábua apoiada no chão; em seguida, inclina-se a tábua até que o tijolo fique na iminência do movimento, ou seja, até que o ângulo de inclinação seja tal que qualquer aumento no seu valor provoca o movimento do tijolo.

Decompondo a força peso, obtemos:

$$Px = P \cdot \operatorname{sen} \alpha$$

$$Py = P \cdot \cos \alpha$$

Aqui está a oportunidade para introduzir o aluno no estudo dos corpos em equilíbrio: como o bloco está na iminência do movimento, mas ainda em repouso, a resultante das forças é nula; portanto, $Px = Fat_{máx}$ e $Py = N$.

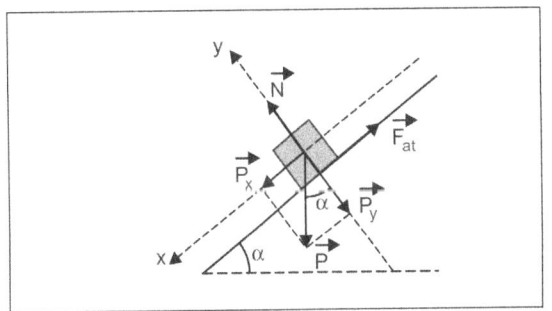

Figura 19

> Então, $P \cdot \text{sen}\, \alpha = \mu_e \cdot N$
> $P \cdot \cos \alpha = N$

Isolando P das duas equações, temos que $\mu_e = \text{tg}\, \alpha$, sendo α o maior ângulo para que o tijolo não deslize. Se α for o ângulo para o qual o bloco escorrega para baixo com velocidade constante, então $\mu_c = \text{tg}\, \alpha$. Eis aí um método para calcular os coeficientes de atrito entre as superfícies da tábua e do tijolo. O experimento pode ser feito para quaisquer pares de superfícies. Embora não seja uma regra inviolável, o ângulo α dificilmente passa de 45°. Como tg 45° = 1,00, em geral, os valores dos coeficientes de atrito são inferiores a 1,00.

Equilíbrio de um ponto material

Um ponto material estará em equilíbrio quando estiver em repouso ou quando estiver em movimento retilíneo uniforme. Embora isso só fique mais claro com a segunda lei de Newton, é possível mencionar essa condição ao aluno, introduzindo-o de certa forma no capítulo seguinte.

Igualmente importante é deixar claro que, na condição de equilíbrio, a resultante das forças é nula, o que é de fácil assimilação, mesmo sem as leis de Newton formalizadas. A ideia de equilíbrio facilmente se associa à da anulação de forças concorrentes.

Ponto material em equilíbrio: $\vec{R} = \vec{0}$.

Por ponto material, podemos entender um nó em que pedaços de corda se juntam, um tijolo ou qualquer corpo cujas dimensões desconsideremos. No exemplo do tijolo que escorregava no plano inclinado da tábua com velocidade constante, o próprio tijolo foi considerado um ponto no qual agiam as forças de contato e de gravidade.

É provável que já surja a dúvida entre os alunos de como pode um móvel manter sua velocidade constante quando não há força resultante agindo sobre ele, dúvida que invoca a teoria grega do *impetus*, a inércia de Galileu e as leis de Newton. Não é preciso esclarecê-la completamente, mas é fundamental acolher e valorizar a dúvida que alinhavou dezenas de séculos da história da ciência e que desafia o senso comum até hoje. É no capítulo seguinte que ela será mais bem discutida, mas talvez seja o momento de começar a lidar com essa dúvida ou mesmo de cultivá-la.

Inúmeros são os exercícios que podem dar ao aluno maior habilidade com os vetores, prepará-lo para as leis de Newton e reforçar o conceito de equilíbrio de um ponto material. Vamos ver um exemplo.

> Pergunta-se qual o valor máximo da massa "m" da figura abaixo para que o sistema permaneça em equilíbrio. São dados o coeficiente de atrito estático entre a superfície horizontal e o bloco que está sobre ela (0,60) e também a massa desse bloco (20 kg), além dos valores dos ângulos indicados na figura e dos necessários senos e cossenos (cos 37° = 0,80; sen 37° = 0,60).

Podemos ver o conjunto todo em equilíbrio, mas podemos também analisar separadamente vários elementos desse conjunto: o bloco apoiado sobre a superfície, o bloco pendurado pelo fio vertical e o ponto "C", onde os três fios se encontram.

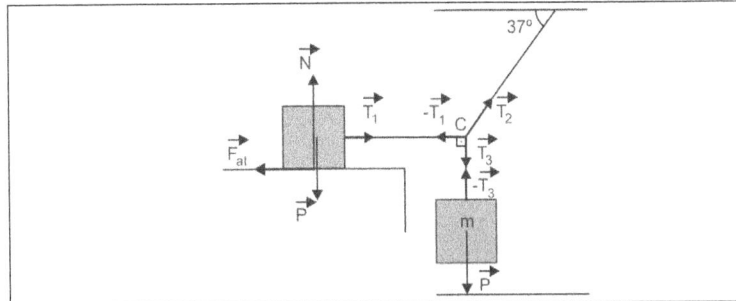

Figura 20

A habilidade de recortar e de isolar sistemas para analisá-los é estratégia fundamental do pensamento científico. O conjunto da figura, mesmo que analisado de uma vez, já é um recorte, dentro do qual fazemos outros recortes.

A aptidão para resolver problemas de física consiste, em primeiro lugar, na boa interpretação do enunciado, ou seja, na tentativa de "ouvir" o pensamento de quem propôs o problema na forma do texto; em segundo lugar, a resolução da questão apresentada dependerá do recorte racional das partes que são colocadas em relação por esse enunciado. Reconhecidas as peças em jogo no tabuleiro do problema, podemos começar a resolvê-lo por qualquer uma das partes que recortamos, com a certeza de que ela nos levará ao resultado procurado, embora alguns caminhos sejam bem mais curtos do que outros.

O triunfo desse método é inegável, mas fica sempre a questão da artificialidade do recorte, pois nada existe independente do seu entorno, num sistema perfeitamente fechado. A ideia do recorte é forte em nossa cultura e não se restringe ao campo (recorte) científico. A própria noção de indivíduo repousa no recorte do "eu"; se levada ao extremo, poderia nos fazer egoístas.

Empregando o artifício do recorte, pensaremos no bloco apoiado sobre a mesa: ele deve permanecer em repouso e em estado de iminência de movimento para satisfazer as condições impostas pelo problema. As forças que nele agem serão: a força de atrito máxima ($\vec{Fat}_{máx.}$), a tração ($\vec{T}_1$), a força peso ($\vec{P}$) e a força normal ($\vec{N}$).

Como a situação é de equilíbrio,

$$N = P$$

$$N = 20 \text{ kgf}$$

Além disso,

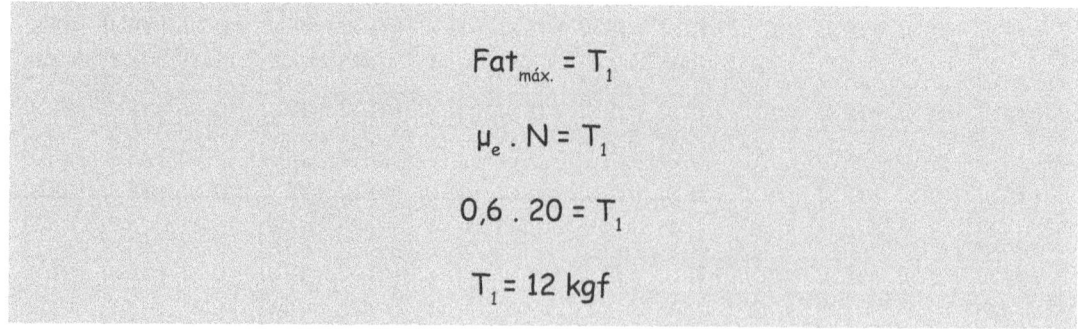

$$Fat_{máx.} = T_1$$

$$\mu_e \cdot N = T_1$$

$$0{,}6 \cdot 20 = T_1$$

$$T_1 = 12 \text{ kgf}$$

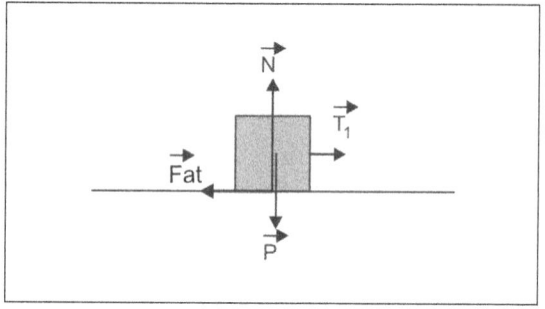

Figura 21

Analisaremos agora o ponto "C", encontro dos fios, espécie de "nó", sem massa considerável. Fazemos muitas concessões para pensarmos um problema de física: desprezamos a resistência do ar, os efeitos disso e daquilo. Essas concessões também são recortes e são úteis para pensarmos os fenômenos, mas por vezes causam estranheza ao aluno.

No ponto "C", também em equilíbrio, três forças se anulam: $-\vec{T}_1$, $\vec{T}_2$ e $\vec{T}_3$.

A força $-\vec{T}_1$ é de mesma intensidade da força exercida no bloco sobre a superfície, pois é exercida pelo mesmo fio. Esse fio é o que há de comum entre os dois recortes que fizemos até aqui, o elo entre eles: ele transmite uma força orientada para a direita sobre o bloco ($\vec{T}_1$) e uma força para a esquerda ($-\vec{T}_1$) sobre o ponto "C". Portanto, uma das três forças desse ponto é conhecida. Podemos exercitar os métodos do polígono vetorial e o da decomposição vetorial ao calcularmos as outras duas forças.

Conhecemos o ângulo de 37°, bem como os respectivos valores do seno e cosseno que devem ser dados do problema. Assim, podemos somar os três vetores colocando-os numa sequência e sabendo que essa soma terá como resultado um vetor nulo, pois o ponto "C" está em equilíbrio. Isso significa que a linha poligonal formada pelos três vetores será fechada, com a extremidade do último vetor da nossa sequência coincidindo com a origem do primeiro.

$$\vec{R} = -\vec{T}_1 + \vec{T}_2 + \vec{T}_3 = \vec{0}$$

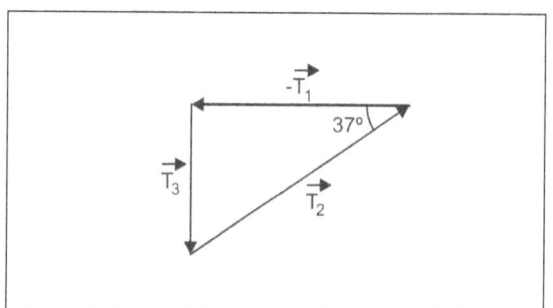

A fidelidade às características de cada vetor é necessária para a construção do polígono. Nesse caso, ela é essencial para bem reconhecermos o ângulo dado de 37° dentro do triângulo: ele é oposto ao lado que representa $\vec{T}_3$ e adjacente ao lado que representa $-\vec{T}_1$. $\vec{T}_2$ é representado pela hipotenusa do triângulo retângulo ao lado.

Figura 22

Assim,

$$\cos 37° = T_1 / T_2$$
$$0,80 = 12 / T_2$$
$$T_2 = 15 \text{ kgf}$$

Ainda:

$$\text{sen } 37° = T_3 / T_2$$
$$0,60 = T_3 / 15$$
$$T_3 = 9 \text{ kgf}$$

Outra possibilidade para o cálculo de T_2 e de T_3 é a decomposição do vetor $\vec{T}_2$ em $\vec{T}_{2x}$ e $\vec{T}_{2y}$.

Como a situação é de equilíbrio,

$$T_{2x} = T_1$$
$$T_2 \cdot \cos 37° = T_1$$
$$T_2 = 15 \text{ kgf}$$

Ainda,

$$T_{2y} = T_3 ; \; T_2 \cdot \text{sen } 37° = T_3 ; \; T_3 = 9 \text{kgf}$$

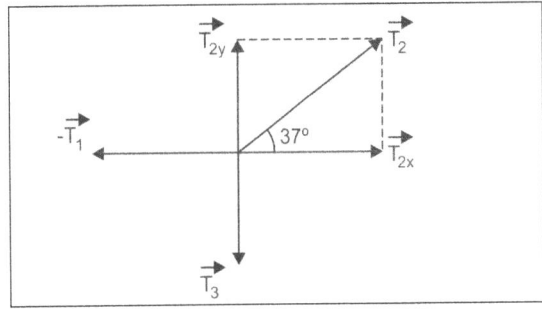

Figura 23

Finalmente, isolaremos o bloco pendurado, no qual duas forças se anulam, ou seja, a força de tração e a força peso têm módulos iguais. A força de tração no bloco pendurado ($-\vec{T}_3$) tem a mesma intensidade de $\vec{T}_3$, pois é transmitida pelo mesmo fio que "puxa" o ponto "C" para baixo; quando analisamos o bloco pendurado, a força que o fio nele faz é para cima, equilibrando a força peso.

Assim, no bloco pendurado, $T_3 = P = 9$ kgf.

Portanto, o máximo valor da massa do bloco pendurado para que o sistema permaneça em repouso é de 9 kg.

O enunciado da questão forneceu informações sobre o bloco apoiado na superfície horizontal (massa e coeficiente de atrito estático com a superfície) e perguntou sobre uma grandeza do bloco pendurado (o valor de sua massa). Isolamos três sistemas de forças e começamos analisando o bloco sobre o qual

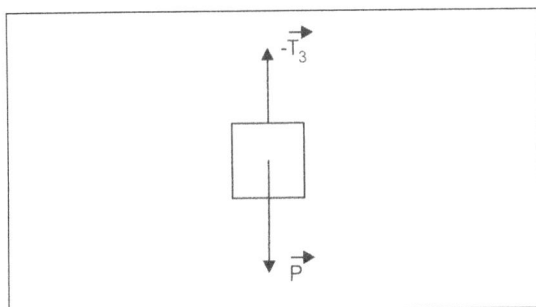

Figura 24

tínhamos informações; daí, passamos ao sistema de forças no ponto "C" para, enfim, chegarmos ao corpo pendurado.

O caminho inverso poderia ter sido feito também, com a incógnita revelada nas expressões matemáticas logo de início e permanecendo até o final do cálculo. Como todo mundo sabe, os exercícios de física são assim: apresentam uma espécie de "enredo" ou situação-problema, fornecem um ou mais dados e fazem uma ou mais perguntas. De modo geral, identificar esses elementos no enunciado é o primeiro passo do aluno na resolução dos problemas colocados pelos exercícios.

O conceito de força

Até aqui, utilizamos o termo *força* de maneira bastante informal. Não há problema algum nesse procedimento, pois o aluno precisava de alguma consistência para operar os vetores e a ideia de força se prestou a dar essa consistência.

Talvez agora seja o momento de abordar o conceito de *força* com mais rigor. Podemos pedir aos alunos que pensem por alguns minutos como poderiam definir o conceito de força. Eles podem exercer forças com seus braços em objetos próximos para ajudar na formulação do conceito. Após alguma discussão, em geral chega-se à conclusão de que uma força pode provocar dois efeitos: deformar ou mudar o estado de movimento de um corpo, ou seja, deformar ou acelerar um corpo.

A força deforma um corpo quando equilibrada por outra força. Ao comprimirmos uma bola de tênis com as duas mãos de modo que as forças contrárias se equilibrem, ela se deformará visivelmente.

Quando, no entanto, a força não é equilibrada, ou seja, quando há uma força resultante, o móvel muda seu estado cinemático em relação a um referencial inercial: se estiver em repouso, começa a movimentar-se; se já estiver em movimento, terá sua velocidade alterada.

Assim, *força é a causa de dois efeitos diferentes: deformação, quando equilibrada; aceleração, quando não equilibrada.*

A deformação pode ser elástica ou permanente, sendo a primeira caracterizada pelo retorno à forma original do corpo depois que a força parar de agir. Aqui está uma oportunidade para apresentar ao aluno a lei de Hooke, válida para deformações elásticas.

$$\vec{F}_{el} = -k \cdot \vec{\Delta x}$$

Uma mola presa à parede é distendida, aumentando seu comprimento de x_0 para x.

O vetor $\vec{\Delta x}$ é definido pela diferença $\vec{\Delta x} = \vec{x} - \vec{x}_0$.

Apesar de se tratar da variação do comprimento da mola, muitos utilizam apenas $\vec{x}$ no lugar de $\vec{\Delta x}$. Assim, é comum vermos a lei de Hooke definida pela expressão:

$$\vec{F}_{el} = - k \cdot \vec{x}$$

É bom lembrar que a mola só se deforma porque está presa à parede. Em outras palavras, porque a força exercida pela mão para deformá-la está equilibrada pela força que a parede faz para impedir que a mola se movimente no sentido da força que a mão faz.

Os vetores que representam a força elástica e a deformação têm sentidos contrários, daí a presença do sinal negativo. Isso fica claro quando o aluno aprende que a força elástica não é a que é feita *sobre a mola*, a força que a deforma, mas a força que *a mola faz* para voltar à sua posição original, portanto contrária à deformação sofrida. O mesmo ocorre quando a mola é comprimida.

Figura 25

Outro ponto importante é o da *constante elástica* (k) da mola. Trata-se de uma constante de proporcionalidade, e aqui está uma ótima oportunidade para falar de grandezas diretamente proporcionais que, por definição, são aquelas de razão constante, tal como ocorre entre a força e a deformação.

A unidade de medida da constante elástica pode ser explorada também; no entanto, como até agora a única unidade de medida de força utilizada foi o quilograma-força, a constante elástica terá aqui unidades como kgf/cm, kgf/m etc. Convém mencionar brevemente a existência de outras unidades de medida de força, como o *Newton* (N) e o *dina* (d), para poder fornecer outros exemplos de unidades de medida de "k": N/m, d/cm etc. No próximo capítulo, quando tratarmos dos sistemas de unidades de medida, nosso trabalho ficará mais fácil.

Conhecida a constante elástica de uma mola, podemos construir um aparelho capaz de medir forças chamado *dinamômetro*. Por exemplo, uma mola de k = 2 kgf cm indicará 2 kgf quando sua deformação for de 1 cm; 4 kgf quando a deformação for de 2 cm, e assim por diante. Será uma variação de comprimento que indicará o valor da força exercida na mola. Até aqui, nada de novo. Mas tomemos uma situação que pode gerar dúvida, seja numa aula teórica ou prática: dois corpos, cada um deles com 10 kg de massa, são colocados nos extremos de um fio que passa por uma roldana, tal como no esquema abaixo.

O sistema é abandonado em repouso e assim permanece, pois há equilíbrio entre os pesos dos blocos. Admitindo que o fio e a polia sejam ideais, ou seja, que suas massas e os eventuais atritos não influenciarão significativamente nas medições, inserimos um dinamômetro igualmente ideal num trecho do fio (pode ser aquele dinamômetro cuja mola tenha k = 2 kgf/cm).

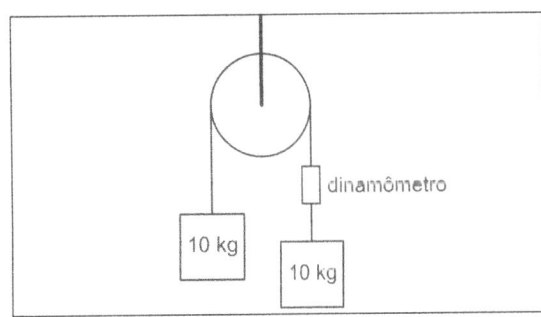

Quando perguntamos ao aluno qual a leitura esperada no dinamômetro, quer dizer, qual o valor da força que ele marca, surgem algumas dúvidas. Sabemos que ele indicará a tensão no fio, 10 kgf, mas as

Figura 26

dúvidas mais comuns são: por que não marca 20 kgf, já que os pesos de 10 kgf puxam o bloco em sentidos contrários? Ou ainda: por que não marca zero, já que a resultante das forças sobre o dinamômetro é zero?

As dúvidas aparecem porque a compreensão da força elástica ainda não foi satisfatória para esse aluno. Respondendo à primeira indagação, é certo que o dinamômetro é puxado por uma força de 10 kgf de cada lado, mas uma mola (como a do dinamômetro) só se deforma quando é equilibrada; por isso, para marcar 10 kgf, é preciso puxar dos dois lados com 10 kgf, tal como acontece quando a mola é fixa na parede por uma de suas extremidades e a puxamos pela outra. A segunda pergunta frequente também é comum e tem a mesma origem da primeira: de fato, a resultante das forças é nula, mas o dinamômetro não indica a resultante, e sim a força que é equilibrada por outra contrária a ela.

A lei de Hooke ressurgirá em diversas situações mais adiante. Por hora, basta reforçarmos que uma *força* é capaz de provocar *deformação elástica* quando equilibrada e *aceleração* quando não equilibrada. Ainda estamos longe da formalização matemática do conceito em todo o seu rigor científico, mas é um passo nessa direção.

3 As três leis de Newton

Quando um corpo está em repouso ou em movimento retilíneo e uniforme em relação a um referencial inercial, tende a permanecer nesses estados, a menos que uma força externa não equilibrada seja exercida sobre ele. Ou, como diz Newton no *Principia* ao enunciar a primeira lei, da inércia:

> Todo corpo continua em seu estado de repouso ou de movimento uniforme em linha reta, a menos que ele seja forçado a mudar aquele estado por forças imprimidas sobre ele.

Uma bolsa deixada sobre uma mesa tende a ficar lá mesmo, a menos que uma força externa nela seja exercida. A um primeiro olhar, a lei parece muito simples, mas sua complexidade aparece quando pensamos mais demoradamente nessa "tendência" de permanecer em repouso ou em movimento retilíneo uniforme.

A matéria resiste à mudança de estado de movimento, mas não resiste com uma "força" e sim com uma espécie de "má vontade" em relação à força externa, ou seja, com uma espécie de tão menor "sensibilidade" à ação da força quanto maior é a massa do corpo em que ela atua.

Se alguém pegar a bolsa que está sobre a mesa, certamente a força peso se oporá à força que essa pessoa fizer para levantá-la. Mas o peso da bolsa, a força que a Terra faz sobre ela, não é a inércia da bolsa. Para não confundirmos as duas coisas, podemos pedir que o aluno *se imagine numa região do espaço sem gravidade significativa, como um astronauta "flutuando" no espaço*. Simular mentalmente um ambiente sem gravidade pode ajudar a não confundir a inércia com uma força. Podemos conduzir esse experimento mental da seguinte forma:[1]

> Nessa região do espaço, "magicamente", aparece um caminhão à sua frente, parado em relação a você e, como não há gravidade no local, ele também está "flutuando". Imagine ainda que, da mesma forma, aparece à sua frente uma motocicleta comum.

---

1. Adaptação de trecho do primeiro capítulo de Barreto, Márcio (2002). *Física: Newton para o ensino médio*. Campinas: Papirus.

Para você, que está lá no espaço, sem gravidade, longe de qualquer planeta, é mais fácil empurrar o caminhão, a motocicleta, ou tanto faz?

À primeira vista, parece que tanto faz. Mas isso não é verdade. Se fizéssemos essa experiência imaginada, iríamos verificar que é mais "difícil" empurrar o caminhão. Isso significa que, se empurrarmos a motocicleta e o caminhão da mesma forma (utilizando a mesma força), o efeito será maior sobre a motocicleta do que sobre o caminhão. O caminhão, por ter mais massa, por ser uma quantidade maior de matéria do que a motocicleta, *resiste* mais à mudança de seu estado (no caso o de repouso).

O estado cinemático do caminhão se altera menos (mais lentamente, digamos assim) do que o da motocicleta. A *inércia* do caminhão é maior do que a inércia da motocicleta. A massa é definida por Newton como a medida da *quantidade de matéria* de um corpo, mas ele também a definiu como *medida da inércia* de um corpo; quer dizer, quanto maior a massa, maior é a inércia do corpo, maior é a sua resistência a mudanças de estado de movimento.

Ao falarmos de corpos em repouso, o senso comum concorda mais frequentemente com a lei da inércia do que quando invocamos o movimento retilíneo e uniforme. A compreensão da identidade entre o estado de repouso e o estado de movimento retilíneo uniforme exige mais reflexões.

Para o senso comum, um corpo que possui certa velocidade em relação a um referencial inercial não tende a mantê-la, tal como diz a lei da inércia, mas a perdê-la, ainda que suavemente. Na Antiguidade clássica, a teoria do *impetus* era bastante próxima dessa maneira de pensar do senso comum. Na física da Grécia antiga, o repouso era o "estado natural das coisas".

Um pedaço de ferro insistentemente atritado numa rocha irá se aquecer. Após algum tempo, perderá o calor, arrefecendo-se. Analogamente, os filósofos gregos acreditavam que os corpos dotados de movimento perderiam velocidade, assim como o ferro perde seu calor, sendo o *repouso*, portanto, o estado natural dos corpos.

Aristóteles concebia o movimento como um *processo*, uma vez que é passageiro e transitório, e o repouso como um *estado*. De fato, se jogarmos um objeto qualquer na horizontal, seu movimento tenderá a se extinguir e, mais cedo ou mais tarde, ele entrará no estado de repouso.

Os gregos *não* concebiam que o corpo vai perdendo seu movimento devido a ações externas, como os atritos ou outras forças que vão "consumir" a velocidade do objeto. Se esses atritos fossem reduzidos, o objeto entraria em repouso mais tarde. E, se não houvesse atrito nenhum, ele continuaria em movimento retilíneo, mantendo a velocidade com que foi arremessado.

Muitos séculos depois, para argumentar a favor do movimento (imperceptível) da Terra, Galileu formulou o conceito de inércia. Ele dizia que o estado de repouso é idêntico ao estado de movimento retilíneo e uniforme. Seu argumento era que, se um enorme barco fechado estivesse se movendo sobre o mar absolutamente calmo e com velocidade constante, uma pessoa dentro desse barco não saberia dizer se o barco estava parado ou em movimento em relação à água. Analogamente, dirá Galileu, não percebemos o movimento da Terra no espaço.

Uma esfera que desliza sem atrito num plano horizontal e encontra uma rampa, perderá sua velocidade tão mais rapidamente quanto maior for o ângulo (α) da rampa.

À medida que o valor de α diminui, a esfera demora mais para parar no topo da trajetória. Galileu argumentava que, se o ângulo se reduzir a zero, a esfera levará um tempo infinito para parar, ou seja, conservará eternamente o seu estado de movimento.

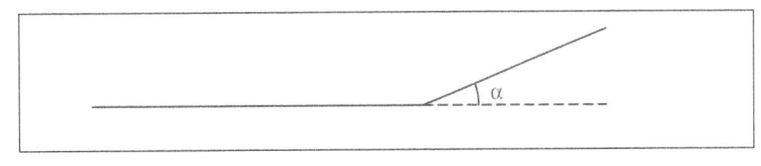

Figura 27

Apesar de ter compreendido e primeiramente enunciado o conceito de inércia, Galileu o atribuiu também ao movimento circular. Ele não acreditava na força de atração gravitacional que mantinha a Lua ao redor da Terra. Para ele, o movimento circular da Lua era um movimento "natural", portanto não necessitava de forças. Coube a Newton (nascido no mesmo ano da morte de Galileu) conceber uma força que modificava a trajetória da Lua e postular que o movimento circular não era mantido por inércia, mas pela ação de uma força.

Para ajudar o aluno a compreender melhor a complexidade da lei da inércia, podemos prosseguir com o mesmo experimento mental:

> Imagine que, ao invés de empurrar a motocicleta e o caminhão que estavam em repouso em relação a você, você quisesse *detê-los*. Ou seja: você, parado fora da espaçonave, o caminhão e a moto vindo, com a mesma velocidade e na mesma direção. Qual seria mais difícil de deter: o de maior ou o de menor massa?

Seria o caminhão, o de maior massa. Então, o caminhão não só resiste mais do que a moto a *entrar* em movimento como também resiste mais a *deter-se*, uma vez em movimento. Isso quer dizer que o conceito de inércia é mais amplo. Não apenas os corpos em repouso resistem a mudanças, mas também os corpos já em movimento.

Vale lembrar que a lei da inércia é válida para referenciais inerciais. Dentro de um trem que freia brusca e repentinamente, uma pessoa é projetada para a frente sem que nenhuma força tenha sido exercida sobre ela. Quando o solo onde os trilhos se assentam é tomado como referencial inercial, a lei é válida, pois a pessoa, que nenhuma força externa recebeu, apenas manteve o seu estado de movimento enquanto o trem desacelerou. Quando o interior do trem é o referencial, a pessoa estava em repouso e bruscamente é atirada para a frente sem força alguma. Análoga é a situação em que o trem faz uma curva: a pessoa, na tendência de continuar em linha reta, segundo um referencial fixo na Terra, vê-se comprimida contra a parede lateral do trem.

A segunda lei de Newton diz que a aceleração produzida num corpo por uma força não equilibrada é proporcional a essa força. No *Principia*, Newton demonstra a segunda lei por meio do conceito de *quantidade de movimento*, como veremos mais adiante. O enunciado da lei, segundo Newton, é o seguinte:

> A mudança de movimento é proporcional à força motora imprimida e é produzida na direção da linha reta na qual aquela força é imprimida.

Há uma relação entre a força e a mudança no estado de um corpo: sendo sua massa constante, quanto maior for a força, mais "brusca" será essa mudança. Essa relação é matemática: se a força for dobrada, a *aceleração* também será dobrada. Quer dizer, força e aceleração são *diretamente proporcionais*.

$$\frac{F}{a} = \text{constante}$$

Dar essa noção ao aluno, despertá-lo para a observação de como as grandezas se relacionam e de que maneira essas relações são expressas matematicamente não é perda de tempo; ao contrário, é um passo para instrumentalizar o aluno para a compreensão de outras "leis" da natureza expressas na linguagem das "fórmulas".

A constante de proporcionalidade aqui é a massa "m" do corpo:

$$\frac{F}{a} = m \quad (m = \text{massa do corpo})$$

$$\boxed{\vec{F} = m \cdot \vec{a}}$$

Vale notar que $\vec{F}$ e $\vec{a}$ têm a mesma direção e sentido, já que a "m" é um número positivo.

Podemos dizer que o corpo da Figura 28a terá aceleração maior do que a do corpo da Figura 28b; quer dizer, o corpo de maior massa "resiste" mais às mudanças em seu estado: sua inércia é maior.

A queda livre de um corpo (queda sem resistência do ar), ainda que seja uma situação fictícia no cotidiano, nos ajuda a compreender alguns fenômenos. A única força que agiria no corpo seria a da atração gravitacional.

A aceleração desse corpo é a aceleração da gravidade. Utilizando a segunda lei de Newton, temos:

$$\vec{F} = m \cdot \vec{a}$$

$$\vec{P} = m \cdot \vec{g} \quad (\vec{g} = \text{vetor aceleração da gravidade})$$

A inércia explica por que os corpos, mesmo tendo massas diferentes, caem juntos quando abandonados próximos à superfície da Terra: o de maior massa (maior inércia) é atraído por uma força maior (peso maior) e o de menor massa (menor inércia), por uma força menor (peso menor), o que resultaria na mesma aceleração para ambos.

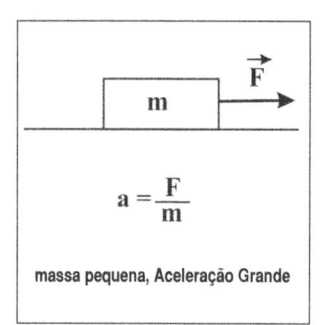

Figura 28a

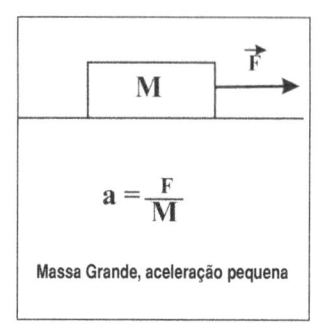

massa pequena, Aceleração Grande
$a = \dfrac{F}{m}$

Figura 28b

Massa Grande, aceleração pequena
$a = \dfrac{F}{M}$

A terceira lei do *Principia* é conhecida como a lei da ação e reação:

> A toda ação há sempre oposta uma reação igual; ou: as ações mútuas de dois corpos um sobre o outro são sempre iguais e dirigidas a partes opostas.

A introdução de trechos de textos originais é uma prática que dá ao aluno a dimensão histórica dos conceitos de forma sutil, mas eficaz. Assim, podemos deixar que o próprio Newton explique sua terceira lei. No *Principia*, ele escreveu:

> Seja o que for que puxe ou empurre alguma coisa, é, da mesma forma, puxado ou empurrado por ela. Se você empurra uma pedra com seu dedo, o dedo é também empurrado pela pedra. Se um cavalo puxa uma pedra amarrada a uma corda, o cavalo (se posso dizer assim) vai ser igualmente puxado de volta na direção da pedra, pois a corda distendida, pela mesma tendência a relaxar ou distorcer-se, puxará o cavalo na direção da pedra tanto quanto ele puxa a pedra na direção do cavalo.

Apesar de serem de mesma intensidade e de sentidos opostos, as forças de ação e reação são exercidas em corpos diferentes e, por isso, não se anulam. No entanto, se considerarmos esses dois corpos um sistema único, as forças às quais nos referíamos tornam-se forças internas desse sistema.

Sistemas de unidades de medida

Até aqui, apenas o quilograma-força havia sido apresentado ao aluno como unidade de medida de força. Para introduzirmos o Newton como unidade de medida, podemos expor os principais sistemas de unidades de medida e praticar um pouco de análise dimensional. Como esses assuntos estarão presentes na física até o final do ensino médio, o importante aqui é apresentá-los sem a pretensão de esgotá-los.

Um sistema de unidades é formado por três unidades de medida que se referem a três grandezas fundamentais: comprimento, massa e tempo. Metro, quilograma e segundo são as unidades que constituem o MKS, o Sistema Internacional de unidades (SI). Centímetro, grama e segundo constituem o CGS. Os sistemas de unidades de medida mais comuns são o MKS e o CGS.

Fazendo a análise dimensional da expressão da segunda lei de Newton, podemos introduzir o aluno nos sistemas de unidades de medida.

$$F = m \cdot a$$

$$[F] = [m] \cdot [a]$$

Os colchetes indicam que estamos nos referindo à unidade de medida da grandeza que está entre eles. Assim,[2] no MKS,

$$[F] = kg \cdot m/s^2 = Newton = N$$

Para o CGS,

$$[F] = g \cdot cm/s^2 = dina = d$$

É incontornável a comparação entre as duas unidades de medida de força, ou seja, a razão entre elas:

$$N/d = kg \cdot m \cdot s^{-2} / g \cdot cm \cdot s^{-2} = 10^5$$

O *quilograma-força* faz parte de um sistema de unidades bastante particular. O importante é mostrar ao aluno que 1 kgf corresponde à intensidade da força peso de um corpo de 1 kg de massa.

Voltando à segunda lei de Newton, podemos aplicá-la a um corpo em queda livre tal como fizemos anteriormente, mas agora com o enfoque das unidades de medida:

$$F = m \cdot a$$

$$P = m \cdot g$$

$$[P] = kg \cdot m/s^2$$

Assim, aproximando o valor da aceleração da gravidade para 9,81 m/s², um corpo com massa de 1 kg terá seu peso no Sistema Internacional de unidades dado por:

$$P = 1\,kg \cdot 9{,}81\,m/s^2 = 9{,}81\,kg \cdot m/s^2 = 9{,}81\,N$$

Como 1 kgf também é o peso de 1 kg, 1 kgf = 9,81 N. Esse valor é aproximado: sabemos que ele costuma ter uma aproximação ainda mais grosseira, mas bastante adequada aos propósitos do ensino médio: 1 kgf = 10 N, pois g = 10 m/s².

Ao explicar a terceira lei, Newton utilizou o exemplo de um cavalo puxando uma pedra, o que nos faz imaginar os cenários de sua época (século XVII), na qual os veículos eram movidos por tração animal. Não havia máquinas a vapor,

---

2. Não é necessário introduzir a análise dimensional no nível da redução da representação das unidades em função das grandezas básicas massa (M), comprimento (L) e tempo (T). Se o fizéssemos, $[F] = MLT^{-2}$. No entanto, isso poderia tirar o foco do objetivo principal neste momento. Quando mais grandezas, como energia, potência, quantidade de movimento etc., forem de domínio do aluno, a análise dimensional nesse nível formal fará mais sentido. Por hora, basta que o aluno perceba como as unidades são construídas.

motores a combustão, nem eletricidade. Portanto, não havia trens, carros a gasolina, televisão, telefone, nem lâmpada elétrica.

A mecânica de Newton vai responder satisfatoriamente às perguntas da época. É uma mecânica *determinista,* pois, conhecendo-se a massa, a posição, a velocidade e as forças que atuam num corpo, as condições num instante futuro são previsíveis, determináveis. Hoje em dia, a segunda lei de Newton é definida com um refinado rigor matemático e seu caráter determinista foi relativizado após os estudos da mecânica quântica.

Vamos imaginar uma carroça puxada por um cavalo. A carroça está inicialmente em repouso e o cavalo fará nela uma força.

Sejam:

> massa da carroça = 200 kg
>
> força do cavalo = 800 N

Vamos admitir que as outras forças na carroça se anulam ou são desprezíveis em relação à força do cavalo, tomada, então, como a força resultante. Assim, fazendo $F = m \cdot a$, temos que a aceleração[3] da carroça é de 4 m/s².

A velocidade da carroça aumentará de 4 m/s em cada segundo. Portanto, daqui a três segundos, sua velocidade será de 12 m/s, já que partiu do repouso ($V = V_0 + a \cdot t$). Eis que ressurge a cinemática escalar, mas agora dentro de um contexto ampliado.

Para *determinar* a velocidade da carroça, por exemplo, após 8 m de movimento retilíneo contados a partir do ponto em que ela começou a se mover, a equação de Torricelli vem a calhar: $V^2 = V_0^2 + 2 \cdot a \cdot \Delta s$. Encontraremos V = 8 m/s. Para determinarmos a posição da carroça em qualquer instante, a função horária do espaço é a adequada.

Um exemplo de questão em que a compreensão das três leis do movimento é adequadamente explorada no nível do ensino médio apareceu num exame vestibular da Unicamp. De quebra, a questão trabalha com precisão o conceito de força de atrito máxima.

> Um caminhão transporta um bloco de ferro de 3,0 t, trafegando horizontalmente e em linha reta, com velocidade constante. O motorista vê o sinal (semáforo) ficar vermelho e aciona os freios, aplicando uma desaceleração constante de valor 3,0 m/s². O bloco não escorrega. O coeficiente de atrito estático entre o bloco e a carroceria é 0,40. Adote g = 10 m/s².
> a) Qual a intensidade da força de atrito que a carroceria aplica sobre o bloco, durante a desaceleração?
> b) Qual é a máxima desaceleração que o caminhão pode ter para o bloco não escorregar?

---
3. É importante ressaltar para o aluno que a unidade de medida é m/s² porque utilizamos N e kg para força e massa, respectivamente, ou seja, unidades do Sistema Internacional.

Há um número enorme de boas questões sobre força de atrito. Basta uma busca na internet ou em livros didáticos para encontrá-las. Algumas, como a que acabamos de transcrever, conseguem exigir do aluno a essência dos conceitos, despoluindo a arena do raciocínio das dificuldades matemáticas. Manobras de álgebra, recursos da geometria e o fôlego do cálculo são parceiros necessários e interessantíssimos da física, mas devem ser introduzidos à medida que o conceito se lapida na consciência do estudante.

Um erro comum para o aluno que memorizou a "fórmula" do atrito é aplicá-la impulsivamente nessa questão, pois foram fornecidos pelo enunciado a massa do bloco (portanto seu peso e, consequentemente, a força normal, pois na direção vertical o bloco não se movimenta) e o coeficiente de atrito estático. $Fat_{máx} = \mu_e \cdot N = 0,40 \cdot 30000 = 12000$ N.

Calcular prontamente esse valor, na verdade, não é erro algum. O problema é dar esse valor como resposta ao primeiro item da questão. O aluno deve perceber que o valor calculado é o da força de atrito *máxima*, e que o fato de o bloco não escorregar não significa que a força de atrito seja máxima, isto é, não significa que o bloco esteja na iminência do movimento.

O aluno que não se deixar levar por esse primeiro impulso pensará nas forças que agem sobre o bloco durante a frenagem: peso, normal e força de atrito, este perpendicular às outras duas (que se anulam) e no sentido contrário ao do movimento.

Ao perceber que a força de atrito é a resultante das forças sobre o bloco, aplicaria a segunda lei de Newton para calcular seu valor em módulo (ou intensidade):

$$F = m \cdot a$$

$$Fat = 3000 \cdot 3 = 9000 \text{ N}$$

Portanto, o valor da força de atrito é consideravelmente inferior ao seu valor máximo.

Ao resolver o segundo item, o aluno deveria imaginar o bloco na situação-limite, na qual a força de atrito seria, agora sim, a "máxima", sem por isso deixar de ser a resultante das forças. Portanto, para calcular a máxima desaceleração, o aluno deveria fazer:

$$Fat_{máx} = \mu_e \cdot N = m \cdot a$$

$$12000 = 3000 \cdot a$$

$$a = 4 \text{ m/s}^2$$

Essa é a intensidade máxima da desaceleração do caminhão para que o bloco não escorregue.

Dinâmica dos movimentos retilíneos

Por dinâmica dos movimentos retilíneos entendemos a relação entre a resultante das forças num corpo e seu estado cinemático num movimento retilíneo. Por meio de problemas clássicos, as leis de Newton são exploradas nos movimentos retilíneos.

Alguns exercícios não têm a elegância e a simplicidade do exemplo anterior, mas são imprescindíveis para o aluno se familiarizar com a aplicação e a decomposição de forças e com as leis de Newton: são os clássicos problemas com "bloquinhos".

Um deles é bastante interessante para os objetivos acima mencionados:

> Um bloco apoiado sobre um plano inclinado e preso a um fio que, ao passar por uma roldana, o liga a outro bloco pendurado na vertical.
> A figura seguinte representa a situação em que a polia e o fio são ideais.

O sistema é abandonado em repouso. A massa do bloco sobre a rampa é de 10 kg. Seu peso, portanto, é de 100 N. Ao decompormos a força peso desse bloco nas direções paralela e perpendicular ao plano, obtemos $P_{Ax} = 60$ N e $P_{Ay} = 80$ N. Num primeiro momento, admitamos que não há atrito entre o bloco e a rampa. Podemos percorrer com o aluno um caminho interessante, a começar pelo cálculo do valor da massa do bloco pendurado para que o sistema fique em equilíbrio. Em outras palavras, admitimos que o conjunto está em equilíbrio[4] e *pedimos ao aluno para calcular o valor de "m"*.

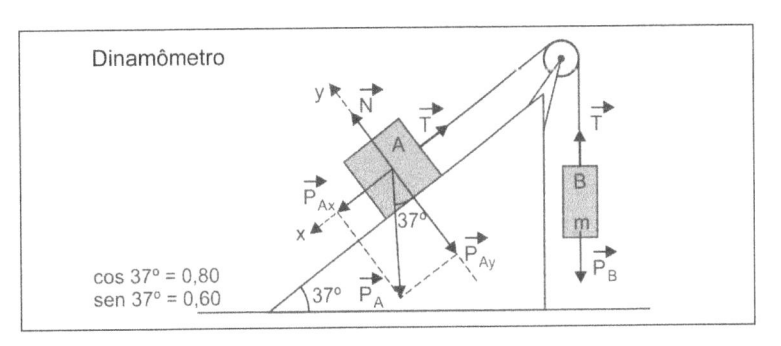

Figura 29

Para resolver esse primeiro desafio, o aluno pode optar por analisar o sistema como um todo, ou seja, os dois blocos ao mesmo tempo, como se fossem um só corpo. Nesse caso, as forças normal e P_{Ay} se anulam e também as duas trações (T), por serem de mesma intensidade (estão no mesmo fio), terem sentidos contrários e por serem forças internas desse conjunto de blocos. Assim, teremos, de um lado, a força P_{Ax} e, concorrendo com ela, o peso do bloco "B".

Se a situação é de equilíbrio,

$$P_B = P_{Ax} = 60 \text{ N}$$

$$P_B = m_B \cdot g$$

$$m_B = 6 \text{ kg}$$

---

4. Em repouso, nesse caso, mas poderíamos igualmente admitir que o conjunto se movimenta com velocidade constante.

A questão do recorte nesses problemas de "bloquinhos" ou de um sistema de corpos é fundamental. Acima, escolhemos analisar o conjunto, mas também uma análise bloco a bloco seria possível, começando pelo bloco "A": $P_{Ax} = T = 60$ N (essa é a indicação no dinamômetro). Recortando o bloco "B", temos $T = P_B$ e, como o valor da força de tração é o mesmo, $P_B = 60$ N. O resultado não se altera: é uma questão de escolha.

Próxima questão: *calcular a aceleração do sistema se o valor de "mB" for igual a 10 kg.*

Novamente, temos que escolher o recorte a ser feito. Analisemos primeiramente o conjunto, lembrando que a massa do conjunto é a soma das massas dos blocos: 20 kg.

Teremos então uma força resultante no conjunto:

$$P_B - P_{Ax} = (m_A + m_B) \cdot a$$

$$100 - 60 = 20 \cdot a$$

$$a = 2 \text{ m/s}^2$$

Podemos, como fizemos anteriormente, analisar cada bloco: aplicada ao bloco "A", a força resultante é:

$$T - P_{Ax} = m_A \cdot a$$

$$T - 60 = 10 \cdot a$$

Para o bloco "B",

$$P_B - T = m_B \cdot a$$

$$100 - T = 10 \cdot a$$

Resolvendo o sistema, encontramos:

$$a = 2 \text{ m/s}^2 \text{ e } T = 80 \text{ N}$$

O dinamômetro[5] marca o valor da força de tração no fio; portanto, a leitura no aparelho é de 90 N.

---

5. Se analisarmos o dinamômetro ideal inserido no fio, ele será "puxado" em ambos os lados por uma força de 80 N. Como já vimos, pode surgir a dúvida se a indicação do dinamômetro deveria ser de 160 N ou mesmo zero. Vale lembrar que o dinamômetro é basicamente uma mola que se deforma sob ação de uma força e que essa deformação é que indicará o valor da força. Para deformar a mola, a força tem que ser equilibrada por outra. Assim, o dinamômetro que marca 80 N indica que em cada uma das extremidades da sua mola é exercida uma força de 80 N. A força resultante no dinamômetro é nula, no entanto ele tem a mesma aceleração do sistema (a = 2 m/s²). Isso é possível porque o dinamômetro é ideal e tem massa "nula". Assim, se fizermos $F = m \cdot a$ para o dinamômetro, teremos 0 = 0.a;

Vamos agora considerar que existe atrito entre a rampa e o bloco "A". Admitamos que o coeficiente de atrito estático é igual a 0,50 e que o coeficiente estático, 0,40. O cálculo das forças de atrito, máxima e de escorregamento, será importante. A força normal é da mesma intensidade de P_{Ay}.

$$Fat_{máx.} = 0{,}50 \cdot 80 = 40 \text{ N}$$

$$Fat_{desliz.} = 0{,}40 \cdot 80 = 32 \text{ N}$$

Uma das perguntas que podem ser feitas agora é a seguinte: *com atrito, qual o máximo valor de "m" de maneira que o sistema, abandonado em repouso, permaneça em repouso?*

Analisando o conjunto, sendo a força de atrito no mesmo sentido de P_{Ax}, temos:

$$P_{Ax} + Fat_{máx.} = P_B$$

$$60 + 40 = P_B$$

$$P_B = 100 \text{ N}$$

Assim,

$$m_{Bmáx.} = 10 \text{ kg}$$

Com atrito, qual o mínimo valor da massa de "B" de maneira que o sistema permaneça em repouso quando assim abandonado?

A mínima massa corresponde àquela em que o bloco "A" está na iminência de descer a rampa.

Se analisarmos o conjunto, as forças de tração se anulam[6] e teremos:

$$P_{Ax} = Fat_{máx.} + P_B$$

$$60 = 40 + P_B$$

$$P_B = 20 \text{ N}$$

$$m_{Bmín.} = 2 \text{ kg}$$

---

a = 0/0. Como 0/0 é indeterminado, ou seja, como qualquer valor satisfaz essa razão, nesse caso a = 0/0 = 2 m/s².

6. As forças de *tração* se anulam porque são de mesma intensidade e de sentidos opostos, mas também porque consideramos os dois corpos, "A" e "B", como um único corpo no qual atuam essas forças. Quando isolamos para análise o bloco "A" ou o bloco "B", elas não se anulam, pois estarão em corpos diferentes: no corpo "A" ela entrará em relação com a força de atrito e com a componente do peso paralela ao plano; no corpo "B" a tração e o peso desse corpo é que determinam a força resultante.

Isso significa que, se o sistema for abandonado em repouso, com essas condições do atrito, ele permanecerá em repouso se a massa do bloco "B" tiver um valor entre 2 e 10 kg.

Podemos agora pedir ao aluno *que calcule a aceleração dos blocos quando a massa do corpo "B" for de, por exemplo, 1 kg.*

É preciso considerar que, com esse valor para massa de "B", o sistema entrará em movimento e, assim, a força de atrito será menor do que a máxima: será, como calculamos, de 32 N.

Para o cálculo da aceleração, utilizaremos a segunda lei de Newton aplicada ao conjunto:

$$F = m \cdot a$$

$$P_{Ax} - Fat_{desliz.} - P_B = (m_A + m_B) \cdot a$$

$$60 - 32 - 10 = 11 \cdot a$$

$$a = 18/11 \text{ m/s}^2$$

Nesse caso, qual seria a indicação no dinamômetro? Se o sistema foi abandonado em repouso, o bloco "B" irá subir com a aceleração que acabamos de calcular. Analisando apenas o bloco "B", faremos $F = m \cdot a$.

$$T - P_B = m_B \cdot a$$

$$T = 10 + 1 \cdot 18/11$$

$$T = 11{,}64 \text{ N}$$
(valor aproximado)

Essa questão pode ter muitas variações. Fizemos aqui um exercício analítico, técnico, por assim dizer, com o objetivo de instrumentalizar o aluno adequadamente para enfrentar as diversas variações desse problema. Cada um pode criar inúmeras situações com blocos, planos inclinados etc. Um aspecto importante é o da aplicação das forças que agem num corpo e o reconhecimento do corpo ao qual "pertence" cada força, ou seja, quais são as forças que agem *no* corpo, para não confundirmos com as forças que são exercidas *pelo* corpo e, assim, podermos expressar corretamente a resultante das forças.

Vejamos um exemplo em que a perspicácia no recorte das forças é decisiva. Trata-se de outro problema clássico:

Pede-se que o aluno determine a mínima aceleração do carrinho "A" do esquema abaixo para que o bloco "B" não escorregue.

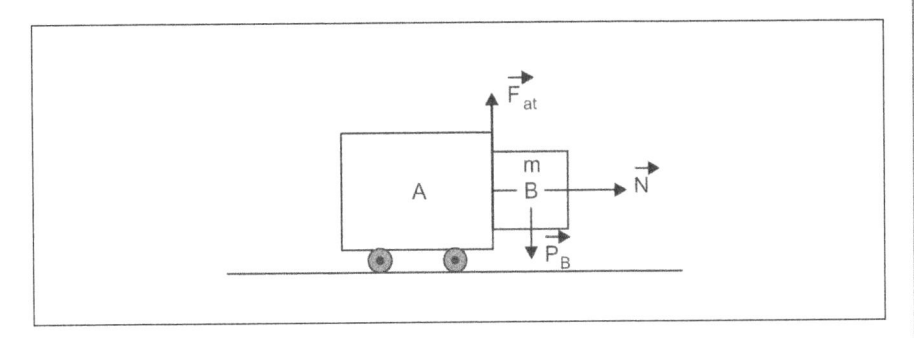

Figura 30

Após algumas tentativas de abordar a questão para resolvê-la, o aluno perceberá que o melhor a fazer é "recortar" o bloco "B", ou seja, analisar as forças que nele agem. O peso desse bloco deve ser anulado pela força de atrito para que ele não escorregue.

Como a aceleração exigida é a *mínima*, imaginamos que o bloco está na iminência de cair, ou seja, imaginamos que a força de atrito é máxima. Como, todavia, o bloco não escorrega, temos

$$Fat_{máx.} = P_B$$

$$\mu_e \cdot N = m_B \cdot g$$

E como a *normal* é a força resultante sobre "B",

$$\mu_e \cdot m_B \cdot a = m_B \cdot g$$

Assim,

$$a = g/\mu_e$$

Um último exemplo, dentre as infinitas possibilidades para criarmos questões sobre as leis de Newton, é o seguinte:

Três tijolos de mesma massa (m) deslizam com *velocidade constante* conforme a figura abaixo. Subitamente, uma pessoa retira com a mão o tijolo "A" e o conjunto passa a ter *aceleração constante*. A aceleração da gravidade é **g**.

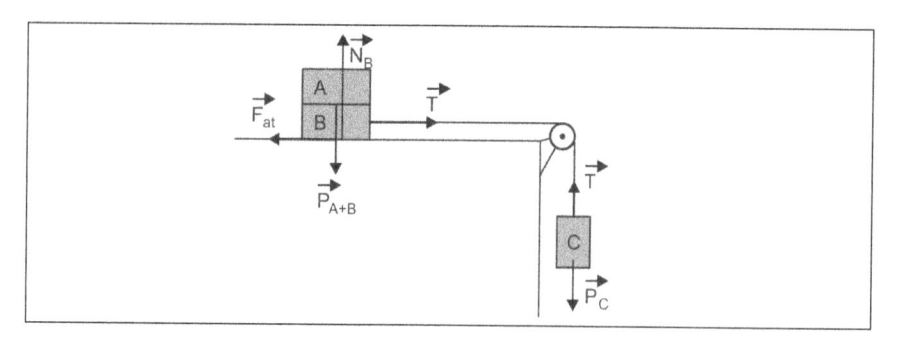

Figura 31a

a) Qual o valor do coeficiente de atrito cinético entre a superfície horizontal e o tijolo "B"?
b) Qual o módulo da aceleração do conjunto após a retirada do tijolo "A"?

O aluno poderia fazer P_C = Fat para resolver a primeira questão:

$$m \cdot g = \mu \cdot N_B$$

Como:

$$N_B = 2 \cdot m \cdot g$$

Temos:

$$m \cdot g = \mu \cdot 2m \cdot g$$

Assim:

$$\mu = 0{,}50$$

Para o item seguinte, analisando o conjunto dos dois blocos restantes,

$$P_C - Fat = 2 \cdot m \cdot a$$

Agora:

$$N_B = m \cdot g$$

$$m \cdot g - \mu \cdot m \cdot g = 2 \cdot m \cdot a$$

$$m \cdot g - 0{,}5 \cdot m \cdot g = 2 \cdot m \cdot a$$

$$a = g/4$$

Um ciclista está no ponto mais alto de um trecho retilíneo de estrada e resolve deixar que a gravidade o conduza ladeira abaixo montado em sua bicicleta. A inclinação da ladeira é constante durante a descida. A força de resistência do ar é proporcional ao quadrado da velocidade do ciclista ($F_{resistência} = K \cdot v^2$) e a massa do conjunto ciclista-bicicleta é de 70 kg. O gráfico abaixo indica a aceleração do ciclista em função do tempo. Como é possível observar, o movimento do ciclista é acelerado no início, mas a aceleração torna-se nula a partir do instante t = 16 s devido à força de resistência do ar; a partir desse mesmo instante, a velocidade da bicicleta passa a ser constante e igual a 20 m/s. O instante t = 35 s corresponde à chegada do ciclista ao fim da ladeira.

Dados: g = 10 m/s²

arco	seno
10°	0,17
17°	0,30
22°	0,37
27°	0,45
30°	0,50
37°	0,60

a) Determine o ângulo de inclinação da rodovia no referido trecho.
b) Determine o valor de "K" unidades do SI.
c) Determine a velocidade do ciclista em t = 10 s.

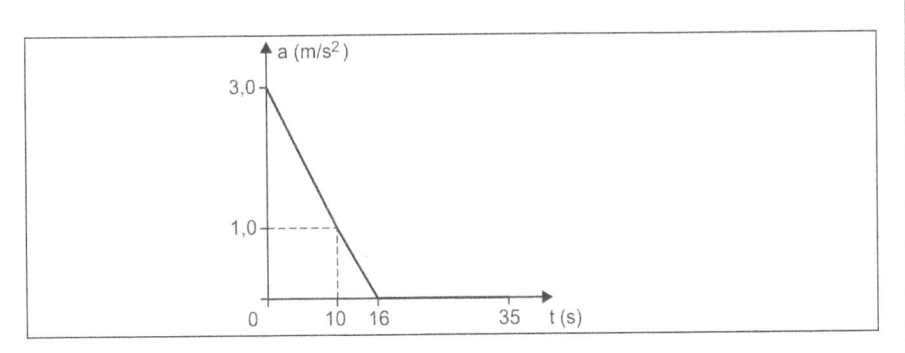

Figura 31b

a) No início do movimento a força de resistência é nula, pois a velocidade é nula. Assim, a aceleração da bicicleta é dada por **a = g . sen α** onde α é o ângulo de inclinação. Do gráfico, concluímos que:

$$a = g \cdot \text{sen } \alpha \text{ e}$$

$$a = 3 \text{ m/s}^2 \text{ em t = 0:}$$

$$3 = 10 \cdot \text{sen } \alpha$$

Logo:

$$\text{sen } \alpha = 0{,}30$$

Então:

$$\alpha = 17° \text{ (ver tabela na página anterior)}$$

b) Quando a aceleração é nula, a velocidade é constante e igual a 20 m/s, conforme o enunciado. A aceleração torna-se nula porque a resultante das forças é nula, ou seja, a força de resistência do ar igualou-se à componente do peso que está na direção do movimento (Px).

$$F_{resistência} = Px$$

$$K \cdot v^2 = P \cdot \text{sen } \alpha$$

$$K \cdot 20^2 = 700 \cdot 0{,}30$$

$$K = 0{,}525 \text{ kg/m}$$

c) Em t = 10 s, a = 1,0 m/s².

Assim:

$$P \cdot \text{sen } \alpha - F_{resistência} = m \cdot a \longrightarrow 210 - K \cdot v^2 = 70 \cdot 1{,}0$$

$$210 - 0{,}525 \cdot v^2 = 70$$

$$v = 16{,}3 \text{ m/s (aprox.)}$$

Dinâmica dos movimentos curvilíneos

O aluno do primeiro ano do ensino médio foi iniciado na física com o estudo da cinemática escalar, dos vetores e das leis de Newton.

Agora estamos diante de um desafio maior. É preciso avaliar se esse aluno conseguiu fazer a transição do olhar do senso comum sobre os fenômenos físicos para a visão da ciência moderna. Embora o estudo dos movimentos curvilíneos seja apenas uma variação do que já foi ensinado, é preciso que o aluno perceba isso, o que só é possível se estiver familiarizado com os tópicos anteriores.

Numa situação ideal, as avaliações teriam apenas este objetivo: avaliar o aprendizado do aluno, sem julgá-lo. O aluno e o professor não seriam o alvo das avaliações, mas o foco dos holofotes estaria voltado para o processo de aprendizagem.

Em geral, esse é um momento decisivo que determinará o gosto do aluno pela física ou sua decisão de tratá-la como uma espécie de "mal necessário", do qual se livrará assim que puder.

A dificuldade que o aluno enfrenta nesse assunto consiste na transposição definitiva da linguagem escalar para a vetorial. Os conceitos de espaço percorrido, velocidade escalar e aceleração, que foram a base da cinemática escalar, ganham agora a dimensão vetorial, passando, respectivamente, aos conceitos de deslocamento, velocidade e aceleração vetoriais. Por outro lado, a cinemática vetorial abre a oportunidade de rever conceitos, de aparar dúvidas antigas e de torná-las mais claras.

Se levarmos em conta que esses novos conceitos serão absolutamente necessários para os estudos de mecânica, de eletricidade e de ondas, percebemos que todo o empenho se justifica para enfrentarmos o desafio de aplicar as leis de Newton aos movimentos curvilíneos. Novamente aqui, é interessante priorizarmos a essência dos conceitos, sem, num primeiro momento, nos demorarmos nos pormenores matemáticos.

O deslocamento passa a ser definido como um vetor que tem origem no ponto onde o móvel se encontra no início da contagem do tempo e extremidade no ponto pelo qual o móvel passa no instante em que deixamos de considerar o movimento. Formalmente, é definido como a diferença entre os vetores posição final e posição inicial ($\Delta \vec{P} = \vec{P} - \vec{P}_0$).

Aqui está uma boa oportunidade para reforçar a *diferença de vetores*, especialmente uma regra prática: para subtrairmos dois vetores concorrentes em seus pontos de origem, basta ligarmos suas extremidades. O vetor diferença será orientado para o "minuendo", digamos assim; no caso, o vetor diferença é orientado para a extremidade do vetor $\vec{P}$.

A definição do vetor *velocidade média* pede a revisão da operação da *divisão de um vetor por um escalar*: $\vec{V}_m = \Delta \vec{P} / \Delta t$. O vetor velocidade média terá a mesma direção e o mesmo sentido do vetor deslocamento, mas seu módulo dependerá da divisão do módulo do vetor deslocamento pelo valor escalar do intervalo de tempo.

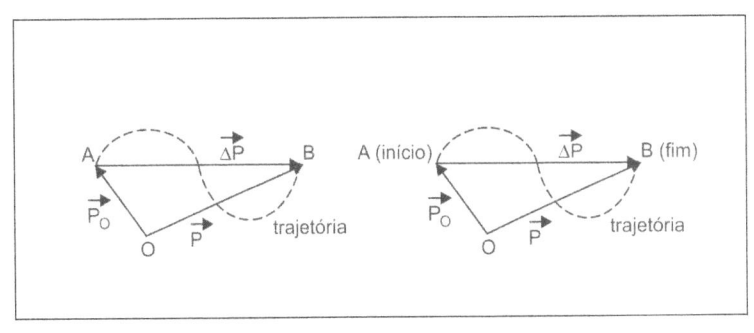

O mais interessante, no entanto, é a passagem para o conceito de velocidade vetorial instantânea. Como ocorreu na cinemática escalar, a velocidade instantânea é definida pela velocidade média num intervalo de tempo tão pequeno que podemos considerá-la instantânea. O fato de os valores numéricos do deslocamento e do tempo serem pequenos não indica necessariamente que o resultado do quociente entre eles será igualmente pequeno. Assim, o vetor velocidade instantânea será tangente à trajetória. Vários exemplos, como o do carro que escapa pela tangente numa curva, que é clássico, ou o da pedra que

Figura 32

girava no instante em que o barbante que a prendia se rompe, ajudam o aluno a imaginar o vetor velocidade tangente à curva.

Definida a velocidade vetorial instantânea como um vetor cuja intensidade é dada pelo valor da velocidade *escalar* instantânea e cuja direção é tangente à trajetória do móvel, o conceito de *aceleração vetorial média* pode ser definido pela variação da vetorial instantânea num intervalo de tempo:

$$\vec{A}m = \vec{\Delta}v / \Delta t$$

$$\vec{A}m = \vec{V} - \vec{V_0} / t - t_0$$

Um exercício pode ajudar na compreensão desses conceitos:

Um móvel descreve uma trajetória circular cujo raio é de 10 m. Sua velocidade tem módulo constante e o móvel percorre um quarto de circunferência a cada 3,14 s.

a) Qual o espaço percorrido pelo móvel nesse intervalo de tempo?
b) Qual o módulo do vetor deslocamento nesse intervalo de tempo?
c) Qual a velocidade escalar média do móvel?
d) Qual a intensidade do vetor velocidade vetorial média?
e) Qual a aceleração escalar média?
f) Qual o módulo da aceleração vetorial média?

O espaço percorrido será dado pela quarta parte do comprimento da circunferência:

$$\Delta S = 2 \cdot \pi \cdot r / 4$$

Aproximando π para 3,14, temos:

$$\Delta S = 2 \cdot 3,14 \cdot 10 / 4 = 15,7 \text{ m}.$$

Portanto, Vm = $\Delta S / \Delta t$ = 5 m/s. Como a velocidade é constante em módulo, a velocidade escalar média é igual à velocidade escalar instantânea. Isto é, em todos os instantes do movimento, a velocidade do móvel foi de 5 m/s.

O módulo do vetor deslocamento será dado r.$\sqrt{2} \cong 10 \cdot 1,41 = 14,1$ m. Convém lembrar que $|\Delta \vec{P}| \leq \Delta S$, qualquer que seja a trajetória do móvel. O vetor velocidade média terá a mesma direção e sentido do vetor deslocamento e seu módulo será dado por 14,1/3,14 m/s. $|\vec{V}m| \leq$ Vm.

A aceleração escalar média será nula, pois a velocidade tem módulo constante:

$$Am = \Delta v / \Delta t = V - V_0 / t - t_0 = 5 - 5 / 3,14 = 0$$

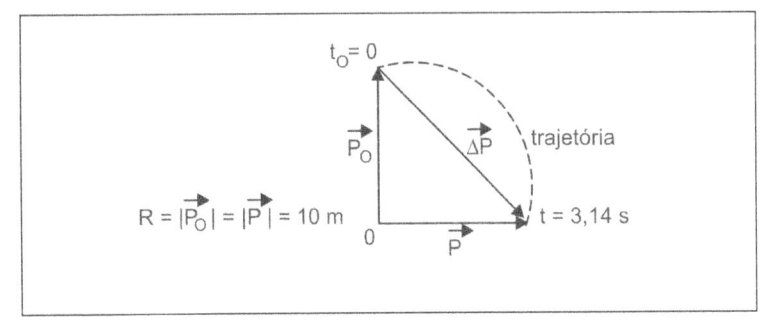

Aqui temos um ponto fundamental: ao calcularmos a aceleração escalar, obtivemos *zero* como resultado, pois a velocidade não variou em módulo. Quando, no entanto, pensamos na velocidade como um vetor, mesmo como nesse caso em que a intensidade do vetor, de 5 m/s, permanece constante, a sua direção varia. Ora, aceleração é a grandeza que mede a taxa de variação da velocidade e, se a direção do vetor varia, a velocidade vetorial não é constante. Em resumo, quando levamos em conta o vetor velocidade, pode haver aceleração mesmo que o módulo da velocidade seja constante.

Figura 33

A aceleração vetorial média será dada por $\vec{A}m = \vec{\Delta}v / \Delta t = \vec{V} - \vec{V}_0 / t - t_0$.

Novamente, teremos uma diferença vetorial.

$$|\vec{A}m| = |\vec{\Delta}v|/\Delta t = 5 \cdot \sqrt{2} / 3{,}14 = 2{,}25 \text{ m/s}^2 \text{ (valor aproximado)}$$

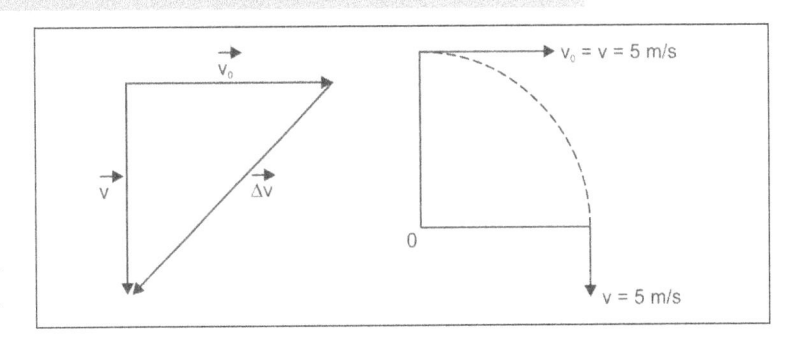

O fato de encontrarmos um valor diferente de zero para a aceleração, mesmo a velocidade tendo sido constante em módulo, marca a diferença entre as cinemáticas escalar e vetorial e amplia o conceito de aceleração como medida da taxa de variação temporal do módulo e da direção da velocidade.

Figura 34

Talvez o mais importante do estudo da cinemática vetorial seja transmitir ao aluno a noção de que velocidade e aceleração são grandezas vetoriais e de que a segunda é representada por um vetor que indica como varia o vetor da primeira.

Vejamos outro exemplo:

> Um móvel descreve meia circunferência em dez segundos e o módulo de sua velocidade vetorial varia de 20 m/s para 30 m/s nesse trajeto. Determine os módulos das acelerações médias — escalar e vetorial.

A aceleração escalar média é de 1 m/s², mas a aceleração vetorial média tem módulo igual a 5 m/s². Quando se leva em conta apenas a variação do módulo da velocidade, a aceleração é menor do que quando se leva em conta a variação do vetor.

A aceleração vetorial média é importante para dar a noção de que o vetor velocidade pode variar não apenas em módulo, mas também em direção e sentido. No entanto, a grandeza mais utilizada nos tópicos futuros será a aceleração vetorial instantânea: ela é a própria aceleração vetorial média calculada num intervalo de tempo muito pequeno; melhor dizendo, ela é o limite de $\vec{A}m$ quando Δt tende a zero. Mas essa definição nos interessa menos do que o fato de que o vetor da aceleração instantânea é decomposto em dois outros vetores: um tangente à trajetória e outro perpendicular a ela. Isso dá maior clareza em relação à porção da aceleração que modifica apenas o módulo do vetor velocidade e a porção que modifica a sua direção. A primeira é chamada de aceleração *tangencial* ($\vec{a}_t$) e a segunda de *centrípeta* ($\vec{a}_c$).

$$\vec{a} = \vec{a}_c + \vec{a}_t$$

Como vemos, as coisas ficam um pouco complexas para o aluno que há pouco tempo foi introduzido no estudo da física. Obviamente, não devemos poupá-lo das dificuldades, blindá-lo contra os desafios, mas podemos avaliar o quanto devemos nos demorar em conceitos que fazem parte de um contexto maior e, por isso, voltarão à pauta das discussões em sala de aula. Por outro lado, esses assuntos são importantes degraus na construção da mecânica clássica. Vejamos, então, o que é mais importante da cinemática vetorial para os assuntos vindouros:

1) O *deslocamento*, bem como a *velocidade média*, são *grandezas vetoriais*.

2) A velocidade instantânea é representada por um vetor cujo módulo é igual ao módulo da velocidade escalar e cuja direção é tangente à trajetória.

3) A *aceleração tangencial* é representada por um vetor na mesma direção do vetor velocidade, ou seja, tangente à trajetória. Ela pode ser no mesmo sentido de $\vec{v}$ (movimento acelerado) ou em sentido contrário (movimento retardado). Ela indica a taxa de variação do módulo da velocidade, sendo, portanto, igual em intensidade à boa e velha aceleração escalar. No movimento de queda livre, por exemplo, a aceleração tangencial é $\vec{g}$, contrária a $\vec{v}$ quando o corpo sobe e a favor do vetor velocidade quando o corpo desce.

4) A *aceleração centrípeta* indica como muda a direção da velocidade num movimento curvilíneo. Ela é representada por um vetor radial, perpendicular ao da velocidade e orientado para o centro da curva. Quando o movimento é retilíneo, a aceleração centrípeta é nula. Em módulo, $a_c = v^2/R$, onde "R" é o raio da curva.

Embora as componentes $\vec{a}_t$ e $\vec{a}_c$ sejam mais utilizadas do que o vetor que delas resulta, é bom lembrar que a aceleração vetorial instantânea ($\vec{a}$) é a soma vetorial dessas componentes.

A demonstração da expressão $a_c = v^2/R$ é interessante, mas é o caso

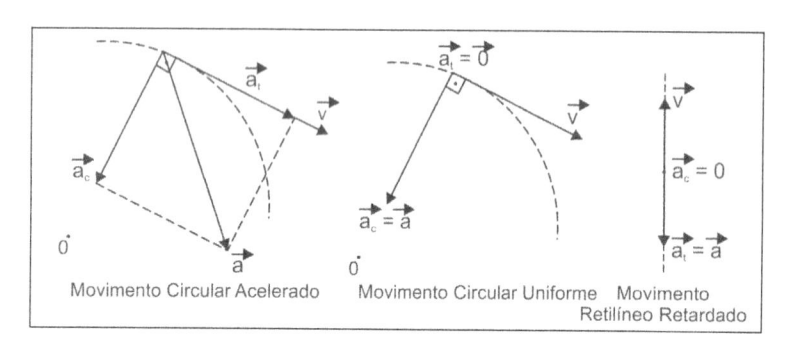

Figura 35

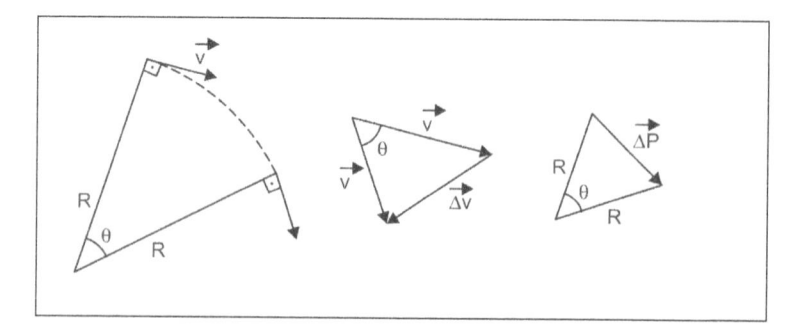

Figura 36a

de avaliar se vale a pena ou não apresentá-la ao aluno nesse momento. A partir de um movimento circular e uniforme, a semelhança dos triângulos formados, respectivamente, pelos vetores velocidade e posição é suficiente para obtermos a referida expressão.

Como os triângulos são semelhantes, $\Delta v/v = \Delta P/R$.

Dividindo-se os dois lados da igualdade por Δt, temos $Am/v = Vm/r$.

Basta, agora, fazer o *intervalo de tempo* tender para zero (e, consequentemente, o *ângulo* θ também) para transformar a aceleração e a velocidade médias em instantâneas (Vm = v ; Am = a).

Portanto, $a/v = v/R$, ou seja, $a = v^2/R$. Como o movimento é circular e uniforme, não há aceleração tangencial, apenas centrípeta, de módulo igual a v^2/r.

Quanto menor o raio da curva, maior a aceleração centrípeta, ou seja, quanto mais "fechada" for a curva, mais bruscamente varia o vetor velocidade instantânea. O módulo da velocidade é ainda mais importante: quanto maior a intensidade da velocidade do móvel ao fazer a curva, mais rapidamente varia a direção do vetor que a representa.

Num movimento circular, a aceleração vetorial de um móvel num certo instante pode ser descrita como a composição da aceleração tangencial (a_t) com a aceleração centrípeta (a_c). A aceleração tangencial é numericamente igual à aceleração escalar e indica como varia o módulo da velocidade do móvel.

A aceleração centrípeta é proporcional ao quadrado da velocidade instantânea ($a_c = v^2/R$) e indica como muda a direção da velocidade do móvel.

O gráfico abaixo mostra a variação do módulo da aceleração centrípeta (em função do tempo) de um carro que faz uma curva de raio igual a 100 m.

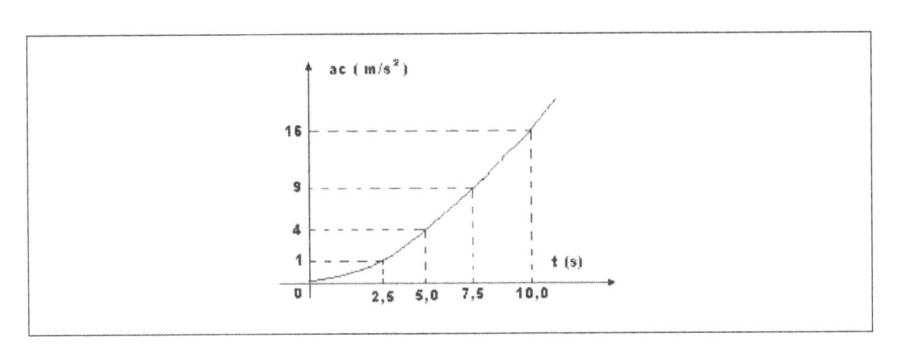

Figura 36b

O módulo da aceleração tangencial do carro durante a curva foi constante e igual a:

a) 1 m/s^2
b) 2 m/s^2
c) 3 m/s^2
d) 4 m/s^2 (RESPOSTA: D)
e) 5 m/s^2

A segunda lei de Newton aplicada aos movimentos curvilíneos

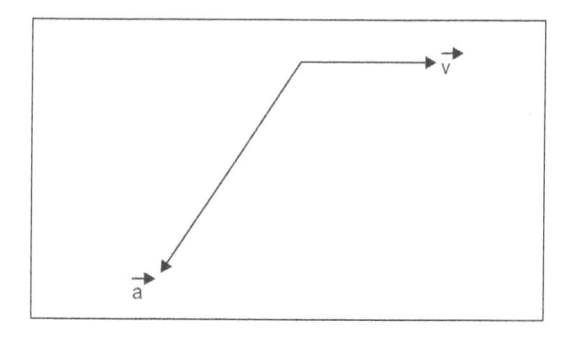

Figura 37

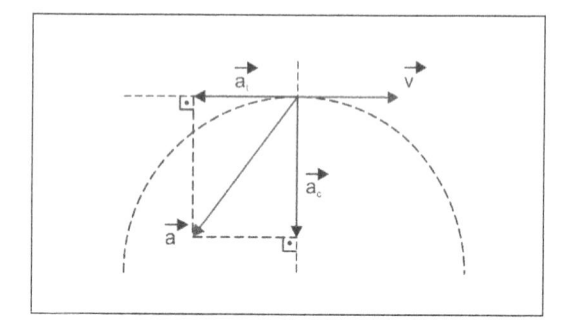

Figura 38

Conhecendo-se os vetores $\vec{v}$ e $\vec{a}$ podemos saber de qual movimento se trata. No exemplo da Figura 37, ao lado, temos um movimento curvilíneo e retardado.

O movimento é curvilíneo porque a aceleração tem uma componente perpendicular à velocidade (a centrípeta). O movimento é retardado porque a componente da aceleração na direção da velocidade (a tangencial) é contrária a ela.

Por trás da aceleração, existe uma força. Assim, a segunda lei de Newton pode ser estendida para os movimentos curvilíneos. Haverá uma força ($\vec{F}$) que causa a aceleração vetorial ($\vec{a}$) e está na mesma direção e sentido que ela. Tal como a aceleração, a força correspondente pode ser decomposta nas direções tangente e perpendicular à trajetória. Portanto, $\vec{F} = m \cdot \vec{a}$

$$\vec{F}t = m \cdot \vec{a}t$$

$$\vec{F}c = m \cdot \vec{a}c$$

Ao analisarmos as forças que agem num corpo em movimento circular, devemos reconhecer quais forças são centrípetas. É comum que o aluno aplique as forças no corpo em movimento circular, como peso, normal, tração, força de atrito, e ainda acrescente uma "força centrípeta". É preciso que ele perceba que a força centrípeta é resultado das forças aplicadas no corpo e reconhecê-la é o desafio. O "papel" de força centrípeta pode ser desempenhado por uma ou mais forças do corpo, ou mesmo por uma parte (componente) de uma ou mais forças que agem no corpo.

A título de ilustração, tomemos alguns exemplos clássicos. Um automóvel, fazendo uma curva num plano horizontal, estará sujeito à força gravitacional (peso), à normal e à força de atrito, esta dirigida para o centro da curva. A componente horizontal da força de contato, ou seja, a força de atrito (Fat), é a responsável por manter o carro na curva. A força de atrito exerce, portanto, o papel de força centrípeta. A questão clássica que se coloca é a da velocidade máxima a que o carro pode entrar na curva sem derrapar. O atrito máximo é calculado por: $Fat_{máx.} = \mu_e \cdot N$. Nesse caso, reconhecemos a força de atrito como centrípeta e podemos fazer $\mu_e \cdot N = m \cdot a_c$.

Como $N = P$, $\mu_e \cdot mg = m \cdot a_c$

$$\mu_e \cdot g = a_c$$

$$\mu_e \cdot g = v^2/R$$

$$v_{máx.} = \sqrt{\mu_e \cdot g \cdot R}$$

Variações sobre a mesma questão são frequentes, tais como calcular o mínimo valor do coeficiente de atrito para que o automóvel faça a curva com certa velocidade (v) sem derrapar: $\mu_e = v^2/R \cdot g$.

O carro da questão acima poderia fazer uma *curva sem atrito*, desde que ela fosse *sobrelevada*.

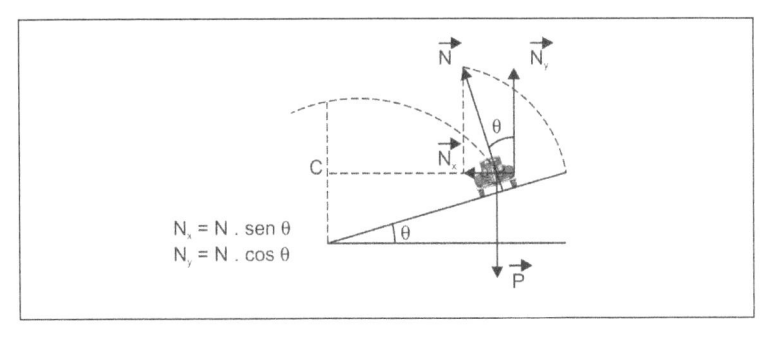

Agora, apenas duas forças, a normal e o peso, atuam no veículo. É interessante ressaltar que o centro da curva está no ponto "C" e que a força centrípeta resultante é uma componente da normal: $\mathbf{N \cdot sen\ \theta = m \cdot v^2/R}$ (1). A outra componente equilibra a força peso: $\mathbf{N \cdot cos\ \theta = m \cdot g}$ (2). De (1) e (2) concluímos que $\mathbf{tg\ \theta = v^2/R \cdot g}$.

Figura 39

Não é necessário que o aluno memorize essa fórmula; mais interessante é deduzir essa expressão, pois, quando a comparamos com a do coeficiente de atrito numa curva plana, percebemos que a tangente do ângulo de sobrelevação (θ) da curva sem atrito é igual ao coeficiente de atrito mínimo entre os pneus e a pista plana para o mesmo carro fazer uma curva de mesmo raio e com a mesma velocidade.

Outro exemplo clássico é o do *looping* vertical de uma montanha-russa ou do motoqueiro que descreve uma circunferência vertical no globo da morte.

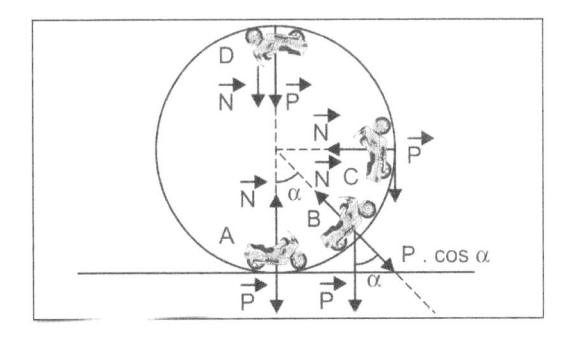

A resultante centrípeta é diferente para cada ponto da circunferência: no ponto "A", Fc = N - P; no ponto "B", Fc = N - P.cos α; no ponto "C", Fc = N; no ponto "D", Fc = N + P.

No ponto "D", a velocidade mínima necessária para que a moto não saia da circunferência é calculada a partir da suposição de que o contato com a pista está no limite de sua fragilidade, ou seja, da suposição de que a força normal é nula e, portanto, Fc = P. Desenvolvendo essa igualdade, obteremos o valor da velocidade mínima:

Figura 40

$$m \cdot g = v^2/R$$

$$v = \sqrt{R \cdot g}$$

Quando a força peso é a resultante centrípeta, obtemos essa expressão. Um satélite em órbita rasante à superfície da Terra terá o seu peso no papel de força centrípeta resultante; então, a velocidade com que o satélite descreve sua órbita é $\mathbf{v = \sqrt{R \cdot g}}$.

Um carro passando pelo ponto mais alto de uma longa lombada terá as forças peso e normal nele atuando, ambas na direção radial. Nesse caso, Fc = P - N. Para calcularmos a *máxima* velocidade nesse ponto para que o carro não "voe", ou seja, para que o carro permaneça na circunferência da lombada, devemos admitir que N = 0. Então, Fc = P e, consequentemente, $\mathbf{v = \sqrt{R \cdot g}}$.

$v = \sqrt{R \cdot g}$ indica a mínima velocidade no globo da morte, a máxima velocidade na lombada e a velocidade de órbita de um satélite. Não é uma fórmula para ser memorizada, mas sua dedução ajuda a trabalhar a habilidade de reconhecer a resultante centrípeta para aplicá-la nos cálculos.

Um exercício interessante para reflexão com os alunos pode ser o seguinte:

Na figura abaixo, a esfera de massa "m" está em equilíbrio. Cortando-se o fio (1), ela passa a oscilar entre os pontos "A" e "B". Qual a razão entre a força de tração exercida no fio (2) antes de ele (1) ser cortado e a força de tração exercida no próprio fio (2) quando a esfera estiver no ponto "B"?

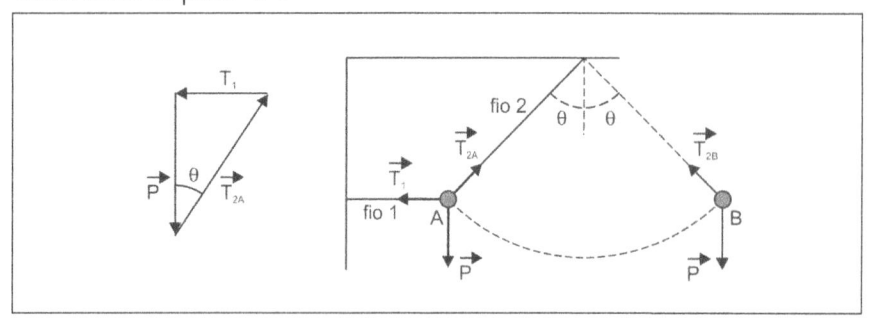

Figura 41

Antes de o fio ser cortado, a resultante das forças que agem na esfera é nula:

$$\vec{R} = \vec{P} + \vec{T}_1 + \vec{T}_{2A} = \vec{0}$$

Um triângulo retângulo formado pelos três vetores indica que $T_{2A} = P/\cos\theta$.

Quando ele passa a oscilar (como um pêndulo simples, se desprezarmos as forças de resistência), duas forças agem na esfera: $\vec{T}_{2B}$ e $\vec{P}$. No ponto B, a velocidade da esfera é zero, mas essa não é uma situação de equilíbrio,[7] pois esse valor nulo da velocidade, sendo apenas instantâneo, não dura. Podemos decompor a força peso nas direções do fio e perpendicular ao fio (tangente à curva).

A força centrípeta resultante é $T_{2B} - P_y = m \cdot a_c$

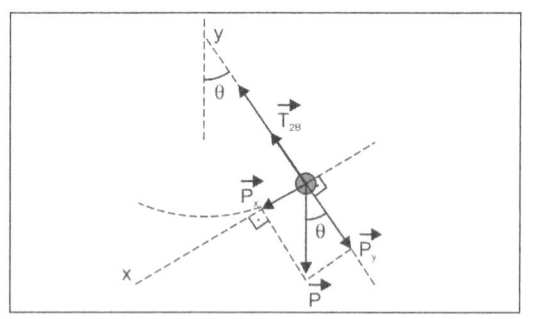

$$T_{2B} - P \cdot \cos\theta = m \cdot v^2/R$$

Como $v = 0$, $T_{2B} = P \cdot \cos\theta$

$$T_{2A}/T_{2B} = \sec^2\theta$$

Figura 42

---

7. Podemos explorar uma situação semelhante: um objeto lançado verticalmente para cima tem sua velocidade igual a zero no ponto mais alto de sua trajetória, mas não está em repouso.

Movimento circular uniforme

O movimento circular e uniforme merece destaque porque suas particularidades têm aplicações na mecânica, na eletricidade, no estudo das ondas etc. A direção do vetor velocidade varia ao longo do movimento, mas o módulo é constante. Em outras palavras, a aceleração tangencial é nula, mas a centrípeta tem módulo constante e igual a v^2/R. O movimento circular e uniforme é *periódico* e isso merece uma atenção especial. O tempo de cada volta completa não varia e é chamado de período (T); o número de voltas por unidade de tempo é a frequência (f) do movimento.

Período e frequência são conceitos que o aluno levará para onde quer que se dirija a evolução do seu conhecimento. Outro conceito interessante para ser apresentado ao aluno é o de velocidade angular (ω): ela expressa o arco descrito pelo móvel num intervalo de tempo (**ω = Δφ/Δt**). Ao invés de expressar a velocidade linearmente, a velocidade angular revela a rapidez com que o móvel gira. Período e frequência também expressam essa rapidez.

Ainda que indiretamente, conhecer o período é conhecer a frequência e a velocidade angular; conhecer a velocidade angular é conhecer a frequência e o período. Os próprios conceitos permitem a passagem de uma maneira para outra de revelar o ritmo da rotação. As fórmulas expressam em linguagem matemática a relação entre essas grandezas:

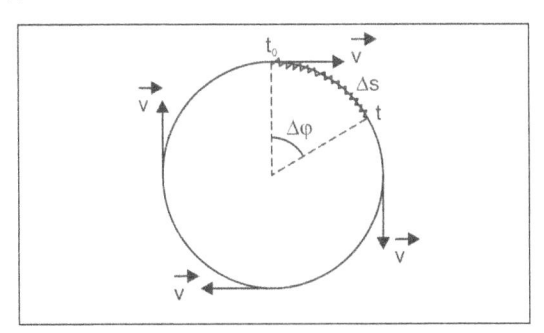

Figura 43

$$T = 1/f$$
$$\omega = 2\pi f; \quad \omega = \Delta\varphi/\Delta t$$

A unidade de medida para velocidade angular no SI é *radiano por segundo* (rad/s).

A relação entre as grandezas lineares e angulares é importante.

$$v = \Delta S/\Delta t \quad e \quad \omega = \Delta\varphi/\Delta t$$
$$v/\omega = \Delta S/\Delta\varphi$$

Numa volta completa,

$$\Delta S = 2\pi R \quad e \quad \Delta\varphi = 2\pi \text{ radianos}$$
$$v/\omega = \Delta S/\Delta\varphi = 2\pi R/2\pi$$
$$v/\omega = R$$
$$v = \omega \cdot R$$

Outras relações derivam dessas:

$$a_c = \omega^2 \cdot R$$

$$v = 2 \cdot \pi \cdot R \cdot f \text{ etc.}$$

Com essas novas grandezas apresentadas ao aluno, voltemos ao estudo das forças nos movimentos circulares, particularmente agora nos movimentos com velocidade angular constante. No ensino médio, promover a ciência como parte da cultura é objetivo maior na abordagem dos conceitos da física. O cuidado para não transformar a física num conjunto de fórmulas é constante, mas, sempre que necessário, é preciso mergulhar nos cálculos sem hesitação.

Um corpo preso a um fio leve que descreve com velocidade constante uma circunferência num plano vertical (pêndulo cônico) pode ser analisado.

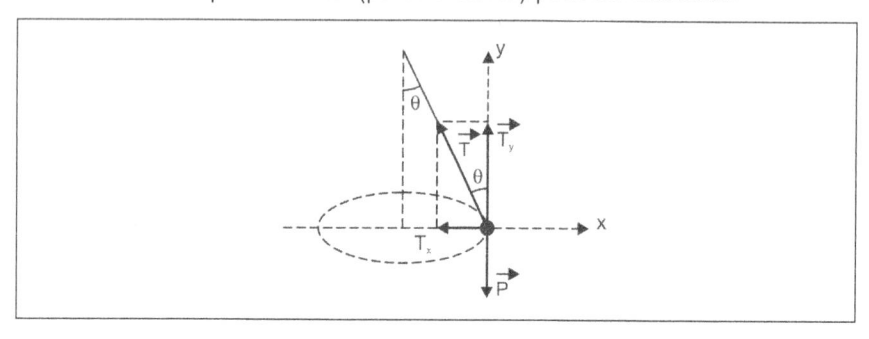

Figura 44

Podemos decompor a força de tração e fazer $T_y = P$ e $T_x = F_c$. Outra opção é usar o método do polígono vetorial:

Colocamos as forças peso e tração de acordo com os vetores que as representam. A resultante será centrípeta, pois o movimento é circular e uniforme. Notemos que F_c não é uma terceira força, mas resultado da soma vetorial das outras duas. Do triângulo retângulo, temos:

$$m \cdot g = T \cdot \cos \theta \quad (1)$$

$$m \cdot v^2/R = T \cdot \sen \theta \quad (2)$$

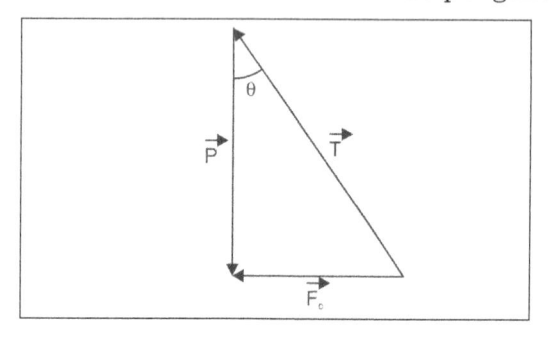

Figura 45

De (1) e (2), deduziremos que $\tg \theta = v^2/R \cdot g$ (a mesma expressão que obtivemos ao analisarmos a sobrelevação de curva).

Em termos angulares:

$$\tg \theta = \omega^2 \cdot R/g$$

Ou ainda:

$$tg\ \theta = 4\pi^2 \cdot f^2R/g$$

Vejamos outro exemplo.

Um corpo (A) de massa igual a 100 g está sobre uma mesa lisa e preso a um fio leve, que passa por um furo no centro da mesa. Na outra extremidade do fio, está em repouso outro corpo (B) de 400 g de massa, como mostra a figura abaixo. O corpo "A" realiza movimento circular e uniforme em torno do furo da mesa, mantendo a distância de 40 cm do mesmo. Não há atrito entre a mesa e o bloco "A", nem entre o fio e a mesa. Sendo g = 10 m/s², determine a frequência do movimento do corpo "A".

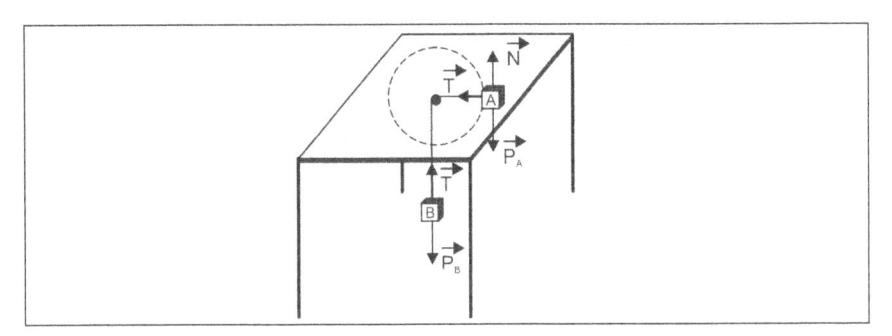

Figura 46

Como o corpo "B" está em equilíbrio, $P_B = T$

$$m_B \cdot g = T$$

Para usarmos o Sistema Internacional de unidades, é preciso termos o cuidado de expressar a massa em quilogramas e a distância em metros.

$$0,4 \cdot 10 = T$$

$$T = 4,0\ N$$

Admitindo o fio que une os blocos como um fio ideal, a força de tração no bloco "A" é a mesma. Mas no bloco "A",

$$T = F_c = m \cdot v^2/R$$

$$4 = 0,1 \cdot v^2/0,4$$

$$v = 4\ m/s$$

Como v = 2πRf,

> 4 = 2 . 3,14 . 0,4 . f
>
> f = 1, 60 rotações por segundo (valor aproximado)
>
> f = 1,60 rps = 1,60 Hz

Lançamentos próximos à superfície de um planeta

A lei de Newton da atração gravitacional ainda não foi apresentada aos alunos. A força peso tem sido admitida até aqui numa espécie de acordo tácito em torno da existência inegável de uma força que tudo puxa para baixo. No próximo capítulo, a lei de Newton formalizará o que ainda está num plano quase que exclusivamente sensorial.

Quando um objeto é abandonado nas proximidades da superfície da Terra (ou de outro planeta), a força peso produz uma aceleração. Tanto o vetor força quanto o vetor aceleração são orientados para baixo.[8] O vetor velocidade é para baixo quando o corpo desce e para cima quando ele sobe. Tudo isso é bastante óbvio, mas ajuda a notar que a força peso, nesse caso, é uma força tangencial; ou seja, ela modifica o módulo da velocidade e não sua direção.

No caso de um satélite em órbita rasante, a força peso exerce um papel diferente: ela é a resultante centrípeta. A aceleração da gravidade ($\vec{g}$) é tangencial no movimento de queda vertical, mas é aceleração centrípeta no satélite em órbita rasante. Falar da força gravitacional como força centrípeta sem ter passado pela lei da atração gravitacional pode gerar alguma dificuldade, mas também pode introduzir uma dúvida interessante a ser resolvida no próximo capítulo.

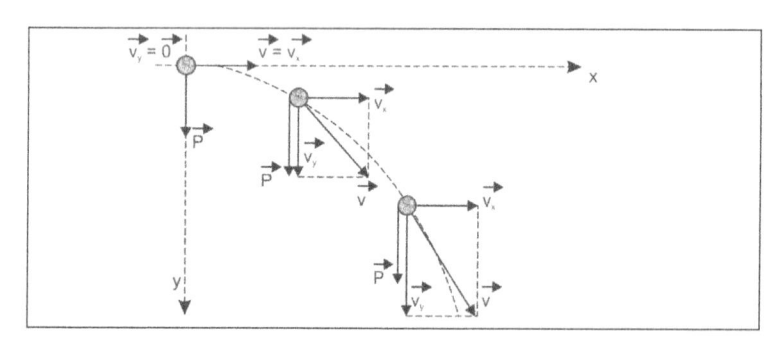

O objetivo, por enquanto, é mostrar como a força peso pode modificar também a direção do vetor velocidade. Além do exemplo do satélite, podemos analisar os lançamentos horizontais e oblíquos, que são mais próximos da percepção cotidiana dos alunos do que os movimentos de satélites artificiais.

Figura 47

Num lançamento horizontal, o vetor velocidade instantânea ($\vec{v}$) mantém-se tangente à trajetória parabólica. A força peso, no instante do lançamento, é perpendicular à velocidade, mas o ângulo entre os dois vetores diminui à medida que o corpo cai. Como a trajetória é curvilínea e o módulo da velocidade aumenta, a força peso faz duplo papel: o de força centrípeta e o de força tangencial.

---

8. Às vezes, surge entre os alunos a tentação de somar esses vetores, mas logo eles percebem que não faz sentido algum somar vetores que representam grandezas diferentes.

Quanto mais o corpo desce, menor é o ângulo entre $\vec{P}$ e $\vec{v}$. O ângulo tende a zero e a força peso tende a se tornar exclusivamente tangencial. No instante do lançamento, ela é exclusivamente centrípeta.

Apesar da importância de mostrar como a força gravitacional modifica o vetor velocidade instantânea ao longo da trajetória, seja no lançamento horizontal, seja no oblíquo, seja no vertical, podemos analisar um lançamento de forma mais simples se separarmos o movimento do corpo lançado em dois: o movimento horizontal e o movimento vertical. Para tanto, devemos decompor o vetor velocidade instantânea e analisar o comportamento de cada componente. A força peso, sendo vertical, altera o módulo de $\vec{V}_y$, mas o valor de $\vec{V}_x$ é constante, pois não há força horizontal. É uma maneira de "encarar" o movimento, de facilitar sua análise.

Imaginemos uma bola chutada a partir do solo plano e horizontal com velocidade de 20 m/s e com inclinação de 37° (cos 37° = 0,80; sen 37° = 0,60) em relação ao solo. Vamos desprezar os efeitos do ar e admitir que a aceleração da gravidade tem módulo igual a 10 m/s².

Ao decompormos o vetor $\vec{V}_0$, encontramos V_{0x} = 16 m/s e V_{0y} = 12 m/s.

A ideia é analisar o movimento retilíneo e uniforme (na horizontal) e o movimento uniformemente variado (na vertical) independentemente um do outro, mas tendo como pano de fundo a simultaneidade entre eles. Novamente, a força peso, atuando na direção vertical, diminui o módulo de $\vec{V}_y$ na subida da bola e o aumenta na descida. O valor de $\vec{V}_x$ permanece constante.

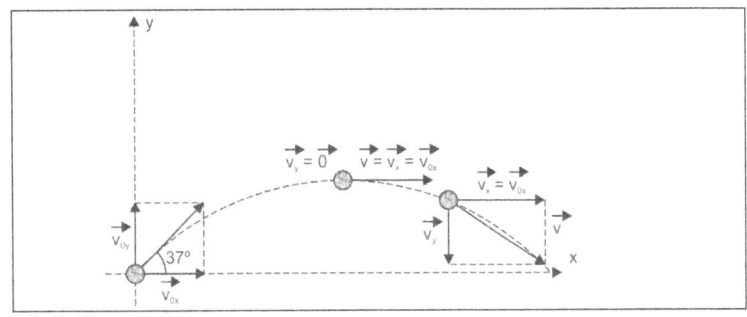

Figura 48

Analisando o movimento no eixo "y", podemos pensar num corpo lançado verticalmente para cima com velocidade V_{0y} = 12 m/s. Esse corpo subirá até sua velocidade se reduzir a zero (V_y = 0).

Fazendo $V_y = V_{0y} + a \cdot t$, encontramos V_y = 0 em t = 1,2 s. Ora, se esse é o tempo de subida, a descida levará também 1,2 s. Assim, temos 2,4 s para a bola retornar ao solo. Como o movimento horizontal é simultâneo, diremos que a bola se deslocou horizontalmente com velocidade de 16 m/s enquanto ele subiu e desceu (2,4 s). Para o movimento horizontal, $S = S_0 + v \cdot t = 0 + 16 \cdot 2,4 = 38,4$ m (*alcance horizontal* da bola).

O alcance horizontal poderia ter sido calculado por uma fórmula pronta, mas essa fórmula é obtida a partir da mesma prática. Na direção vertical, o tempo de subida é calculado da seguinte maneira:[9]

$$V_y = 0 \text{ em } V_y = V_{0y} + a \cdot t$$

$$0 = V_0 \cdot \cos \alpha + g \cdot t$$

$$t = -V_0 \cdot \cos \alpha / g \text{ (subida)}$$

---

9. De uma perspectiva mais ampla, a velocidade da bola no ponto mais alto não é zero, embora a componente vertical V_y seja nula. No ponto mais alto, a velocidade da bola é V_x = 16 m/s. Essa é uma questão que frequentemente gera dúvida nos alunos.

Na direção horizontal,

$$S = S_0 + v \cdot t \quad (v = V_{0x} = V_0 \cdot \operatorname{sen} \alpha)$$

Se "t" for o tempo de subida e descida, o valor de "S" será o valor do alcance:

$$A = V_0 \cdot \operatorname{sen} \alpha \cdot 2 \, (-V_0 \cdot \cos \alpha / g) = - V_0^2 \operatorname{sen} 2\alpha / g$$

No nosso exemplo,

$$A = - 20^2 \cdot \operatorname{sen} 2 \cdot 37° / -10 = 39{,}4 \text{ m (valor aproximado)}$$

A diferença no resultado se deve às aproximações nos valores do seno e do cosseno de 37° e de 74°.

$$A = - V_0^2 \operatorname{sen} 2\alpha / g$$

A fórmula do alcance, acima, é interessante para discutir as variações do resultado em função do ângulo,[10] mas sua memorização fica em segundo plano, valendo mais o exercício da sua construção.

Há fórmula também para calcular a altura máxima, mas a memorização de uma fórmula para cada medida calculável num lançamento oblíquo pode ofuscar o fio condutor do raciocínio. Podemos calcular a altura máxima da bola em questão simplesmente usando, para o movimento vertical, a equação de Torricelli (ou então a função horária do espaço).

$$V_y^2 = V_{0y}^2 + 2 \cdot a \cdot \Delta S$$

$$0 = 12^2 + 2 \cdot (-10) \cdot \Delta S$$

$$\Delta S = 7{,}2 \text{ m}$$

---

10. Facilmente se demonstra que, para um mesmo valor de V_0, o maior alcance é atingido para $\alpha = 45°$ e ainda que, para lançamentos de mesma velocidade inicial, o valor de **A** é o mesmo para dois ângulos complementares.

4 Gravitação universal

Uma das maiores realizações da cultura ocidental foi a síntese newtoniana, ou seja, a definitiva unificação entre os fenômenos celestes e terrestres por meio de leis universais. Tendo agregado elementos da cultura árabe trazidos pelos muçulmanos durante a ocupação da Península Ibérica entre os séculos VIII e XV, a cultura ocidental triunfa com o sucesso da lei de Newton da atração gravitacional.

Até o século XI, as civilizações orientais foram, em quase todos os campos, mais adiantadas do que a ocidental, em parte graças à rica herança cultural por elas legadas ao Ocidente. A situação depois se inverteu e a lei de Newton representa o coroamento desse processo. A compreensão dessa lei e dos significados históricos e filosóficos que a atravessam é fundamental para a formação do aluno do ensino médio.

Os árabes trouxeram, por exemplo, o conceito de zero da Índia e o transmitiram para a Europa. A ideia do zero era algo natural para os indianos, sobretudo para os budistas: o vazio era identificado como divindade na cultura hindu. Além da importância que o zero teve para a matemática, esse vazio foi, em certo sentido, precursor do conceito de campo na física.

Um convite aos colegas de outras áreas (artes, literatura, história e filosofia) para participarem de uma abordagem multidisciplinar do tema pode ser interessante, especialmente pela quantidade de conexões que surgem entre as diferentes disciplinas quando a lei da atração gravitacional é colocada sobre a mesa de discussões.

Transmitir ao aluno a "fórmula" da lei de Newton, seus significados matemáticos e suas aplicações, é já um grande passo. Dar ao aluno a noção da importância dessa lei para nossa cultura pode parecer um desafio ainda maior, mas a ousadia de enfrentá-lo certamente contribuirá também para melhorar a receptividade do aluno à linguagem algébrica à medida que ela ganha novos sentidos.

Apoiado em "ombros de gigantes"

Para chegarmos com o aluno ao triunfo do mecanicismo, temos que partir dos "ombros de gigantes", como dizia Newton ao se referir aos seus antecessores cujas obras formaram as bases que lhe permitiram enxergar mais longe.

Galileu Galilei (1564-1642), físico e astrônomo italiano, defendia o sistema copernicano, que afirma que a Terra se move no espaço, contrariamente à concepção aristotélica da Terra fixa. Galileu viveu na época das grandes navegações. A Holanda era um importante ponto comercial, de onde saíam e aonde chegavam muitas embarcações. Os holandeses haviam inventado um aparelho capaz de aumentar o tamanho dos objetos que se encontravam a distância e o utilizavam para controlar as embarcações nos portos. Galileu se interessou pelo invento e conseguiu que alguém lhe trouxesse um exemplar da Holanda. De posse do instrumento óptico, Galileu aperfeiçoou-o, inventando a luneta. Mas Galileu não a utilizava para ver navios. Ele apontou o telescópio para o firmamento e, em 1610, começou a publicar suas observações.

Galileu observou a superfície rugosa da Lua (contrariando a noção de perfeição cristalina dos céus), as fases de Vênus (que eram incompatíveis com a teoria geocêntrica), as Luas de Júpiter (demonstrando que a Terra não era o único planeta com satélite) e o próprio movimento da Terra.

A reação às publicações de Galileu por parte dos aristotélicos e da Igreja foi imediata. O Tribunal da Santa Inquisição condenou Galileu à morte em 22 de junho de 1633 por ter publicado, em fevereiro do ano anterior, o *Diálogo sobre os dois máximos sistemas do mundo*, considerado transgressor do decreto de 1616 da sagrada congregação do *Index*, que proíbe a teoria de Copérnico. Galileu se viu obrigado a recitar publicamente e assinar a abjuração com vestes de penitente. Foi, então, punido com o confinamento. Giordano Bruno, filósofo italiano e defensor do sistema copernicano, teve um destino ainda mais cruel. Negou-se a abjurar e foi queimado vivo em praça pública, acusado de heresia pelo Tribunal da Santa Inquisição no ano de 1600.

Johannes Kepler (1571-1630), discípulo de Copérnico, completaria a estrutura da astronomia heliocêntrica. Kepler teve uma infância marcada pela pobreza. Seu pai abandonou a família quando ele ainda era menino e sua mãe foi condenada à morte sob acusação de feitiçaria.

No início de sua carreira, Kepler foi professor em Graz, no sudeste da Áustria. Matemático genial, ele buscava na harmonia do cosmo um alento para sua conturbada existência. Apesar de sua habilidade nos cálculos, percebeu que os dados astronômicos de que dispunha (cartas e mapas celestes) não eram confiáveis. Ele perseguia a ideia de uma harmonia no mundo e acreditava na órbita *circular* dos planetas em razão da forma harmônica do círculo, mas, para confirmar suas ideias, precisava de mapas celestes mais precisos.

No mês de janeiro de 1600, Kepler partiu em busca de Tycho Brahe, um aristocrata dinamarquês que durante os últimos 38 anos de vida produzira mapas celestes de alta precisão. Tycho possuía seu próprio "sistema do mundo": não era um copernicano, mas tinha as informações que alimentariam os cálculos e comprovariam as hipóteses de Kepler. Tycho Brahe mantinha seus dados em segredo e Kepler, que tinha viajado com mulher e filhos e sem dinheiro, estava impaciente. Até que na noite de 24 de outubro de 1601, em seu leito de morte, Tycho pediu aos presentes que não permitissem que sua vida tivesse sido em vão, o que finalmente permitiu a Kepler ter acesso às suas observações.

Kepler teve que usar seu talento matemático, pois as observações de Tycho foram feitas da Terra, ou seja, de uma plataforma móvel. Por meio dos mapas de Tycho, Kepler determinou que a órbita da Terra era aproximadamente circular. De fato, a trajetória da Terra ao redor do Sol é uma elipse muito pouco excêntrica, ou seja, praticamente circular. No entanto, ao observar a órbita de Marte, sobre a qual se debruçou apaixonadamente, percebeu que ela não era circular, mas uma elipse de considerável excentricidade.

Observando Marte, Kepler tirou duas importantes conclusões:

Primeira lei de Kepler:
Os planetas descrevem órbitas elípticas estando o Sol num dos focos.

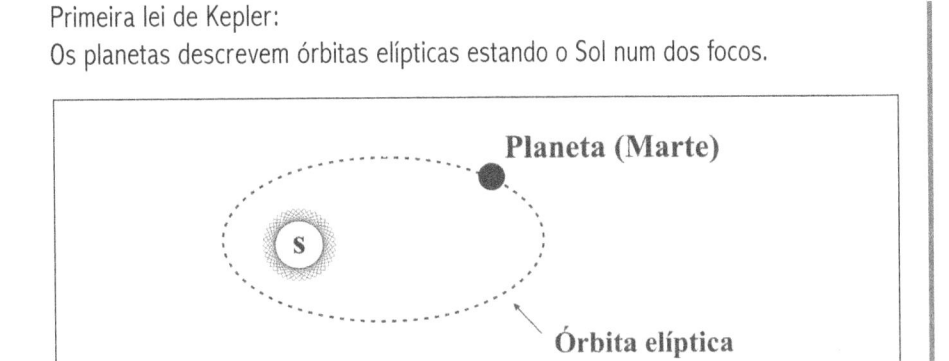

Figura 49

Outra conclusão importante de Kepler foi que Marte, quando estava mais próximo do Sol, tinha uma velocidade maior do que quando estava mais longe dele. Kepler percebeu que havia uma relação entre a velocidade do planeta e sua distância até o Sol. É bom lembrar que Kepler é anterior a Newton e não usou o conceito de *força gravitacional* entre o Sol e Marte para explicar as variações na velocidade do planeta.

Kepler percebeu que a área "varrida" pelo raio vetor[1] é a mesma para intervalos de tempo iguais. Isso nos leva à conclusão de que, mais próximo do Sol, Marte vai mais rápido.

Na figura ao lado, está ilustrado o movimento de Marte num trecho distante do Sol (lado direito da figura) e num trecho próximo ao Sol (lado esquerdo da figura).

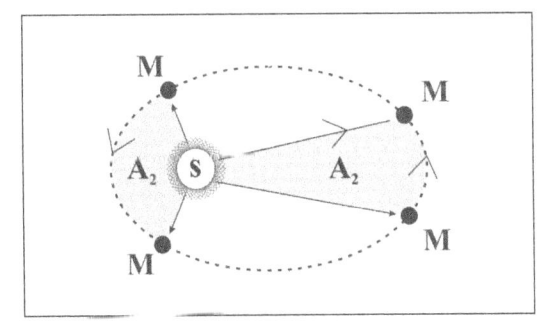

Se as duas áreas são *iguais* ($A_1 = A_2$), então, observou Kepler, os tempos gastos nos movimentos da esquerda e da direita são também *iguais*. O *espaço percorrido* por Marte quando está mais longe do Sol é bem menor do que o espaço percorrido no trecho mais próximo do Sol e, como o tempo é o mesmo, conclui-se que a velocidade é menor quando Marte está longe do Sol e maior quando está perto.

Figura 50

---

1. Vamos definir *raio vetor* como um vetor que tem origem no Sol e extremidade em Marte.

> Segunda lei de Kepler:
> Os raios vetores dos planetas varrem áreas proporcionais aos intervalos de tempo dos percursos.

Dez anos após enunciar as duas primeiras leis, em plena Guerra dos Trinta Anos (1618-1648), Kepler publicou a terceira lei:

> O quadrado do período de revolução de cada planeta é proporcional ao cubo de sua distância média do Sol.

Com a terceira lei, Kepler analisou a relação entre o tempo gasto por *cada* planeta para dar uma volta ao redor do Sol e sua distância até o Sol. O planeta que está mais longe do Sol gasta mais tempo para completar a órbita. Quanto mais? Chamemos de "T" o período de cada planeta (o tempo gasto numa órbita completa) e de "R" o raio médio da órbita de cada planeta. A lei de Kepler diz que o quadrado de um é proporcional ao cubo do outro:

$$T^2 / R^3 = K \qquad K = \text{constante}$$

Ou seja, se fizermos essa "conta" para Marte, por exemplo, o resultado será o mesmo que obteremos se a fizermos para a Terra, ou para Júpiter etc.

A distância entre a Terra e o Sol é de aproximadamente $15 \cdot 10^{10}$ m (ou 150 milhões de quilômetros) e a distância entre Marte e o Sol é de $23 \cdot 10^{10}$ m (ou 230 milhões de quilômetros). A Terra leva um ano terrestre para dar uma volta completa ao redor do Sol. Podemos, através da terceira lei de Kepler, calcular o tempo gasto por Marte em uma translação.

$$T^2 / R^3 = \text{constante} \qquad T_{MARTE} = ?$$

$$T_{TERRA} = 1 \text{ ANO}$$

$$\frac{T_{MARTE}^2}{R_{MARTE}^3} = \frac{T_{TERRA}^2}{R_{TERRA}^3} \qquad R_{MARTE} = 230.000.000 \text{ Km}$$

$$R_{TERRA} = 150.000.000 \text{ Km}$$

$$\frac{T_{MARTE}^2}{(230 \text{ milhões Km})^3} = \frac{1 \text{ ano}^2}{(150 \text{ milhões Km})^3}$$

$$\frac{T_{MARTE}^2}{(230.000.000)^3} = \frac{1^2}{(150.000.000)^3}$$

$$T_{MARTE}^2 = \frac{(230.000.000)^3 \cdot 1^2}{150.000.000^3} = \frac{23^3}{15^3}$$

$$T_{MARTE}^2 = \frac{12.167}{3.375} = 3,6$$

$$T_{MARTE} = \sqrt{3,6} \cong 1,9 \text{ ANOS TERRESTRES}$$

A lei de Kepler permite determinar o período de qualquer planeta do Sistema Solar. Urano, por exemplo, gasta 84 anos terrestres em seu movimento de translação. Kepler quase formulou uma teoria gravitacional, com forças entre os planetas e o Sol. Ele acreditava na influência da Lua sobre os movimentos das marés, hipótese rejeitada por Galileu e, mais tarde, retomada por Newton. Para explicar o seu sistema do Universo, Kepler não se valeu de forças gravitacionais; ele imaginou que os planetas se sustentavam por sete sólidos regulares inscritos uns nos outros e apoiados nas estrelas fixas. As leis de Kepler eram corretas, mas os sólidos não explicavam satisfatoriamente como o Universo se sustenta.

O filósofo e matemático francês René Descartes (1596-1650) deu algumas contribuições fundamentais à física e corrigiu alguns erros de Galileu. Galileu não tinha compreendido que o movimento inercial de um corpo livre de forças deveria ser o movimento *retilíneo* e *uniforme*; ele achava que o movimento *circular* era inercial. Por isso, para ele, o movimento da Lua ao redor da Terra não requeria a ação de uma força, pois o movimento circular da Lua era "natural". Galileu, de certo modo, descobriu o princípio da inércia, mas ainda o viu sob o preconceito do movimento circular.

Descartes não aceitava a hipótese de Galileu, mas refutava também a hipótese da gravitação. Para ele, era inaceitável pensar que dois planetas se atraem a distância, sem uma conexão material entre eles. Descartes defendia a *hipótese dos vórtices*: os planetas "nadariam" sem alternativa num infinito *éter*, ou "matéria inicial". Essa matéria cai numa série de redemoinhos ou vórtices nos quais os planetas se movimentam, como se os planetas fossem laranjas ou maçãs carregadas por um tornado ou furacão. Esse movimento, em forma de turbilhão, explicaria o movimento dos planetas ao redor do Sol sem que se recorresse à força gravitacional.

Newton começou cartesiano, mas concluiu que o modelo de Descartes não era bom, pois não se adaptava matematicamente bem às leis dos fenômenos. "A hipótese dos vórtices se defronta com muitas dificuldades", diz Newton no *Principia*. Após fazer várias experiências com turbilhões, Newton percebeu que a teoria cartesiana era incompatível com as leis de Kepler e introduziu a ideia de uma força exercida a distância para explicar as causas dos movimentos dos corpos celestes.

Nesse contexto histórico e científico, talvez seja o momento adequado para falar sobre a invenção do cálculo e da respectiva controvérsia entre Newton e Leibniz. Ao perceber que a derivação e a integração são processos inversos, Isaac Barrow (professor de Newton em Cambridge) dá início ao cálculo desenvolvido por Newton. Sentindo a necessidade de ferramentas matemáticas específicas para expressar relações fundamentais da mecânica, Newton criou o método das fluxões (derivadas). É provável que muitas partes do *Principia* tenham sido deduzidas pelo método das *fluxões* e depois convertidas para o processo geométrico. Por vias diferentes, Leibniz desenvolveu as mesmas ferramentas e a "paternidade" do cálculo foi motivo de controvérsia durante séculos. É interessante notar a genialidade de Newton que, diante dos limites do repertório matemático de sua época, cria o instrumental para solucionar os problemas diante dos quais a física se encontrava, impulsionando também o desenvolvimento da matemática.

Abordar o tema do cálculo diferencial e integral no ensino médio requer cuidados: fazê-lo no início do curso, ao longo do estudo da cinemática escalar, é arriscado pelo impacto que pode causar no aluno que acaba de sair do ensino fundamental. Se, por um lado, é interessante que o aluno compreenda, por exemplo, a aceleração como "taxa de variação temporal" da velocidade, por outro, em muitos casos, o aluno apenas decora regras de derivação de polinômios como "receita" para o cálculo de velocidade ou de aceleração a partir das funções horárias do espaço e da velocidade, respectivamente.

A lei da atração gravitacional

Um filósofo grego chamado Empédocles (490-430 a.C.) formulou algumas ideias importantes que pareciam ridículas. Por exemplo, ele admitia a existência de quatro elementos (terra, água, ar e fogo) e, entre eles, duas formas de interação as quais chamou de amor e ódio. Essa ideia da existência de interações de amor e ódio tornou-se muito importante na história da ciência. Ela é anterior ao próprio Empédocles, pois teve origem no Egito antigo e, tal como os princípios da alquimia, exerceu influência sobre Isaac Newton (1642-1727), especialmente na sua formulação do conceito de força exercida a distância.

A lei da atração gravitacional pode ser expressa no enunciado abaixo:

> A matéria atrai a matéria na razão direta das massas e na razão inversa do quadrado da distância.

$$F = G \cdot m_1 \cdot m_2 / d^2$$

"F" = Força de atração gravitacional.

"m_1" e "m_2" são as massas dos dois corpos.

"d" é a distância entre eles.

"G" é a constante de proporcionalidade; no Sistema Internacional de unidades,

$$G = 6{,}67 \cdot 10^{-11} \, N \cdot m^2/kg^2$$

Utilizando a lei de Newton, vamos calcular, aproximadamente, a intensidade da força de atração gravitacional entre a Terra e a Lua.

Dados: massa da Terra $\cong 6 \cdot 10^{24}$ kg

massa da Lua $\cong 7 \cdot 10^{22}$ kg

distância média da Terra à Lua $\cong 4 \cdot 10^8$ m

$$F = 6{,}67 \cdot 10^{-11} \cdot 6 \cdot 10^{24} \cdot 7 \cdot 10^{22} / (4 \cdot 10^8)^2$$

$$F = 1{,}75 \cdot 10^{20} \text{ N}$$

Se a *distância* entre a Terra e a Lua fosse *metade* do valor que consideramos, a força "F" seria *quatro vezes maior*. "F" seria igual a $4 \cdot 1{,}75 \cdot 10^{20}$, ou seja, $7{,}00 \cdot 10^{20}$ N. Se essa distância fosse *o dobro* do valor que utilizamos nos cálculos acima, a força se reduziria a *um quarto* do valor que encontramos.

É a força variando com o inverso do quadrado da distância. Esse ponto deve ser exaustivamente explorado com o aluno. Um gráfico cartesiano força x distância pode ser construído para ilustrar a questão. A hipérbole cúbica que aparece no gráfico é característica de duas grandezas que se relacionam de modo que a variação de uma delas se dá na razão inversa do quadrado da outra. Vale a pena empenharmos um tempo na tarefa de analisar o que acontece com o valor da força ao triplicarmos a distância; por exemplo, discutir aqui o que são grandezas diretamente proporcionais e inversamente proporcionais e ainda como se comportam os gráficos cartesianos que representam essas relações.[2]

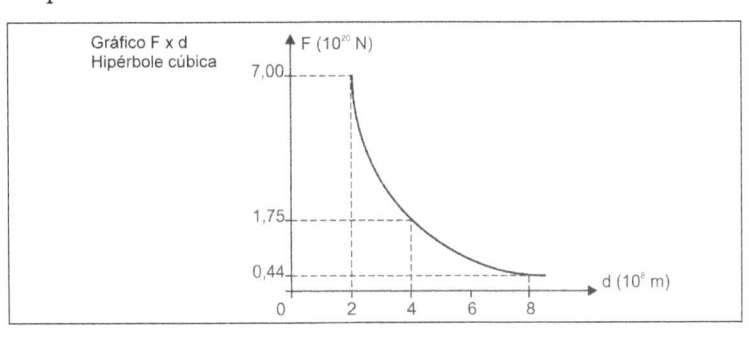

Figura 51

Dois pacotes de açúcar, de 1 kg cada, separados por uma distância de 1 m, também exercem, um sobre o outro, uma força de atração gravitacional.

$$F = G \cdot m_1 \cdot m_2 / d_2 = 6{,}67 \cdot 10^{-11} \cdot 1 \cdot 1 / 1^2$$

$$F = 6{,}67 \cdot 10^{-11} \text{ N}$$

---

2. Grandezas *diretamente proporcionais* guardam uma relação constante. Para uma massa constante, a força resultante e a aceleração são grandezas diretamente proporcionais (f/a = m) e o gráfico $f \times a$ será uma reta que passa pela origem. Para uma massa de 2 kg, a aceleração será nula se a resultante das forças também o for. Se a força resultante for de 10 N, a aceleração será de 5 m/s^2. Se a força dobrar ou triplicar, a aceleração terá seu valor igualmente dobrado ou triplicado. Para um mesmo espaço a ser percorrido (ΔS constante), velocidade e tempo são *inversamente proporcionais* e teremos uma hipérbole no gráfico. Por exemplo, um carro que percorre 80 km de estrada, irá fazê-lo em uma hora com velocidade média de 80 km/h; em meia hora, se essa velocidade for de 160 km/h; em duas horas, se a velocidade for de 40 km/h. O gráfico que mostra a variação do tempo de viagem em função da velocidade será uma hipérbole equilátera.

A atração *entre* os pacotes é desprezível em relação à força exercida pela *Terra* sobre cada um deles, ou seja, em relação ao peso de cada um.

Podemos calcular o peso de cada pacote utilizando a lei da atração gravitacional:

M = massa da Terra = $6 \cdot 10^{24}$ kg

m = massa do pacote de açúcar = 1 kg

d = distância entre a Terra e o pacote de açúcar. Consideraremos a distância entre o centro da Terra e o centro do pacote de açúcar que será, aproximadamente, o raio da Terra.

d = raio da Terra = 6.400 km

O peso ($\vec{P}$) do pacote é a força gravitacional da Terra exercida sobre ele.

$$|\vec{P}| = |\vec{F}| = G \cdot M \cdot m / d^2 = 6{,}67 \cdot 10^{-11} \cdot 6 \cdot 10^{24} \cdot 1 / (6{,}4 \cdot 10^6)^2$$

A distância (6.400 km) teve que ser convertida em metros (6.400.000 m = $6{,}4 \cdot 10^6$ m), pois, se usamos

$$G = 6{,}67 \cdot 10^{-11} \, N \cdot m^2 / kg^2$$

a distância deve ser dada em *metros*, assim como a massa em *quilogramas*. Fazendo as contas, teremos:

$$F \cong 9{,}8 \, N$$

Então, o peso do pacote de 1 kg é de 9,8 N.

Obviamente, podemos calcular o peso de um objeto supondo-o em queda livre, situação em que a resultante das forças é o seu peso. Considerando P = m · g (segunda lei de Newton: "g" = aceleração da gravidade e "m" = massa do objeto), obteremos o mesmo resultado de 9,8 N.

Tanto faz calcular o peso por **P = m · g** ou pela lei de Newton da atração entre o planeta e o corpo de massa "m". Assim,

$$P = F_{gravitacional}$$

$$mg = G \cdot m \cdot M / d^2$$

Portanto,

$$g = G \cdot M / d^2$$

A aceleração da gravidade na Terra (ou em qualquer planeta) pode ser dada pela expressão acima, em que:

$G = 6{,}67 \cdot 10^{-11}$ N.m² /kg² (no Sistema Internacional de unidades);

M = massa da Terra (ou do planeta);

d = distância do centro da Terra (ou do planeta) ao ponto em que se quer determinar o valor da aceleração da gravidade. Se esse ponto for na superfície do planeta, pode-se considerar d = raio médio do planeta.

No caso da superfície terrestre teremos:

$$g = G \cdot M / Raio^2 = 6{,}67 \cdot 10^{-11} \cdot 6 \cdot 10^{24} / (6{,}4 \cdot 10^6)^2 \cong 9{,}8 \text{ m/s}^2$$

Qual a aceleração da gravidade na Lua?

$$g = G \cdot M_L / Raio^2$$

$$M_L = \text{massa da Lua} \cong 7{,}35 \cdot 10^{22} \text{ kg}$$

$$\text{raio da Lua} = 1{,}74 \cdot 10^6 \text{ m}$$

$$g = 6{,}67 \cdot 10^{-11} \cdot 7{,}35 \cdot 10^{22} / (1{,}74 \cdot 10^6)^2 \cong 1{,}6 \text{ m/s}^2$$

$$g_{LUA} = 1{,}6 \text{ m/s}^2$$

Na Lua, um corpo que gaste três segundos numa queda terá sua velocidade aumentada em 1,6 m/s a cada segundo. Então, se na Terra (onde g = 9,8 m/s²) ele atingiria o solo a 29,4 m/s, na Lua ele chegaria ao chão com velocidade de 4,8 m/s. Se fizéssemos o cálculo da aceleração da gravidade para o planeta Marte, encontraríamos aproximadamente g_{MARTE} = 3,7 m/s², e, portanto, em três segundos de queda livre, a velocidade de um corpo aumentaria de 11,1 m/s.

Newton imaginou que a força gravitacional, variando com o inverso do quadrado da distância, era a solução que explicava as órbitas elípticas da primeira lei de Kepler. E provou matematicamente que estava certo.

Combinando a segunda lei com a lei da atração gravitacional, ou seja, fazendo m . a = G . m . M / d², obteremos uma equação diferencial para a órbita, pois a aceleração, "a", é a segunda derivada do espaço.

$$d^2r / dt^2 = G \cdot m \cdot M / m \cdot d^2$$

A solução algébrica dessa equação fornece para a trajetória não só a equação de uma elipse, mas a de qualquer uma das secções cônicas (circunferência, parábola, hipérbole e elipse), ou seja, contempla a geometria dos movimentos dos corpos celestes e de objetos lançados próximos à superfície da Terra.

A síntese newtoniana

A síntese newtoniana une os movimentos celestes e terrestres. Para o ensino médio, é importantíssimo estabelecer a conexão entre a segunda lei de Newton para um corpo em queda livre e a lei da atração gravitacional, tal como fizemos há pouco:

$P = F_{gravitacional}$. Uma lei universal comparada a um fenômeno do cotidiano terrestre reforça a ideia de que Newton uniu céu e Terra, antes distintos na concepção cristã de *paraíso* e na filosofia de Platão, na qual o mundo terreno é uma degeneração do mundo ideal, do belo, do verdadeiro contemplados na região supraceleste.

A maçã de Adão expulsa o homem do *paraíso*, e a de Newton[3] revela que o *paraíso* não está no céu. O Deus de Newton é panteísta[4] e, portanto, sua ação divina está em todas as partes do Universo, em todos os comportamentos da natureza. Newton sofreu forte influência da alquimia. A *Tábua de Esmeralda*, espécie de bíblia dos alquimistas, inicia-se com a seguinte frase: "O que está embaixo é como o que está no alto", bastante apropriada para definir a síntese newtoniana.

Outro aspecto fundamental para o ensino médio é o fato de que a força gravitacional exercida, por exemplo, pela Terra sobre a Lua é *centrípeta*:

$$F_{gravitacional} = F_{centrípeta}$$

$$G \cdot M_{Terra} \cdot m_{Lua} / d^2 = m_{Lua} \cdot v^2/r$$

$$v = \sqrt{GM_{Terra}/d}$$

Eis aí a "fórmula" para lançar satélites no espaço ou para calcular a velocidade da Lua ao redor da Terra. A variável "d" é a distância entre o centro da Lua e o centro da Terra ou a de um satélite artificial até o centro da Terra.

---

3. Diz a lenda que Newton teria descoberto a lei da gravidade observando a queda de uma maçã. O primeiro biógrafo de Newton concluiu, em 1831, que não era possível ter certeza se o fato realmente ocorreu, embora houvesse uma descrição a respeito do episódio feita por Mr. John Conduitt, marido de uma sobrinha de Newton. No entanto, alguns papéis não publicados até o ano de 1936 revelaram algumas notas de um médico conterrâneo de Newton, nas quais ele afirma que Newton lhe teria relatado a história da maçã em 15 de abril de 1726. Newton morreu em 1727. Muitos fatos fantasiosos foram acrescentados a essa história, transformando-a num mito vulgar. Mito ou realidade, é curioso que a maçã seja o símbolo da gravidade e também o símbolo da Queda do Paraíso, ainda que nem a *Bíblia* nem o *Principia* mencionem algo sobre maçãs. Como símbolo, a maçã é muito forte nestes dois pilares da cultura ocidental: a descoberta da gravidade e a Queda do Paraíso.

4. A antiga oposição entre o mundo terrestre das mudanças e o mundo imutável dos céus não foi abolida completamente pela revolução copernicana. O historiador A. Koyré comenta que essa oposição havia persistido sob a forma de contraste entre o mundo que se movimenta (os planetas) e o mundo que não se movimenta (Sol e estrelas fixas). Os mundos distintos só vão se dissolver completamente em Descartes e em Newton. Descartes escreveu: "A Terra e os céus são feitos de uma mesma matéria e não podem existir neles vários mundos". Para Descartes, Deus criou o universo e colocou as coisas em movimento no início dos tempos. Esse movimento se mantém constante por seu "concurso geral", ou seja, o Universo se comporta com a regularidade e a precisão de uma máquina que opera suavemente, sem a necessidade de intervenções do Criador. O Deus de Newton é diferente do Deus de Descartes. O Deus de Newton *age* no Universo constantemente. Deus é, para Newton, o agente transmissor da força de atração gravitacional. O *princípio ativo* da alquimia (ou *espírito universal*) era o *agente* de Deus pelo qual Ele exercia seu poder nos átomos e no Universo. O *agente divino* é, portanto, uma criatura que efetua os propósitos de Deus. Para Newton, esse poder de criar seres inferiores realça a capacidade de Deus. Em alguns papéis científicos não publicados Newton escreve: "(...) esse poder (de Deus) capaz de operar e agir através da mediação de outras criaturas é extraordinariamente, para não dizer infinitamente, maior...".

Isaac Newton, que começou sua carreira como cartesiano, confirmou que os corpos tendem a manter seu movimento retilíneo. Mas, para explicar a *causa* da curva que a Lua faz ao redor da Terra, rejeitou a hipótese dos vórtices de Descartes, concebendo uma *força* atrativa entre a Terra e a Lua, como se houvesse uma corda esticada entre ambas que mantivesse a Lua presa à Terra. Tal corda, evidentemente, não existe. Portanto, aceitar que existe a força, mas não um *agente transmissor* (como a corda), era, para a época, bastante difícil. Da mesma natureza é a força que traça no espaço o movimento da Terra e dos demais planetas ao redor do Sol.

As coisas caem no chão porque são atraídas pela Terra. Newton percebeu que a Terra "puxa" uma maçã da mesma forma com que "puxa" também a Lua. No entanto, a Lua não cai sobre a Terra como a maçã. Isso ocorre porque a Lua tem certa velocidade em seu movimento ao redor da Terra. Não fosse isso, se a Lua "parasse", viria ao encontro da Terra, atraída pela força gravitacional. Na verdade, a Lua cai sobre a Terra. Dizemos que "cai" porque, se não existisse a Terra atraindo-a, a Lua "iria em frente", em linha reta. A Lua cai 1,5 mm a cada quilômetro percorrido.

Newton percebeu que as causas do movimento da Lua eram as mesmas da queda de uma maçã. Ele mostra que é possível transformar um objeto qualquer, como uma maçã, num satélite ao redor da Terra, como a Lua.

Se abandonarmos uma maçã a partir do repouso, ela cairá verticalmente, em linha reta. No entanto, se a lançarmos numa direção paralela ao solo, ela descreverá um arco de parábola.

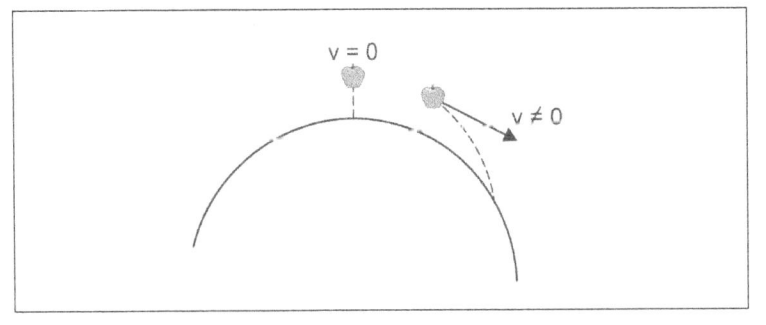

Figura 52

Aumentando o valor de "V" na direção paralela ao solo, a maçã irá cair mais longe.

Se aumentarmos suficientemente a velocidade, a maçã entrará em órbita, ou seja, a maçã irá cair, mas não encontrará o chão que, pela sua própria curvatura, parece "fugir" dela.

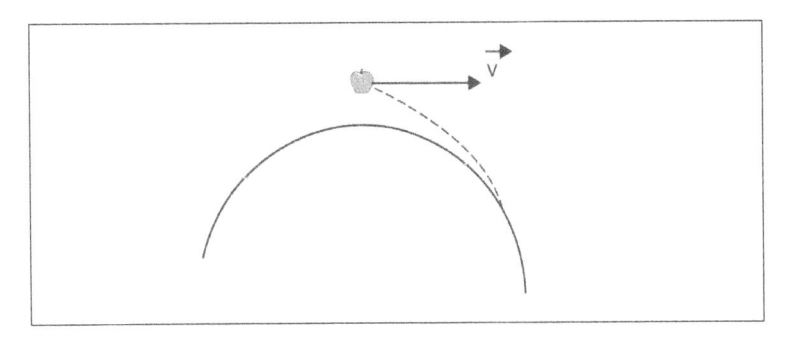

Figura 53

Assim, a maçã pode vir a ser um satélite, como a Lua; a Lua, por sua vez, viria de encontro à Terra se não estivesse com a velocidade adequada.

A velocidade da Lua ao redor da Terra é de 1 km/s (ou 3.600 km/h), e ela gasta 28 dias numa volta completa. A maçã, para entrar

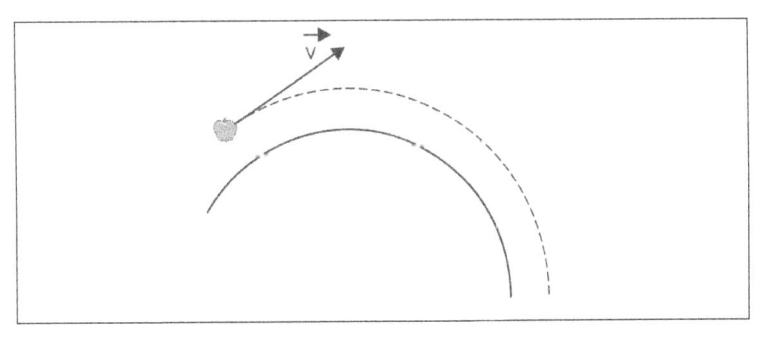

Figura 54

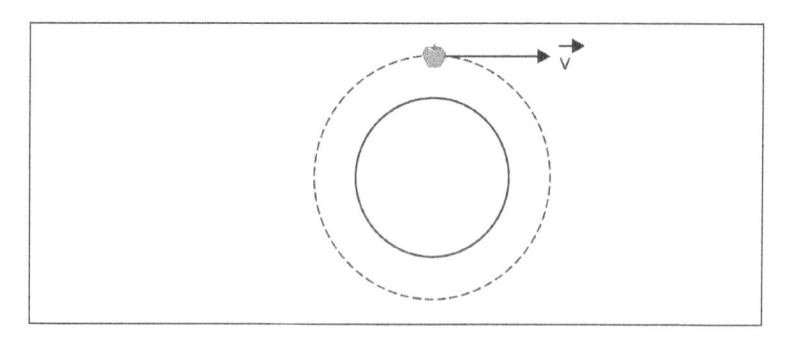

Figura 55

em órbita *rasante* à Terra, precisaria ser lançada com velocidade de 8 km/s (oito vezes maior do que a da Lua) e gastaria cerca de 90 minutos[5] para dar uma volta completa. Esses valores são obtidos, como vimos há pouco, fazendo $F_{gravitacional} = F_{centrípeta}$, o que resulta em $v = \sqrt{GM/d}$.

Diz Newton no *Principia*:

> Se girassem muitas luas em torno da Terra, tal como ocorre com o sistema de Saturno ou de Júpiter, seus tempos periódicos observariam à lei dos planetas de Kepler (...). E se a mais baixa de todas essas luas fosse muito pequena e quase chegasse a tocar o cume dos montes mais altos, a força centrípeta que mantém sua órbita viria a ser quase igual à gravidade dos corpos em cima dos ditos montes (...). Como ambas as forças – a dos corpos graves e das luas – tendem ao centro da Terra, à força pela qual a Lua é retida em sua órbita podemos chamar de gravidade.

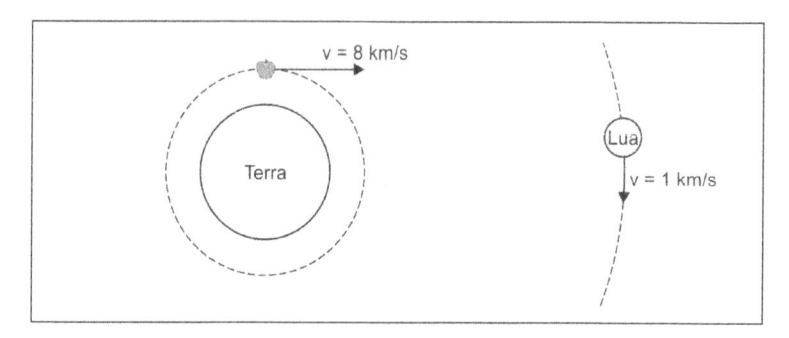

Figura 56

Uma demonstração interessante para se fazer no ensino médio consiste em partir da demonstração da equação que dá a velocidade do satélite ao redor da Terra para chegar à terceira lei de Kepler, comprovando assim a lei de Newton da força variando com o inverso do quadrado da distância.

$$F_{gravitacional} = F_{centrípeta}$$

$$G \cdot M_{Terra} \cdot m_{Lua} / d^2 = m_{Lua} \cdot v^2/r$$

$$v = \sqrt{GM/d} \text{ (equação que dá a velocidade do satélite)}$$

Como $\mathbf{v = \omega \cdot r}$, temos:

$$\omega \cdot r = \sqrt{GM/d}$$

(ω = velocidade angular, como vimos no capítulo anterior)

Como $\mathbf{\omega = 2\pi / T}$ (T = período de revolução = tempo de uma volta completa), teremos:

---

5. Um excelente filme sobre o tema é *Out of the present*, do cineasta Andrei Ujica. Trata-se de um documentário sobre a estação espacial Mir.

$$r \cdot 2\pi / T = \sqrt{GM/d}$$

Elevando-se os dois lados da igualdade ao quadrado, obteremos:

$$T^2 / d^3 = 4\pi^2 / GM$$

Ou seja,

$$T^2 / d^3 = \text{constante}$$

Ora, essa é a terceira lei de Kepler. Partindo então da equação da lei de Newton da atração gravitacional, chegamos à terceira lei de Kepler, o que demonstra a validade da teoria de Newton, já que as leis de Kepler estavam confirmadas pelas observações astronômicas de Tycho Brahe.

Muitos exercícios sobre gravitação podem ser encontrados em livros ou na internet. Destaquemos aqui alguns deles com o objetivo único de prolongarmos um pouco a conversa sobre esse assunto.

1) Um satélite espacial encontra-se em órbita em torno da Terra e, no seu interior, existe uma caneta flutuando. Essa flutuação ocorre porque:

a) Ambos, o satélite espacial e a caneta, encontram-se em queda livre.
b) A aceleração da gravidade local é nula.
c) A aceleração da gravidade, mesmo não sendo nula, é desprezível.
d) Há vácuo dentro do satélite.
e) A massa da caneta é desprezível, em comparação com a do satélite.

A melhor resposta é a da alternativa "a", pois o satélite artificial está em órbita justamente porque a força gravitacional o mantém em sua trajetória ao redor da Terra. Como vimos, o satélite está em queda, mas não encontra o chão, permanecendo em órbita.

2) (UEPB) O astrônomo alemão J. Kepler (1571-1630), adepto do sistema heliocêntrico, desenvolveu um trabalho de grande vulto, aperfeiçoando as ideias de Copérnico. Em consequência, ele conseguiu estabelecer três leis sobre o movimento dos planetas, que permitiram um grande avanço no estudo da astronomia. Um estudante, ao ter tomado conhecimento das leis de Kepler, concluiu, segundo as proposições a seguir, que:

I. Para a primeira lei de Kepler (lei das órbitas), o verão ocorre quando a Terra está mais próxima do Sol, e o inverno, quando ela está mais afastada.
II. Para a segunda lei de Kepler (lei das áreas), a velocidade de um planeta X, em sua órbita, diminui à medida que ele se afasta do Sol.
III. Para a terceira lei de Kepler (lei dos períodos), o período de rotação de um planeta em torno de seu eixo é tanto maior quanto maior for seu período de revolução.

Com base na análise feita, assinale a alternativa correta:

a) Apenas as proposições II e III são verdadeiras.
b) Apenas as proposições I e II são verdadeiras.
c) Apenas a proposição II é verdadeira.
d) Apenas a proposição I é verdadeira.
e) Todas as proposições são verdadeiras.

A órbita da Terra ao redor do Sol é praticamente circular, de modo que a distância entre ambos pouco varia ao longo da órbita. O que determina as estações do ano é a inclinação do eixo terrestre em relação ao plano da eclíptica. Portanto, a primeira afirmação é incorreta. A segunda afirmação pode ser considerada verdadeira: a lei das áreas implica velocidades maiores quando o planeta se aproxima do Sol e menores à medida que dele se afasta. Somente a segunda afirmação é verdadeira. A terceira relaciona os períodos de translação com os de rotação, que nada têm a ver com a terceira lei de Kepler. Alternativa "c".

3) (Unicamp-SP) A terceira lei de Kepler diz que "o quadrado do período de revolução de um planeta (tempo gasto para dar uma volta em torno do Sol), dividido pelo cubo da distância média do planeta ao Sol é uma constante". A distância média da Terra ao Sol é equivalente a 1u.a. (unidade astronômica).
Entre Marte e Júpiter existe um cinturão de asteroides (ver Figura). Os asteroides são corpos sólidos que teriam sido originados do resíduo de matérias existentes por ocasião da formação do sistema solar.

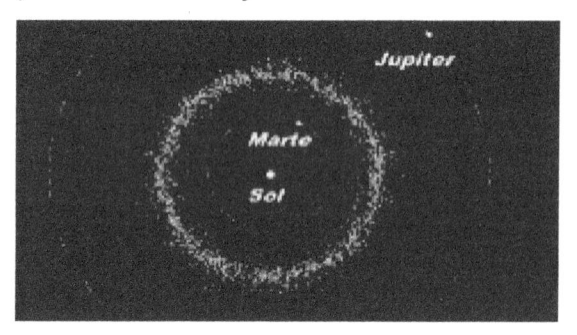

Figura 57

a) Se no lugar do cinturão de asteroides essa matéria tivesse se aglutinado formando um planeta, quanto duraria o ano desse planeta em anos terrestres, se sua distância ao Sol for de 2,5 u.a.?
b) De acordo com a terceira lei de Kepler, o ano de Mercúrio é mais longo ou mais curto que o ano terrestre? Justifique.

Resposta a): Admitindo-se, da figura, que o hipotético planeta esteja a uma distância constante R' = 2,5 u.a. do Sol, o ano desse planeta tem uma duração (T') em anos terrestres dada por:
$T^2 / R^3 = T'^2/R'^3$ $1^2 / 1^3 = T'^2 / 2,5^3$
T' = 4 anos terrestres.

Resposta b): Da terceira lei de Kepler, como Mercúrio está mais próximo do Sol que a Terra, ele terá um período de revolução menor. Desse modo, o ano de Mercúrio é mais curto que o ano terrestre.

---

4) (Unifesp-2008) A massa da Terra é aproximadamente 80 vezes a massa da Lua e a distância entre os centros de massa desses astros é aproximadamente 60 vezes o raio da Terra. A respeito do sistema Terra-Lua pode-se afirmar que:

a) A Lua gira em torno da Terra com órbita elíptica e em um dos focos dessa órbita está o centro de massa da Terra.
b) A Lua gira em torno da Terra com órbita circular e o centro de massa da Terra está no centro dessa órbita.
c) A Terra e a Lua giram em torno de um ponto comum, o centro de massa do sistema Terra-Lua, localizado no interior da Terra.
d) A Terra e a Lua giram em torno de um ponto comum, o centro de massa do sistema Terra-Lua, localizado no meio da distância entre os centros de massa da Terra e da Lua.
e) A Terra e a Lua giram em torno de um ponto comum, o centro de massa do sistema Terra-Lua, localizado no interior da Lua.

Como a massa da Terra é muito maior do que a da Lua, o centro de massa do sistema Terra-Lua fica no interior da Terra. É mais correto dizer que Terra e Lua giram em torno desse centro de massa do que dizer que a Lua gira ao redor da Terra: alternativa "c".

---

5) (Fuvest-SP) A massa da Lua é 81 vezes menor do que a da Terra e o seu volume é 49 vezes menor do que o da Terra.
a) Qual a relação entre as densidades da Lua e da Terra?
b) Qual a aceleração da gravidade na superfície da Lua?

---

m: massa da Lua

M= 81m: massa da Terra

v: volume da Lua

V= 49v: volume da Terra

A densidade é dada por d = m/v, logo:

Para a Lua d = m/v e para a Terra D = M/V = 81m/49v, então:

$$\frac{d}{D} = \frac{m}{v} \cdot \frac{49v}{81m}$$

$$\frac{d}{D} = 0{,}60$$

Sabemos que a intensidade da gravidade na superfície é dada por:

$g = GM/r^2$ para a Lua

$gT = GM/R^2$ para a Terra

Agora devemos encontrar uma relação entre os raios da Lua e da Terra. Podemos fazer isso utilizando a relação entre os volumes $V = 49v$:

$$\frac{4}{3}\pi R^3 = 49 \cdot \frac{4}{3}\pi r^3$$

$$\frac{R}{r} = \sqrt[3]{49}$$

$$\frac{R}{r} = 3{,}66$$

$$\left(\frac{R}{r}\right)^2 = 13{,}4$$

Agora podemos efetuar o quociente g/g_T:

$$\frac{g}{g_T} = \frac{GM}{r^2} \cdot \frac{R^2}{GM}$$

$$\frac{g}{g_T} = \left(\frac{R}{r}\right)^2 \cdot \frac{m}{81m}$$

$$\frac{g}{g_T} = (13{,}4) \cdot \frac{1}{81}$$

$$g = g_T(0{,}17)$$

$$g = 1{,}7 \text{ m/s}^2$$

5 Energia e impulso

As bases da mecânica já foram apresentadas ao aluno com o estudo das leis de Newton. É preciso levar em conta que Newton faz seus enunciados num mundo onde não havia lâmpadas elétricas, automóveis ou trens, num mundo movido pela tração animal, pelo vento ou pelo aproveitamento direto dos deslocamentos de água.

Quando surge a máquina a vapor, uma mudança técnica importante vai alterar o olhar científico: o carvão depositado na máquina gera calor para aquecer a água, cujo vapor produz movimento. Basicamente, essa é a "mágica" da máquina a vapor de Thomas Newcomen, seu inventor. Essa "mágica" intrigava os cientistas, pois havia uma relação de conversão entre um fenômeno (queima do carvão) e outro (movimento).

Algo estava se convertendo, se transformando, e viria a ser chamado de *energia*, palavra já utilizada pelos gregos antigos, especialmente por Aristóteles, com o sentido de "estado realizado das potencialidades".

Outras observações feitas por médicos, como a de que algo contido nas substâncias dos alimentos se convertia em movimento nos seres vivos, convergiram para a construção do conceito de energia no início do século XIX. Já se estudava o calor (acreditava-se que o calor era um fluido) e o movimento (leis de Newton), mas o conceito de energia unia esses dois campos distintos da ciência da época.

Os estudos de vários cientistas apontavam que energia é algo que se converte de uma forma em outra, mas que conserva sua quantidade nessa conversão. Entre 1842 e 1847, a hipótese da conservação da energia foi anunciada publicamente por quatro cientistas provenientes de cantos distintos da Europa e que trabalhavam praticamente isolados uns dos outros: Mayer, Colding, Helmholtz e Joule.

A proliferação das máquinas a vapor de James Watt estimulou esses cientistas a calcularem um valor para o coeficiente de conversão de calor em trabalho. James Prescott Joule (1818-1889), físico inglês, procedeu, durante o ano de 1840, a uma série de experiências para mostrar que o calor era uma forma de energia e não um fluido, como se acreditava.

As experiências mais famosas de Joule foram realizadas com um dispositivo em que pesos, descendo lentamente, faziam girar as pás de uma roda dentro de um recipiente com água. Em razão do atrito entre as pás e o líquido, a temperatura deste se elevava. Joule repetiu sua experiência muitas vezes, aperfeiçoando-a e medindo com precisão cada vez maior o aumento da temperatura da água. Em 1849, Joule publicou seus resultados: concluiu que o calor é uma forma de energia, contrariando a teoria do calórico, segundo a qual o calor seria um fluido, e estabeleceu uma grandeza numérica para a razão entre unidades de energia mecânica e calor. Para elevar a temperatura de uma libra de água de 1° F, Joule calculou que a energia mecânica necessária é equivalente à queda de 772 libras de uma altura de um pé.

Hoje, dizemos que a quantidade de calor necessária para elevar de 1° C a temperatura de um grama de água é de uma *caloria*. Isso equivale à energia representada pela queda de um objeto de 1 kg de uma altura de 41,5 cm. Essa equivalência entre energia mecânica (queda do corpo) e calor (que eleva a temperatura da água) rompe a fronteira entre esses dois campos da ciência do século XIX. Os resultados de Joule revelaram que uma caloria é equivalente a 4,15 Joules e permitiu a construção de máquinas de maior eficiência. Atualmente, o valor aceito para o equivalente mecânico do calor é:

$$1 \text{ cal} = 4,184 \text{ Joules}$$

Joule e outros pensadores do século XIX foram estimulados a pensar num novo conceito que contemplasse as transformações tecnológicas para as quais a linguagem das leis de Newton não estava adequada. Dizer que uma carroça acelera porque o cavalo nela exerce uma força não equilibrada é algo bastante apropriado para a situação, mas explicar o funcionamento de uma locomotiva a vapor por meio das forças exercidas por cada partícula de vapor dentro do cilindro do motor é menos eficiente do que se pensarmos em termos de conversões de energia.

Os teoremas da *energia cinética* e do *impulso* são, em última análise, maneiras diferentes de expressar o essencial da segunda lei de Newton. Em vez de afirmar que a força resultante produz uma aceleração, o teorema da energia cinética diz que o *trabalho* da força resultante produz variação na *energia cinética* do corpo. O teorema do impulso, por sua vez, afirma que a *quantidade de movimento* de um corpo sofre igual ao *impulso* da força resultante. No *Principia*, Newton parte do teorema do impulso para chegar à segunda lei. Aqui faremos o caminho inverso: partiremos da segunda lei de Newton para chegarmos aos dois teoremas.

Teorema da energia cinética

Imaginemos um corpo num plano liso e horizontal submetido à ação de uma única *força constante*. Sabemos, à luz da segunda lei de Newton, que o corpo terá uma aceleração na mesma direção e no mesmo sentido dessa força.

$$\vec{F} = m \cdot \vec{a} \text{ (segunda lei de Newton)}$$

Multipliquemos ambos os lados da igualdade pelo deslocamento ($\vec{d}$) na direção da força.

$$\vec{F} \cdot \vec{d} = \vec{m} \cdot \vec{a} \cdot \vec{d}$$

Dos dois lados da igualdade acima, multiplicamos um vetor por outro vetor, o que, na matemática vetorial, resulta num escalar. O produto $\vec{F} \cdot \vec{d}$ é definido como o trabalho (τ) da força constante que age na direção e no sentido do deslocamento. *Trabalho de uma força* é uma grandeza *escalar* medida em *Joule*.[1]

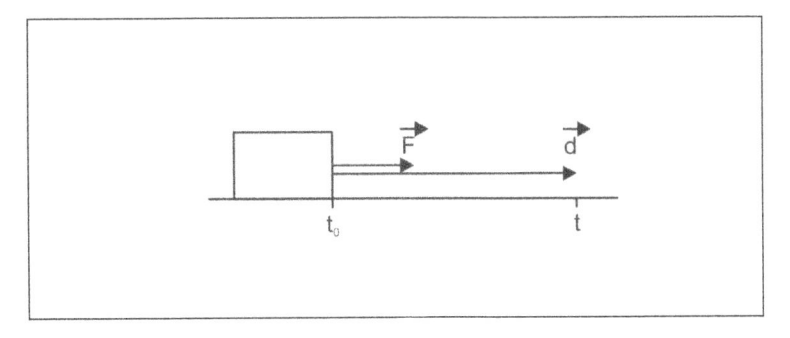

Figura 58

$$\vec{F} \cdot \vec{d} = \vec{m} \cdot \vec{a} \cdot \vec{d}$$

Como **F . d** = τ, temos que **τ = m . a . d**

Podemos tirar o valor de "a" da equação de Torricelli:

$$V^2 = V_0^2 + 2 \cdot a \cdot \Delta s$$

$$a = V^2 - V_0^2 / 2 \cdot \Delta s$$

Se τ = m . **a** . d, então:

$$\tau = m \cdot (V^2 - V_0^2 / 2\Delta s) \cdot d$$

$$\tau = m \cdot (V^2 - V_0^2 / 2)$$

$$\tau = m \cdot V^2/2 - m \cdot V_0^2/2$$

De um lado da igualdade, obtivemos o trabalho de uma força (F . d); do outro, a variação do valor da massa do corpo multiplicado pela metade do quadrado de sua velocidade. Este produto, m . V^2/ 2, é definido como *energia cinética* do corpo.

m . V^2 / 2 = *energia cinética* do corpo no fim do trecho de movimento considerado.

m . V_0^2 / 2 = *energia cinética* no início do movimento.

Assim, temos o *teorema da energia cinética*: **τ = Ec − Ec$_0$**

Partimos da segunda lei de Newton (F = m . a) e chegamos ao *teorema*. É bom ressaltar que na segunda lei de Newton, "F" é força resultante, não equilibrada. Portanto, o trabalho (τ) ao qual nos referimos é o *trabalho da força resultante*. Assim, o teorema da energia cinética afirma que o trabalho da força resultante sobre um corpo corresponde à variação da sua energia cinética.

---

1. Como logo veremos, *um Joule* é o trabalho de uma força de 1 N, num deslocamento de 1 m:
τ = 1 N . 1 m = 1 N . m = 1 J.

$$\tau_R = \Delta E_c$$

O trabalho da força resultante corresponde à soma dos trabalhos de todas as forças que agem no corpo. Por isso, podemos escrever:

$$\Sigma \tau = \tau_R = \Delta E_c$$

Imaginemos um corpo de um quilograma inicialmente em repouso numa superfície plana, horizontal e bem polida, de modo que seja praticamente nulo qualquer atrito. Uma força de 1,0 N, também horizontal, passa a agir sobre o corpo e, assim, coloca-o em movimento.

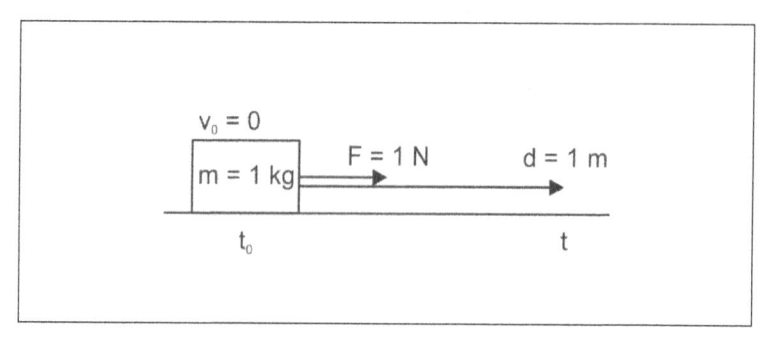

Figura 59

Inicialmente em repouso, o corpo passará a se mover aceleradamente no sentido da força e terá, após o percurso de um metro, certa velocidade. Vamos calcular o valor dessa velocidade. A segunda lei de Newton permite-nos calcular a aceleração do corpo:

$$F = m \cdot a$$
$$1 = 1 \cdot a$$
$$a = 1 \text{ m/s}^2$$

Para determinar a velocidade do corpo ao fim de um metro de percurso, agora que temos a aceleração, podemos utilizar a *equação de Torricelli*:

$$V^2 = V_0^2 + 2 \cdot a \cdot \Delta s$$
$$V_0 = 0$$
$$a = 1 \text{ m/s}^2$$
$$\Delta s = 1 \text{ m}$$
$$V^2 = 0 + 2 \cdot 1 \cdot 1$$
$$V = \sqrt{2} \text{ m/s}$$

Podemos dizer que o corpo adquiriu um tipo de energia associada ao seu movimento, ou seja, o corpo adquiriu *energia cinética*, que pode ser calculada pela expressão:

$$E_c = m \cdot v^2/2$$

Nesse caso,

$$E_c = 1 \cdot 2/2 = 1 \text{ Joule}$$

Portanto, *um Joule* é a *energia cinética* adquirida por um corpo que recebe a ação de uma força de um Newton num percurso de um metro. Pode-se dizer também que a força realizou um trabalho de *um Joule*, ou seja, que *um Joule* é o trabalho realizado por uma força de *um Newton,* num deslocamento de *um metro* (na mesma direção da força).

$$\tau = F \cdot d$$

No caso,

$$\tau = F \cdot d = 1 \cdot 1 = 1 \text{ Joule} = \text{energia cinética adquirida pelo corpo.}$$

Um Joule é a energia cinética adquirida por ele quando submetido à ação de uma força resultante de um Newton num deslocamento de um metro na direção e no sentido da força.

Pensamos até aqui no *trabalho de uma força constante e na mesma direção do deslocamento*. Quando a força e o deslocamento têm *direções diferentes*, o trabalho é calculado pelo produto entre as intensidades do vetor deslocamento e da projeção da força na direção do deslocamento. Em outros termos,

$$\tau = F \cdot \cos \theta \cdot d$$

Até aqui, pensamos em trabalhos positivos, ou seja, em aumento da energia cinética. No entanto, quando a força é contrária ao sentido do movimento, a velocidade do corpo diminui e, portanto, sua energia cinética também. Nesse último caso, o trabalho é negativo como consequência do valor do cosseno do ângulo entre os vetores $\vec{F}$ e $\vec{d}$.

Quando pensamos nessa definição de trabalho aplicado à *força peso*, notamos que, independentemente da trajetória descrita pelo corpo, o trabalho da força peso é dado por:

$$\tau_p = \pm m \cdot g \cdot h$$

O sinal positivo é usado quando o corpo se desloca para baixo, ou seja, no mesmo sentido da força peso; o sinal negativo é usado quando o corpo sobe, ou seja, quando se desloca no sentido contrário ao da força peso. Em outras palavras, ao descer, o cosseno do ângulo entre a força e o deslocamento é positivo, mas é negativo quando o deslocamento é para cima.

Imaginemos um objeto de 2 kg que cai de uma altura de 10 m a partir do repouso. O trabalho da força peso, nesse caso, é dado por $\tau = F \cdot \cos \theta \cdot d$. A força é o peso (P), o deslocamento é a altura (h) e o ângulo (θ) é zero, cujo cosseno é +1. Assim,

$$\tau_p = P \cdot \cos \theta \cdot h = + mgh = 2 \cdot 10 \cdot 10 = 200 \text{ J}$$

Isso significa que a força peso atribui ao corpo 200 Joules de energia cinética.

Suponhamos, no entanto, que a velocidade do objeto após os 10 m de queda seja de 12 m/s: a energia cinética do corpo nesse ponto será de 144 J (m . V²/ 2 = 2 . 12²/ 2 = 144 J). Ora, se a força peso realizou um trabalho de 200 J e apenas 144 J se converteram em energia cinética, isso significa que outras forças (de resistência) realizaram um trabalho negativo. É fácil perceber que esse trabalho foi de -56 J, mas o teorema da energia cinética pode ser apropriadamente usado aqui:

$$\Sigma \tau = \tau_R = \Delta Ec$$

$$\Sigma \tau = \tau_p + \tau_{F \text{ resistência}} = \Delta Ec$$

$$\Sigma \tau = 200 + \tau_{F \text{ resistência}} = 144 - 0$$

$$\tau_{F \text{ resistência}} = -56 \text{ J}$$

A força peso é chamada de *conservativa*, pois seu trabalho realizado entre dois pontos independe da trajetória percorrida entre eles pelo centro de massa do corpo. Se não houvesse forças *dissipadoras* (como são chamadas as forças de resistência ao movimento), o trabalho da força peso seria integralmente convertido em energia cinética. Por isso, diz-se que, quando está no ponto mais alto da trajetória, o corpo tem uma *energia potencial gravitacional* em relação ao solo. A energia potencial gravitacional corresponde ao trabalho que a força peso realizaria se o corpo caísse daquela altura.

Muitos autores enfatizam a *conservação da energia mecânica* na queda livre de um corpo, observando que, na ausência de forças de resistência, a energia potencial vai se convertendo em energia cinética ao longo da queda. Há que se perceber que a conservação da energia mecânica deriva do *teorema da energia cinética*, pois trata-se do trabalho da força peso fazendo variar a energia cinética do corpo. Se outras forças agirem nesse corpo, seus trabalhos contribuirão para a variação de sua energia cinética.

Podemos ainda analisar a queda de um corpo de acordo com a segunda lei de Newton: a força resultante, dirigida para baixo, acelera o corpo, e sua velocidade, consequentemente, aumenta. Mas, agora, uma nova forma de análise é apresentada ao aluno: o *trabalho* da força resultante (peso) no movimento de queda faz aumentar a *energia cinética* do corpo, o que equivale a dizer que a energia potencial gravitacional se converte em energia cinética. São praticamente três linguagens diferentes que expressam o mesmo significado essencial.

Até aqui, consideramos apenas o trabalho de forças constantes. Para uma força variável, o trabalho é calculado numericamente pela área da figura no gráfico cartesiano da intensidade da força em função do deslocamento (F x d).

Um caso notável é o da força elástica. A força e a deformação elástica são diretamente proporcionais, daí a reta do gráfico força x deformação passando pela origem. O trabalho dessa força, obtido pela área do triângulo formado no gráfico, é dado por

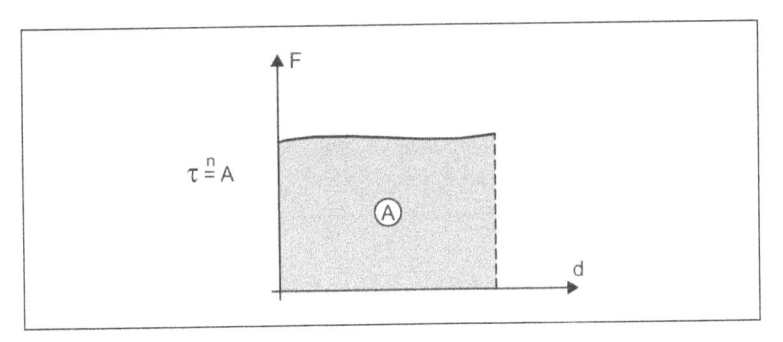

$$\tau = \pm K \cdot x^2 / 2$$

Figura 60

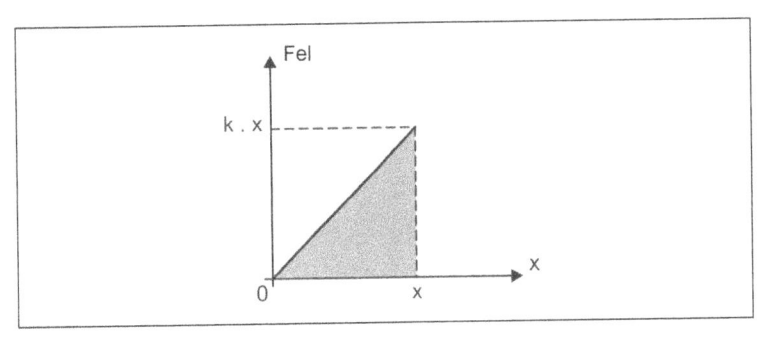

Figura 61

Tomemos o exemplo de um bloco apoiado sobre uma mesa horizontal sem atrito e preso a uma mola ideal. É bom lembrar ao aluno que consideraremos como *força elástica* aquela exercida *pela mola sobre o bloco*. Se o bloco, vindo em sua direção, se choca com a mola, ela será comprimida. Durante a compressão da mola, ela exercerá sobre o bloco uma força contrária ao movimento deste, reduzindo sua energia cinética: seu trabalho será negativo, dado por

$$- K \cdot x^2 / 2$$

O bloco, então, para na compressão máxima da mola e esta o empurra de volta, exercendo, agora, uma força a favor do movimento, aumentando, portanto, a energia cinética do corpo: seu trabalho será, agora, positivo, dado por

$$+ K \cdot x^2 / 2$$

Novamente, vale observar que muitos autores enfatizam a conservação da energia mecânica, considerando que, em sua compressão máxima a mola acumula uma *energia potencial elástica*, a qual corresponde ao trabalho que a força elástica realizará quando empurrar o corpo de volta. Essa energia potencial se converterá integralmente em energia cinética, caso não haja atrito algum ou qualquer resistência do meio, de modo que a energia mecânica se conservará.

Quando há forças dissipadoras, obviamente a energia mecânica não se conserva, mas o teorema da energia cinética pode ser aplicado nesses casos também.

Vejamos um exemplo de questão extraída de um exame vestibular da Unicamp em que o emprego desse teorema é a chave para sua resolução.

Um bloco de massa m = 0,5 kg desliza em plano horizontal com atrito e comprime uma mola de constante elástica K = 1,6 . 10² N/m. Sabendo-se que a máxima compressão da mola pela ação do bloco é x = 0,1 m, calcule:
a) O trabalho da força de atrito durante a compressão da mola.
b) A velocidade do bloco no instante em que tocou a mola.

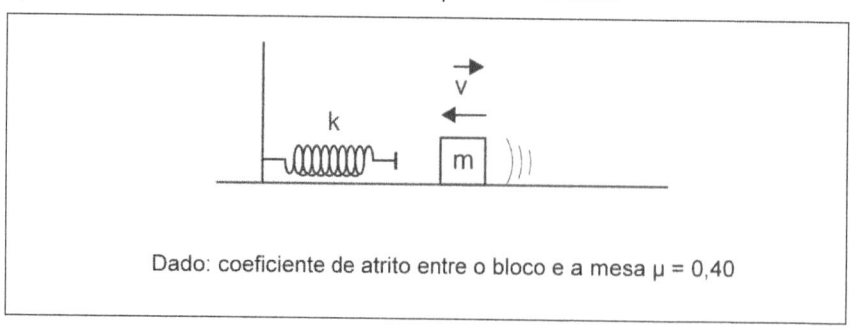

Dado: coeficiente de atrito entre o bloco e a mesa µ = 0,40

Figura 62

a) Admitindo

g = 10 m/s²,

P = m . g = 0,5 . 10 = 5,0 N = módulo da força normal.

Fat = µ . N = 0,4 . 5,0 = 2,0 N

A força de atrito é constante e contrária ao movimento do bloco durante a compressão da mola. Seu trabalho, portanto, é obtido fazendo-se

$$\tau = F . \cos \theta . d$$

$$\tau_{Fat} = Fat . \cos 180° . 0,1$$

$$\tau_{Fat} = 2,0 . (-1) . 0,1 = -0,2 \text{ J}$$

$$\tau_{Fat} = -0,2 \text{ J}$$

b) No mesmo trecho de compressão da mola, o trabalho realizado pela força elástica é negativo, pois ela, assim como a força de atrito, "rouba" a energia cinética do bloco.

$$\tau_{Fel} = - K . x^2 / 2 = - 1,6 . 10^2 . 0,1^2 / 2 = - 0,8 \text{ J}$$

Ora, se as duas forças, a de atrito e a elástica, realizaram juntas um trabalho negativo de 1,0 J, era também de 1,0 J a energia cinética do bloco ao tocar a mola. Isso fica claro se aplicarmos o teorema da energia cinética:[2]

---

2. Os trabalhos realizados pelas forças peso e normal são nulos, pois ambas as forças são perpendiculares ao deslocamento (cos 90° = 0); ou ainda, porque não contribuem para a variação da energia cinética do bloco.

$$\Sigma\tau = \tau_R = \Delta Ec$$

$$\Sigma\tau = \tau_p + \tau_N + \tau_{Fat} + \tau_{Fel} = \Delta Ec$$

$$\Sigma\tau = 0 + 0 - 0{,}2 - 0{,}8 = Ec - Ec_0$$

$$-1{,}0 = 0 - Ec_0$$

$$Ec_0 = 1{,}0\ J$$

Para o cálculo da velocidade:

$$m \cdot V_0^2 / 2 = 1{,}0$$

$$0{,}5 \cdot V_0^2 / 2 = 1{,}0$$

$$\mathbf{V_0 = 2\ m/s}$$

Vejamos um exemplo interessante de problema no qual o teorema da energia cinética é bem aplicado. Também seria adequado o emprego do teorema da conservação da energia mecânica que, no fundo, é uma variação da expressão do teorema da energia cinética para casos em que não há forças dissipadoras, como o que veremos a seguir.

Imaginemos que um atleta de massa "m" resolva saltar do topo de um rochedo amarrado pela cintura a uma fita elástica de constante igual a "k". O rochedo fica à beira de um lago, conforme indica a figura abaixo. A altura do salto é "h" e a fita tem comprimento h/2 quando está relaxada (não distendida).

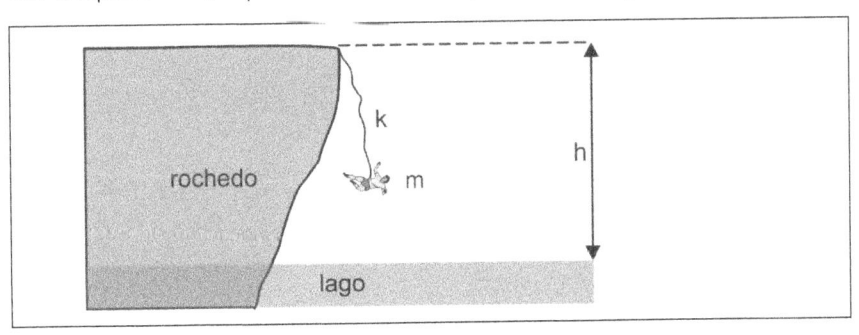

Figura 63

Admitamos que, ao deixar seu corpo cair a partir do topo da rocha, o atleta desse esporte radical ganhe velocidade num primeiro trecho da queda e depois tenha sua velocidade reduzida até zero precisamente no instante em que suas mãos tocam a água do lago para, imediatamente, começar a subir pela ação da força elástica. Em outras palavras, a fita terá uma deformação máxima igual a h/2. Sendo "g" a aceleração da gravidade local e desprezando-se os efeitos do ar, pergunta-se:

a) Qual o valor de "k" em termos de "m", "h" e "g"?
b) A que altura do lago, em termos de "h", o atleta se encontra no instante em que sua velocidade tem o valor máximo?
c) Em módulo, qual a máxima aceleração a que se submete o atleta nesta aventura?

a) Duas forças realizarão trabalho nesse movimento vertical: a força peso, que faz a energia cinética do corpo do atleta aumentar, e a força elástica, que faz o contrário. Como no início e no fim do movimento a energia cinética do atleta é nula, concluímos que os dois trabalhos se anulam. Vejamos o que diz o teorema da energia cinética:

$$\Sigma \tau = \tau_R = \Delta Ec$$

$$\Sigma \tau = \tau_P + \tau_{F_{el}} = Ec - Ec_0$$

$$mgh - k \cdot x^2 / 2 = 0 - 0$$

$$mgh - k \cdot (h/2)^2 / 2 = 0$$

$$k \cdot h^2 / 8 = mgh$$

$$k = 8\,mg/h$$

b) O aluno pode erroneamente pensar que a máxima velocidade é atingida quando a fita começa a esticar, ou seja, quando começa a agir a força elástica contrária ao movimento. Ocorre que, enquanto a força elástica tiver menor intensidade do que a força peso, a resultante das forças será para baixo e o corpo do atleta continuará a ganhar velocidade. É certo que a taxa com que a velocidade cresce diminuirá, ou seja, a aceleração será menor à medida que a força elástica cresce pela distensão da fita, mas, até que as duas forças se igualem, a velocidade aumentará, atingindo seu valor máximo quando P = Fel.

Portanto:

$$mg = kx$$

$$x = mg/k$$

Como:

$$k = 8\,mg/h$$

Temos:

$$x = h/8$$

Mas "x" é a deformação da fita e a pergunta é sobre a altura em relação à superfície do lago, a qual chamaremos de "H".

$$H = h/2 - h/8$$

$$H = 3h/8$$

c) A máxima aceleração se dá quando a força resultante for máxima. E a força resultante será máxima quando a força elástica for máxima, ou seja, quando a deformação for $x = h/2$. Ou seja, a aceleração máxima se dará no instante em que o atleta toca a superfície do lago.

$$F_{Resultante} = Fel - P = m \cdot a$$

$$k \cdot x - m \cdot g = m \cdot a$$

$$8mgh/h \cdot 2 = m \cdot a$$

$$a = 4g$$

O corpo de uma pessoa adulta e saudável pode sofrer danos quando submetido a acelerações superiores a nove vezes o valor da aceleração da gravidade. Nesse caso, o atleta parece não ter corrido riscos.

O estudo da mecânica permite a retomada de conceitos anteriormente estudados, os quais são invocados à medida que novos assuntos são vistos. Observemos mais um exemplo de questão em que o estudo das leis de Newton é exigido juntamente com o do conceito de energia.

Em *Os Simpsons: O filme*, animação de 90 minutos dirigida por Matt Groening, Homer, o patriarca da família, tem o desafio de pilotar uma motocicleta no interior de um globo da morte – que consiste numa gaiola esférica dentro da qual a moto dá voltas em todas as direções, inclusive no ponto vertical. O desafio está em chegar ao ponto mais alto da esfera e completar a volta sem cair.

Após algumas tentativas que resultaram numa série de tombos, a menina Lisa, filha de Homer, grita para que ele acelere com vontade para passar pelo ponto culminante da gaiola, ao invés de ir devagar.

Considere que a massa da moto é de 220 kg e a de Homer, de 80 kg.

a) Demonstre que a velocidade mínima que a moto de Homer deve ter no topo da trajetória para que a volta seja completa é o valor da raiz quadrada do produto R x g, onde "R" é o raio da gaiola esférica e "g" a aceleração da gravidade. Se g = 10,0 m/s^2 e R = 10,0 m, calcule essa velocidade mínima em km/h.

b) Admita que a moto percorra um círculo vertical em torno do centro da gaiola com o dobro do valor dessa velocidade (encontrado no item a). Determine o valor da força normal trocada entre a moto e a gaiola nos seguintes pontos:

b1) no ponto mais baixo da circunferência;
b2) no ponto mais alto da circunferência;
b3) num ponto da circunferência que fica a uma altura do solo igual à metade do valor do raio.
c) Numa volta completa, realizada com velocidade constante e suficiente, qual a diferença, em módulo, entre a energia mecânica no ponto mais alto e a energia mecânica no ponto mais baixo da trajetória?

a) No ponto mais alto, a força centrípeta resultante é dada pela soma das forças peso e normal: $P + N = m \cdot v^2/R$.

Para a velocidade mínima: $N = 0$.

Assim:

$$P = m \cdot g = m \cdot v^2/R$$

$$v = (R \cdot g)^{1/2}$$

Sendo:

$$R = 10 \text{ m}$$

$$v = 10 \text{ m/s}$$

b1) no ponto mais alto:

$$P + N = m \cdot v^2/R \quad (v = 20 \text{ m/s})$$

$$3000 + N = 300 \cdot 400/10$$

$$\mathbf{N = 9000 \text{ N}}$$

b2) no ponto mais baixo:

$$N - P = m \cdot v^2/R \quad (v = 20 \text{ m/s})$$

$$N - 3000 = 300 \cdot 400/10$$

$$\mathbf{N = 15000 \text{ N}}$$

b3) num ponto da circunferência que fica a uma altura do solo igual à metade do valor do raio, o ângulo entre o raio da curva nesse ponto e a reta vertical é de 60°.

Portanto:

$$N - P \cdot \cos 60° = m \cdot v^2/R \quad (v = 20 \text{ m/s})$$

$$N - 3000 \cdot 0{,}50 = 300 \cdot 400/10$$

$$\mathbf{N = 13500 \text{ N}}$$

c) A diferença é dada pela energia potencial gravitacional, pois a velocidade é constante e, portanto, a energia cinética também.

Assim:

$$\Delta E = m \cdot g \cdot h$$

Onde h = 2R

$$\Delta E = 300 \cdot 10 \cdot 20 = 60000 \text{ J} = \mathbf{60 \text{ KJ}}$$

A máquina a vapor e o conceito de energia

A energia, termo tão caro nos dias atuais, tem uma longa história. A água, por exemplo, tem sido uma importante fonte de energia desde a Antiguidade. Heródoto, no século V a.C., definia o Egito como *um dom do Nilo*, evocando o papel representado pelos grandes rios nos primeiros sistemas agroenergéticos da história. O Nilo e seus canais eram praticamente a única via de comunicação no Egito antigo; até as imagens dos deuses eram levadas nos barcos. Os rios traziam água, indispensável à cultura dos cereais, mas traziam também energia motriz, principalmente para o transporte. O transporte estava tão associado à navegação no Egito que na língua egípcia não havia a palavra *viajar*: as pessoas empregavam as expressões *subir o rio* ou *descer o rio* para exprimir a ideia de "viagem".

Mais tarde, os gregos especializaram-se em novas técnicas de navegação, especialmente naquelas ligadas à guerra marítima. O período helenístico será marcado, na arte naval, por uma verdadeira corrida para aumentar a capacidade ofensiva dos navios, movidos, estes, por um número cada vez maior de remadores. Na Grécia, além das águas, a energia humana, os ventos e os animais eram as fontes de energia.

O transporte de cargas no dorso de animais era utilizado desde a mais remota Antiguidade, mas apresentava um inconveniente: a pequena carga transportadora. A utilização da roda foi um meio de reduzir essa insuficiência, pois, com um sistema de transmissão conveniente, podia-se multiplicar o número de animais atrelados à mesma carga. Os gregos se especializaram no aperfeiçoamento desses sistemas de transmissão, não só da força do animal, mas também da força humana.

Durante a Idade Média, a utilização de animais ganhou ainda mais eficiência; a água e o vento continuaram a ser importantes fontes de energia empregadas nos moinhos para moer, triturar e esmagar. Mas a mais importante fonte de energia durante a Idade Média foi a lenha. A lenha era utilizada para produzir calor e para a construção de casas. Como fonte de calor, era muito útil para cozinhar e para fundir metais. Os ferreiros consumiam grandes quantidades de madeira para fundir o ferro necessário à fabricação de ferramentas agrícolas e outros artefatos. A produção do vidro e da cerveja também precisava do calor proveniente da queima da lenha ou do carvão vegetal.

Com a otimização da força animal e com a expansão demográfica na Europa a partir do século X, a crescente demanda de madeira fará com que a Idade Média seja a época dos grandes desmatamentos. Por toda a Europa ocorreram ocupações de terras marginais, estepes e florestas.

Na Inglaterra do século XIII já havia uma crise da madeira de modo que um feixe de lenha poderia custar, em certas regiões, tão caro quanto um alqueire de grãos. O recuo demográfico dos séculos XIV e XV recuperou as florestas. Mas, no século XVI, estas sofreram novamente tal devastação. A lenha começou a faltar e as pessoas tiveram que se voltar para um novo combustível: o carvão mineral, já conhecido, mas pouco apreciado pelo odor desagradável que desprendia ao se queimar. A troca da lenha pelo carvão é anterior à Revolução Industrial e representa uma revolução energética sem precedentes na escala histórica.

O carvão mineral formou-se a partir de transformações geológicas ocorridas há mais de 200 milhões de anos. Na formação do continente europeu, as colisões entre placas continentais fizeram surgir cadeias de montanhas e vales profundos sobre os quais, durante os últimos 45 milhões de anos, enorme quantidade de matéria orgânica foi sendo acumulada.

A vida naquela época tinha dimensões diferentes das de hoje: havia grandes anfíbios, insetos gigantescos, centopeias com dois metros de comprimento e outras formas de vida vegetal cujos detritos orgânicos se acumulavam em pântanos que deram origem às jazidas de carvão mineral da Europa. A turfa era enterrada sob toneladas de lodo que exerciam uma pressão contínua e, assim, ao longo de milhões de anos, aquela matéria orgânica em decomposição foi se transformando em carvão.

Atualmente, as minas de carvão europeias produzem quatro milhões de toneladas de carvão mineral por dia. Se for mantida a taxa atual, ainda há carvão para ser extraído por 200 anos. No entanto, se hoje o carvão é uma importante fonte de energia, há 700 anos ele não tinha valor: no século XIII, era tido como artigo de baixa qualidade, usado para aquecer as casas de pessoas pobres que não tinham acesso à lenha. Quando queimado, ele expelia uma fumaça escura e tóxica.

No início do século XVIII, a escassez das florestas demandou uma participação maior do carvão mineral na produção de energia. Diante da perspectiva de esgotamento das reservas de madeira, o carvão passou a ser utilizado em pequena escala na fabricação de vidro e de cerveja e em substituição ao carvão vegetal, obtido a partir da queima da madeira.

Na Inglaterra de 1709, iniciou-se uma técnica de beneficiamento do carvão que consistia em aquecer o minério bruto a uma elevada temperatura, mas sem permitir a combustão. Esse procedimento eliminava as impurezas, restando um carvão mais puro conhecido como *coque*.

Antes do carvão, a lenha era utilizada para a produção do ferro. Quando o carvão impuro passou a substituir a madeira, mostrou-se inviável, pois suas impurezas contaminavam o ferro produzido, tornando-o quebradiço e dificultando o trabalho dos ferreiros. Mas, com a utilização do *coque*, as indústrias ainda incipientes do carvão e do ferro se uniram, e essa união tornou possível a Revolução Industrial.

Enormes quantidades de minério de ferro eram despejadas nas fornalhas que, aquecidas pela queima do *coque*, produziam cerca de 300 toneladas de ferro por ano. Os modernos fornos do século XX produzem a mesma quantidade em duas horas, mas as técnicas de beneficiamento quase não diferem das utilizadas inicialmente.

À medida que o carvão mineral ganhava importância nas transformações socioeconômicas do século XVIII, um problema técnico ia se agravando: a formação de água nas minas. As inundações ocorriam com a escavação, e a profundidade dificultava a remoção da água do interior das minas.

Um inglês chamado Thomas Newcomen (1663-1729) inventou uma máquina a vapor com a finalidade de bombear água das minas de carvão. Em julho de 1698, a patente de seu invento foi atribuída a outro inglês, o engenheiro militar Thomas Savery, que havia inventado uma máquina com os mesmos fins, mas que usava o vapor numa pressão tão alta que provocava risco de explosão. A patente foi válida por 35 anos e impediu que Newcomen tirasse todos os frutos de seu invento, bem superior ao de Savery.

As máquinas de Newcomen resolveram os problemas das inundações e logo seu ruído característico podia ser ouvido em vários pontos da Inglaterra. A agricultura inglesa também estava se transformando: novas técnicas de plantio e criação de animais em sistema de confinamento aumentaram os lucros, e esse excedente era aplicado nas diversas indústrias emergentes. Essas indústrias precisavam de uma fonte de força motriz.

A força motriz necessária à Revolução Industrial passou a ser fornecida pela máquina a vapor do escocês James Watt. Filho de carpinteiro, Watt queria tornar-se construtor de ferramentas e foi a Londres aprender o ofício. Retornando à Escócia em 1757, obteve um cargo na Universidade de Glasgow. Em 1763, pediram a Watt que reparasse um modelo da máquina de Newcomen que era usado nas aulas práticas da universidade. Após alguns estudos, Watt aperfeiçoou a máquina de Newcomen, melhorando seu rendimento com a instalação de um condensador para o vapor separadamente do cilindro. A invenção de Watt estimulou o desenvolvimento de máquinas que podiam fazer muitos outros trabalhos (como atividades fabris diversas, condução de locomotivas e barcos a vapor) e impulsionou a indústria europeia.

As máquinas a vapor representam um marco na história do carvão: até então, o carvão produzia calor para a extração do ferro; agora, ele produzia calor para aquecer água, cujo vapor produzia *movimento*. Essa transformação de uma forma de energia em outra se evidencia e se acentua após a invenção da máquina a vapor, consolidando o próprio conceito de energia. Logo seriam inventados os motores a explosão que utilizam energia fóssil; a energia elétrica também passa a ser obtida a partir do movimento de turbinas e, no século XX, a energia atômica entraria para a política em razão de seu poder de devastação demonstrado na Segunda Guerra.

O conceito de potência

James Watt conseguiu fazer uma fortuna vendendo ou alugando as suas máquinas aos donos de minas de carvão. A renda que ele obtinha dependia da potência das máquinas que produzia. Define-se *potência* como a taxa de realização de trabalho, ou seja, a taxa na qual se converte uma forma de energia em outra.

Uma força realiza um trabalho durante um intervalo de tempo. Quanto *menor* for esse intervalo de tempo, *maior* será a potência. A potência é, portanto, inversamente proporcional ao tempo.

Vejamos um exemplo: para elevar um tijolo de 1,25 kg a uma altura de 80 cm, o trabalho realizado é de aproximadamente 10 J.

$$\tau = F \cdot d \cdot \cos\theta$$

$$F = \text{peso do tijolo} = m \cdot g = 1{,}25 \cdot 10 = 12{,}5 \text{ N}$$

$$d = 80 \text{ cm} = 0{,}80 \text{ m}$$

$$\tau = 12{,}5 \cdot 0{,}8 = 10 \text{ J}$$

Podemos realizar esse trabalho em 1 s ou em 10 s, por exemplo. Nos dois casos, o trabalho será o mesmo, mas a potência será diferente. A grandeza que leva em conta o tempo gasto na realização de um trabalho é a *potência*.

$$\text{Potência} = \text{Trabalho} / \text{Tempo}$$

$$P = \tau / \Delta t$$

Assim, teremos:

$$P = 10 \text{ J} / 1 \text{ s} = 10 \text{ J/s}$$

Ou, se o tempo for maior:

$$P = 10 \text{ J}/10 \text{ s} = 1 \text{ J/s}$$

No Sistema Internacional de unidades:

$$[P] = \text{J/s} = \text{Watt} = \text{W}$$

Então, no primeiro caso, P = 10 W e, no segundo caso, P = 1 W.

Vejamos um teste extraído de um exame vestibular:

> (Fuvest) Um pai de 70 kg e seu filho de 50 kg pedalam lado a lado, em bicicletas idênticas, mantendo sempre velocidade uniforme. Se ambos sobem uma rampa e atingem um patamar plano, podemos afirmar que, na subida da rampa até atingir o patamar, o filho, em relação ao pai:
>
> a) Realizou mais trabalho.
> b) Realizou a mesma quantidade de trabalho.
> c) Possuía mais energia cinética.
> d) Possuía a mesma quantidade de energia cinética.
> e) Desenvolveu potência mecânica menor.

Por ter maior massa, o trabalho realizado pelo pai para elevar seu corpo e sua bicicleta é maior do que o que o filho realiza, bem como o valor de sua energia cinética. Visto que o tempo de subida é o mesmo, concluímos que a potência desenvolvida pelo filho é menor do que a desenvolvida pelo pai. Alternativa "e".

Uma das especificações técnicas contidas nos manuais dos aparelhos eletrodomésticos é a potência. Uma lâmpada de 100 W, por exemplo, consome 100 J de energia por segundo. Um chuveiro elétrico de potência 4.000 W, consome 4.000 J de energia por segundo.

No fim do mês, a "conta de luz" é enviada para a residência do consumidor de energia elétrica. Se o chuveiro ficar ligado meia hora por dia, serão 15 horas por mês. Podemos fazer uma conta rápida: 4.000 J são gastos por segundo; em 15 horas (54.000 s) o consumo será de 4.000 . 54.000 = 216.000.000 J. Mas a energia cobrada pelas companhias distribuidoras não é medida em Joules, mas em quilowatt-hora (kWh). Um kWh corresponde a 3.600.000 J.

Para fazermos o cálculo do consumo mensal do chuveiro em kWh, utilizaremos:

Potência do chuveiro = 4.000 w = 4 kW

Tempo mensal de uso = 15 horas

Potência = energia / tempo

4 kW = energia / 15 h

Energia = 4 kW . 15 h

Energia = 60 kWh, que correspondem aos 216.000.000 J, calculados anteriormente.

Uma dúvida recorrente entre os alunos diz respeito aos termos *útil* e *dissipada*, quando estes se referem à potência. Um motor elétrico (de um liquidificador doméstico, por exemplo) realiza um trabalho mecânico (triturar os alimentos), mas também gera calor (esquenta). Dizemos que a potência útil é empregada pelo aparelho para realizar o trabalho mecânico, enquanto a dissipada corresponde à geração de calor. A princípio, pode parecer que a potência útil é aquela empregada na finalidade para a qual o aparelho foi projetado, mas não é bem assim. A potência útil é aquela que corresponde à realização de um trabalho mecânico. Numa lâmpada, a potência é inteiramente dissipada em calor e luz.

Num chuveiro, a potência é dissipada na resistência elétrica. Ainda que a luz e o calor sejam bastante úteis, a potência útil é nula na lâmpada e no chuveiro, pois não há trabalho mecânico.

Vejamos um exercício:

> Um motor de 4 HP retira 10 litros/s de água de um reservatório de 10 m de profundidade. Para esse motor determine:
> a) a potência útil;
> b) o rendimento;
> c) a potência dissipada.
> Dados:
> 1 HP = 3/4 kW
> g = 10 m/s²
> densidade da água d = 1 kg/l

Para elevar 10 kg de água com velocidade constante a 10 m de altura, o trabalho é dado por:

$$\tau = mgh = 10 \cdot 10 \cdot 10 = 1000 \text{ J}$$

A potência é dada por:

$$P = \tau/\Delta t = 1000/1 = 1000 \text{ W}$$

Como:

$$1 \text{ HP} = \tfrac{3}{4} \text{ kW} = 750 \text{ W}$$

Temos:

$$1,33... \text{ kW}$$

Essa é a *potência útil*. Portanto, a *potência dissipada* é:

$$4,00 - 1,33 = 2,66... \text{ kW}$$

O *rendimento* (η) do motor é a relação entre a potência útil (1,33 kW) e a potência *total* (4 kW):

$$\eta = Pu/Pt = 1,33.../4 = 0,33... = 33\% \text{ (valor aproximado)}$$

O cavalo-vapor (CV) ou *horsepower* (HP) é uma unidade de medida de potência claramente relacionada com a substituição da força animal pelas máquinas. Os motores dos automóveis, por exemplo, têm suas potências dadas em HP.

> **1 HP = 750 W (valor aproximado)**

Essa conversão tem origem na Inglaterra e corresponde à capacidade que um cavalo tem de levantar, por meio de uma roldana, 33.000 libras de água a uma altura de um pé e em um minuto.

O carvão mineral vem sendo utilizado como fonte de energia até os dias atuais. Como vimos, no ritmo atual de consumo, as reservas de carvão devem se esgotar em 200 anos. Mas a principal fonte de energia do nosso tempo é outro fruto de transformações geológicas: o petróleo.

O petróleo e o carvão são fontes de energia altamente poluentes, pois liberam enormes quantidades de gases nocivos à atmosfera. Alguns desses gases aumentam o chamado "efeito estufa" da atmosfera. A atmosfera funciona como um "cobertor" da Terra: à noite, sem o calor do Sol, o ar que reveste o planeta impede que o calor acumulado durante o dia irradie completamente para o espaço. Portanto, o efeito estufa é necessário para a manutenção das formas de vida na Terra tais como elas são. No entanto, a excessiva quantidade de dióxido de carbono lançada no ar a cada instante por automóveis e indústrias provoca o aumento desse efeito, como se o "cobertor" se tornasse mais eficiente. Isso faz com que a temperatura do planeta se eleve e as consequências sejam catastróficas.

O petróleo surge de transformações geológicas que começaram a ocorrer há 140 milhões de anos. É uma fonte de energia esgotável e as estimativas indicam que há petróleo para apenas pouco mais de meio século de consumo. Portanto, somos reféns de uma herança geológica depositada sob nossos pés: sem óleo barato e farto, a civilização moderna não seria nem remotamente parecida com o que é hoje. A energia fóssil (obtida do carvão e do petróleo) representa mais de três quartos das atuais fontes de energia, o que nos faz lançar um olhar preocupante sobre o futuro, seja pela perspectiva da falta desses combustíveis, seja pela poluição ambiental que eles geram.

Antes de se tornar uma preocupação, o petróleo foi uma solução. Em meados do século passado, no sul da Polônia, um fluido pastoso e preto apareceu como uma praga que contaminava os poços de água. Mas os camponeses logo perceberam sua utilidade para lubrificação, impermeabilização de barcos e conservação de madeira.

Há milhões de anos, colônias de plânctons afundaram nos mares e, graças à ação de bactérias e à pressão que cada camada exerce sobre as que estavam abaixo dela, toda aquela massa orgânica deu origem ao petróleo. A matéria orgânica penetrava em sulcos profundos dos oceanos, onde a falta de ar e de luz impedia a sua decomposição completa. Após muitos milhões de anos, essa chuva contínua de fragmentos orgânicos se transformou em enormes depósitos de óleo e imensas bolhas de gás natural.

Por volta de 1860, um farmacêutico polonês audacioso concebeu um método para fazer querosene a partir do óleo cru e projetou uma lamparina barata e eficiente. Ele montou o que poderíamos chamar de o primeiro negócio de extração de petróleo baseado em suas próprias experiências com refinação.

Outro empresário de Nova York tomou conhecimento das lamparinas e começou a importá-las; em meados de 1870, a procura por iluminação a querosene era tão grande que fez nascer uma indústria do óleo mineral.

Já comentamos que o gás expelido na transformação do carvão em *coque* era utilizado na iluminação de fábricas, fazendo recuar o limite do dia. O petróleo aparecia, portanto, originalmente, como uma fonte de energia ao mesmo tempo concorrente e complementar em relação ao gás de iluminação. O gás era mais utilizado nas cidades e nos países industrializados, ao passo que a iluminação a querosene era mais presente no campo e nos países não industrializados.

Antes dessas fontes de energia fóssil, nos primórdios da indústria, o óleo de qualidade para iluminação era extraído das baleias. Quando a demanda ameaçava extingui-las, o óleo mineral as salvou. Entretanto, o aproveitamento do óleo refinado não se restringia apenas à iluminação: a *propulsão* viria a ser sua principal utilização. Em 1860, o óleo refinado acionou os primeiros motores a explosão.

A energia contida numa porção de petróleo pode ser liberada instantaneamente, como ocorre com a pólvora, produzindo uma explosão de grande efeito mecânico. A explosão impele diretamente um êmbolo ou pistão, o qual, no fim de seu curso, abre uma válvula para o escape dos gases queimados. Em relação aos motores de Watt, o motor a explosão tinha a vantagem de dispensar os inconvenientes da presença de uma fornalha, de um depósito de água e de uma caldeira de alta pressão.

Com o petróleo, a energia passava por uma revolução para a qual a Primeira Guerra Mundial contribuiu. O motor a explosão passou a ser utilizado em tratores agrícolas, enquanto a guerra consumia os cavalos e os alimentos. Em pouco tempo, os agricultores perceberam que um trator podia trabalhar mais, com mais rapidez e a um custo menor do que a melhor parelha de cavalos. Além disso, as máquinas podiam trabalhar noite e dia. A utilização do petróleo nos motores a explosão das máquinas agrícolas, somada à criação de fertilizantes sintéticos, aumentou espantosamente a produção de alimentos, bem como a quantidade de poluentes e agrotóxicos em nossas vidas.

O teorema do impulso

Quando demonstramos o teorema da energia cinética, partimos da segunda lei de Newton.

$$\vec{F} = \vec{m} \cdot \vec{a}$$

Multiplicamos, então, os dois lados da igualdade por "$\vec{d}$", o deslocamento do corpo na direção da força.

$$\vec{d} \cdot \vec{F} = m \cdot \vec{a} \cdot \vec{d}$$

Chegamos, então, ao teorema da energia cinética:

$$\tau = \Delta E_c$$

Faremos algo parecido. A diferença é que multiplicaremos a expressão matemática da segunda lei de Newton pelo tempo, e não pelo deslocamento.

$$\Delta t \cdot \vec{F} = m \cdot \vec{a} \cdot \Delta t$$

O produto $\vec{F} \cdot \Delta t$ é chamado de *impulso da força*, assim como o produto $\vec{F} \cdot \vec{d}$ foi chamado de *trabalho da força*. Devemos notar a diferença no resultado dos dois produtos: quando fazemos $\vec{F} \cdot \vec{d}$, estamos efetuando um produto de dois vetores que, na matemática vetorial, resulta num número, num *escalar*. O *trabalho*, portanto, é uma *grandeza escalar*; já o produto $\vec{F} \cdot \Delta t$ é o produto de um vetor ($\vec{F}$) por um número (Δt) e o produto de um vetor por um escalar resulta num *vetor*. O *impulso* é, portanto, uma *grandeza vetorial*.

$$\Delta t \cdot \vec{F} = m \cdot \vec{a} \cdot \Delta t$$

Mas:

$$\vec{a} = \vec{\Delta v}/\Delta t = \vec{V} - \vec{V_0} / \Delta t$$

Então:

$$\Delta t \cdot \vec{F} = m \cdot (\vec{V} - \vec{V_0} / \Delta t) \cdot \Delta t$$

$$\Delta t \cdot \vec{F} = m \cdot (\vec{V} - \vec{V_0})$$

$$\vec{F} \cdot \Delta t = m \cdot \vec{V} - m \cdot \vec{V_0}$$

Então, como $\vec{I} = \vec{F} \cdot \Delta t$ e o produto $m \cdot \vec{v}$ é a *quantidade de movimento* do corpo[3] ($m \cdot \vec{v_0}$ = quantidade de movimento do corpo no instante "t_0" e $m \cdot \vec{v}$ = quantidade de movimento do corpo no instante "t"),

$$\vec{I} = \Delta \vec{Q} = \vec{Q} - \vec{Q_0}$$

A analogia entre o teorema do impulso e o teorema da energia cinética prossegue quando pensamos que a área da figura no gráfico $F \times d$ é numericamente igual ao trabalho da força e, no gráfico da intensidade da força em função do tempo (F x t) é numericamente igual ao impulso da força.

A unidade de medida do impulso é, no Sistema Internacional, N.s. Uma rápida análise dimensional nos faz concluir que essa unidade de medida equivale a kg . m/s, que é a unidade de medida de *quantidade de movimento*.

---

3. No *Principia*, Newton define: "A quantidade de movimento é a medida do mesmo, obtida conjuntamente a partir da velocidade e da quantidade de matéria".

O teorema do impulso envolve grandezas vetoriais, o que por vezes gera dificuldades entre os alunos. Por exemplo, se uma bola em queda vertical se chocar elasticamente com o chão de modo a ter, imediatamente após o choque, a mesma velocidade que tinha imediatamente antes, a variação de sua energia cinética é nula, mas houve variação de sua quantidade de movimento, pois o vetor $\vec{Q}_0$, que era vertical e para baixo antes do choque, torna-se vertical e para cima após o choque. Em outras palavras, o trabalho da força que o chão faz na bola é nulo, mas o seu impulso não.

Vejamos outro exemplo:

Uma partícula de massa 4,0 kg descreve um movimento circular uniforme com velocidade escalar igual a 10 m/s. Determine as características (módulo, direção e sentido):

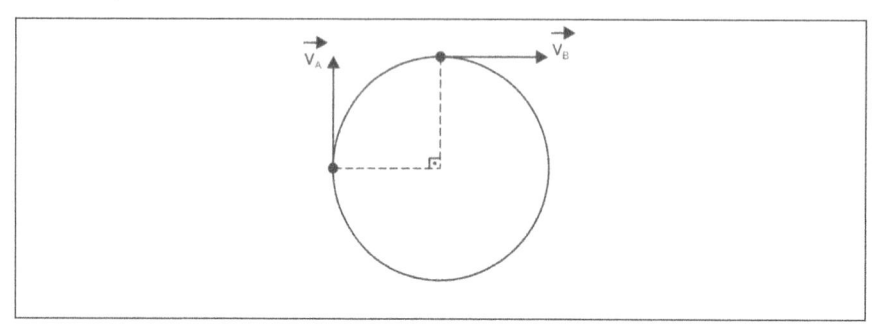

Figura 64

a) da quantidade de movimento no ponto A;
b) da quantidade de movimento no ponto B;
c) do impulso recebido pela partícula entre as posições A e B.

Novamente, temos um caso em que o trabalho da força é nulo, mas o impulso não: como o movimento é uniforme, não há variação da energia cinética da partícula. A força resultante que age no corpo é *centrípeta*: seu trabalho é nulo, pois essa força não altera o módulo da velocidade. No entanto, a direção do vetor velocidade varia por ação dessa força. Calculando a variação da quantidade de movimento desse corpo, obteremos o impulso dessa força.

Respondendo item por item da questão:

a) No ponto A, a quantidade de movimento é vertical, para cima e de módulo igual a 40 kg . m/s.

b) No ponto B, a quantidade de movimento é horizontal, para a esquerda e de módulo igual a 40 kg . m/s.

c) A variação da quantidade de movimento é obtida pela diferença entre os dois vetores acima:

$$\vec{I} = \Delta\vec{Q} = \vec{Q} - \vec{Q}_0$$

O impulso da força centrípeta tem módulo igual a 40√2 m/s, inclinação de 45° em relação à horizontal e orientado para o quarto quadrante.

Nos exames vestibulares é comum aparecerem questões nas quais se toma o teorema do impulso pela sua negativa. Ou seja, se não há impulso de uma força, não há variação da quantidade de movimento. É o que ocorre quando consideramos um *sistema isolado*. Quando dois patinadores em repouso se empurram mutuamente, cada um deles irá se movimentar para um lado do rinque. Se analisarmos isoladamente um dos patinadores, ele terá recebido por um tempo a força de seu parceiro. O mesmo vale se analisarmos o que ocorre com o parceiro: recebe uma força durante o tempo em que foi empurrado, e essa força fez sua quantidade de movimento variar. Mas, se fizermos o recorte da análise no sistema formado pelos dois patinadores, não há força externa exercida e, portanto, a quantidade de movimento do sistema não se altera: era nula antes dos empurrões (da "explosão") e continuará nula depois deles. Mas cada um deles adquire uma quantidade de movimento. Essas quantidades deverão, no entanto, se anular, já que são vetores de sentidos opostos.

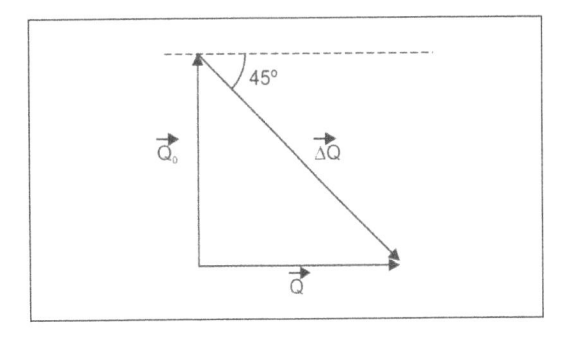

Figura 65

Num sistema isolado, geralmente em choques ou explosões, a quantidade de movimento total se conserva. Questões envolvendo sistemas isolados são frequentes nos vestibulares. Vejamos dois exemplos:

(Uerj) Um peixe de 4 kg, nadando com velocidade de 1,0 m/s, no sentido indicado pela figura, engole um peixe de 1 kg, que estava em repouso, e continua nadando no mesmo sentido.

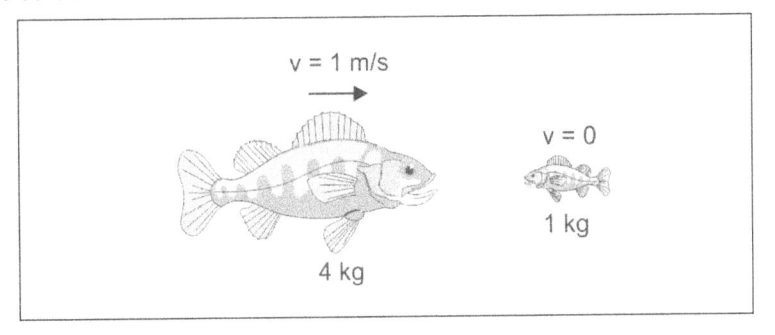

Figura 66

A velocidade, em m/s, do peixe maior, imediatamente após a ingestão, é igual a:
a) 1,0
b) 0,8
c) 0,6
d) 0,4
e) 0,2

Considerando o sistema formado pelos dois peixes, a quantidade de movimento inicial é 4 . 1 = 4 kgm/s, orientada para a direita. Após a ingestão (choque), a quantidade de movimento do sistema se conserva, uma vez que não houve ação de forças externas. Assim, após o peixe maior engolir o menor, Q = 4 = (4 + 1) . v. Portanto, v = 0,8 m/s. Alternativa "b".

(Unesp) Para medir a velocidade de uma bala, preparou-se um bloco de madeira de 0,990 kg, que foi colocado a 0,80 m do solo, sobre uma mesa plana, horizontal e perfeitamente lisa, como mostra a figura adiante. A bala, disparada horizontalmente contra o bloco em repouso, alojou-se nele, e o conjunto (bala+bloco) foi lançado com velocidade V, atingindo o solo a 1,20 m da borda da mesa.

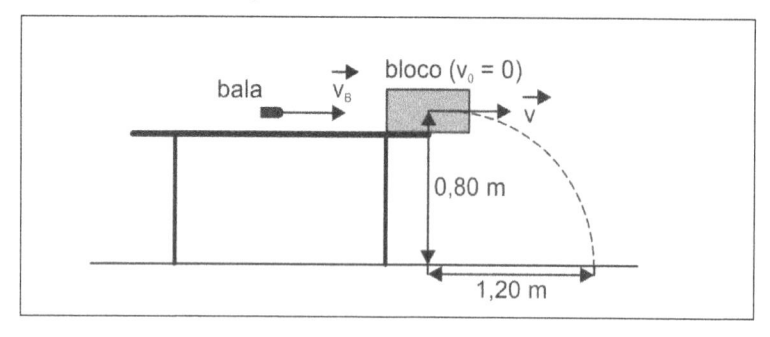

Figura 67

a) Adotando g = 10 m/s², determine a velocidade V do conjunto, ao abandonar a mesa. (Despreze a resistência e o empuxo do ar.)
b) Determine a velocidade com que a bala atingiu o bloco, sabendo-se que sua massa é igual a 0,010 kg.

Para resolvermos esse item, voltamos ao estudo dos lançamentos: o tempo de queda do conjunto bala+bloco pode ser calculado analisando-se o movimento vertical: a velocidade inicial é apenas horizontal, portanto nula para o movimento vertical; a função horária da velocidade nos fornecerá o tempo de queda.

$$S = S_o + V_o \cdot t + a \cdot t^2/2$$

$$0,80 = 0 + 0 + 10 \cdot t^2/2$$

$$t = 0,40 \text{ s}$$

O movimento horizontal ocorre simultaneamente, ou seja, durante os mesmos 0,40 s, o conjunto percorreu 1,20 m na horizontal. Como a velocidade horizontal é constante, a velocidade com que o conjunto sai da mesa é dada por **V = 1,20 / 0,40 = 3,00 m/s.**

b) Para calcularmos a velocidade da bala, consideramos o bloco e a bala como um sistema isolado, de modo que a quantidade de movimento é a mesma antes e depois do choque:

$$\vec{Q}_{ANTES} = \vec{Q}_{DEPOIS} : m_{bala} \cdot V_{bala} = (m_{bala} + m_{Bloco}) \cdot V$$

$$0{,}01 \cdot V_{bala} = 1{,}00 \cdot 3{,}00$$

$$V_{bala} = 300 \text{ m/s}$$

Na figura a seguir, a esfera "A" despenca do início da canaleta a partir do repouso e choca-se inelasticamente com outra esfera que estava em repouso no final do trecho horizontal. O trecho curvilíneo é correspondente a um quarto de circunferência de 80 cm de raio e a altura da plataforma horizontal em relação ao solo é de 1,25 m. A massa da esfera posicionada inicialmente na borda da plataforma horizontal é o triplo da massa da esfera "A". Após a colisão, as esferas grudadas caem sobre o solo horizontal. Despreze todos os atritos.

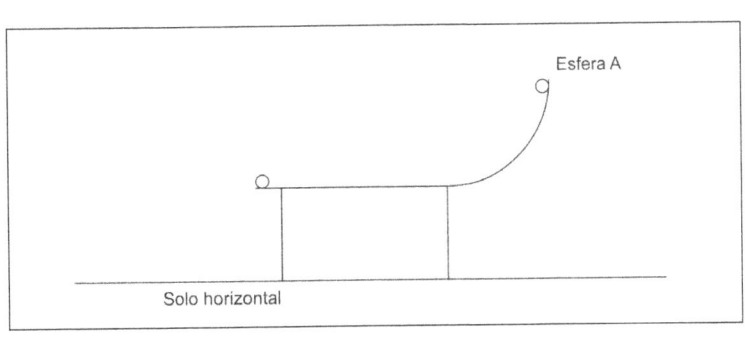

Figura 68

A velocidade em m/s com que a esfera "A" atinge a esfera parada na borda da plataforma é:

a) 1 m/s
b) 2 m/s
c) 4 m/s   (RESPOSTA: C)
d) 8 m/s
e) 16 m/s

As esferas grudadas após o choque atingirão o solo após percorrerem uma distância horizontal de:

a) 0,25 m
b) 0,50 m   (RESPOSTA: B)
c) 1,00 m
d) 1,25 m
e) 2,50 m

Calor

A termologia é parte importante do conteúdo do ensino médio. Sendo o calor uma forma de energia, talvez seja apropriado adentrar no estudo dos fenômenos térmicos neste momento, tendo como alvo principal a termodinâmica, que dá continuidade à questão das máquinas térmicas.

Costumeiramente, inicia-se o capítulo da termologia com as escalas termométricas. A esta altura, com o aluno já habituado ao instrumental matemático do ensino médio, as escalas de temperatura podem ser introduzidas com relativa facilidade. As relações entre as escalas Celsius e Fahrenheit e Kelvin são importantes, bem como a construção das equações de conversão. No entanto, não nos parece necessário demorar muito nesse tópico do conteúdo.

$$\theta_C \cdot 9 = 5(\theta - 32)$$

$$\theta_K = \theta_C + 273$$

(C, F e K representam, respectivamente, as temperaturas nas escalas Celsius, Fahrenheit e Kelvin.)

Vale lembrar que uma variação de temperatura de 1 grau na escala Celsius corresponde a uma variação de 1,8 grau na escala Fahrenheit. Quando se comparam as escalas Celsius e Kelvin, a variação de temperatura é de 1:1.

A dilatação térmica, se bem analisarmos, é, tal como a relação entre as escalas de temperatura, um estudo sobre proporcionalidades. A dilatação linear (ΔL) de uma barra de ferro, por exemplo, é diretamente proporcional a três outras grandezas: a variação de temperatura ($\Delta \theta$), o comprimento inicial da barra (L_0) e o coeficiente de dilatação linear (α).

$$\Delta L = L_0 \cdot \alpha \cdot \Delta\theta$$

O coeficiente (α) é a constante de proporcionalidade: $\alpha = \Delta L / L_0 \cdot \Delta\theta$

Quanto maior a barra, mais ela (proporcionalmente) se dilata; quanto mais é aquecida, mais (proporcionalmente) se dilata. A dilatação é diretamente proporcional ao comprimento inicial e à variação de temperatura. O mesmo pode analogamente ser estendido para a dilatação de uma área ou do volume de um corpo.

Os exemplos clássicos que levam esse assunto teórico para o cotidiano do aluno, como os termostatos, as rachaduras em superfícies pavimentadas provocadas por variações da temperatura e outros tantos, são importantes para que os estudantes compreendam o fenômeno da dilatação associado à sua tradução em linguagem matemática.

Como vimos anteriormente, Joule concluiu em 1849 que o calor é uma forma de energia, contrariando a teoria do calórico, segundo a qual o calor seria um fluido. O calor, energia em trânsito, seja por condução, radiação ou convecção, é estudado no ensino médio com base também em constantes de proporcionalidade. Pensemos que o calor específico de uma substância (c) é a relação entre a quantidade de calor trocada (Q) e o produto de sua massa (m) pela variação de temperatura ($\Delta\theta$):

$$c = Q/m \cdot \Delta\theta$$

Joule estabeleceu uma grandeza numérica para a razão entre unidades de energia mecânica e calor: 1 cal = 4,184 Joules; uma caloria é a quantidade de calor necessária para se elevar a temperatura de um grama de água de 1°C (de 14,5 °C para 15,5 °C). Se tomarmos dois gramas de água, serão necessárias duas calorias para o mesmo fim; se tomarmos dois gramas de água e elevarmos de

2 °C sua temperatura, serão necessárias duas calorias. O calor específico da água é igual a 1,0 cal/g °C.

Estabelecer a diferença entre essa quantidade de energia (1 cal) e o valor da caloria alimentícia é importante: em geral, os alimentos dão seus valores energéticos em quilocalorias. Por exemplo, diz-se que uma pessoa deve ingerir 2.400 "calorias" diárias; na verdade, esse valor corresponde a 2.400.000 cal.

A expressão $Q = m \cdot c \cdot \Delta\theta$, que expressa o "calor sensível", ou seja, aquele que provoca *variação de temperatura*, fica simples quando vista como uma relação de proporcionalidade. A própria unidade de medida do calor específico expõe essa relação. Um metal que tem, por exemplo, calor específico de 0,2 cal/g · °C se comportará conforme esse valor ao receber ou emitir calor.

As mudanças de estado também são importantes: a quantidade de calor trocada nas mudanças de fase são igualmente regidas por relações de proporcionalidade. O calor latente de fusão do gelo (L_f), por exemplo, é de 80 cal/g. Em outras palavras, a quantidade de calor absorvida por uma porção de gelo a 0 °C é proporcional à massa que se funde na razão 80:1. Ou seja, o calor latente de fusão do gelo é uma constante de proporcionalidade: $L_f = Q/m$.

Mais do que reduzir esse estudo a uma fórmula, $Q = m \cdot L$, analisar as mudanças de estado pode contribuir para a cultura científica dos estudantes. Num dia úmido, reparamos que um copo gelado pelo líquido nele depositado fica externamente molhado pela condensação do vapor d'água presente no ar (o copo fica "suado"); num dia seco, o fenômeno não se verifica.

O comportamento anômalo da água, cuja densidade a 4 °C é maior do que as temperaturas inferiores a esse valor, permite que a água no fundo de lagos e rios permaneça no estado líquido enquanto a temperatura da superfície diminui até que o gelo se forme. O gelo, sendo bom isolante térmico, serve de "cobertor" para que a vida se preserve abaixo dele durante invernos rigorosos.

Do ponto de vista matemático, o estudo da termologia é bastante propício para o desenvolvimento das relações de proporcionalidade direta, para o emprego da "regra de três" nos fenômenos físicos. Do ponto de vista da cultura científica, esse estudo é bastante atraente: o copo que fica "suado", a água que atinge temperaturas superiores a 100 °C na panela de pressão, a formação de neve, o funcionamento de garrafas térmicas, as correntes de convecção e as brisas, o ponto de ebulição da água variando com a altitude do local, o café que se mantém aquecido sem ferver quando colocado em banho-maria, o regelo, as sensações térmicas ao tocarmos diferentes materiais etc., são fenômenos que trazem vivacidade para a sala de aula. Num local sem gravidade aparente (dentro de uma estação orbital, por exemplo), ao acendermos a chama de um isqueiro, ela será esférica, pois, sem gravidade, não há correntes de convecção. Todas as associações que surgem com o estudo da termologia estimulam o interesse do aluno e são relevantes para sua formação.

Alguns professores preferem, por esses motivos, introduzir a termologia logo no primeiro ano do ensino médio, o que é viável. No entanto, o estudo dos gases e a termodinâmica se ajustam melhor na sequência do conteúdo se abordados depois dos conceitos de trabalho e energia. Tal é nossa intenção aqui. Por isso, não nos demoraremos muito sobre os primeiros passos da termologia. Tampouco insistiremos no estudo dos gases. Basta que iniciemos o aluno nas noções de pressão (P), temperatura (T, na escala Kelvin) e volume (V) de um gás ideal pela equação de Clapeyron. Surge aqui mais uma oportunidade para trabalharmos as relações de proporcionalidade direta e inversa.

$$P \cdot V = n \cdot R \cdot T$$

R é a constante de proporcionalidade que "amarra" as características de um estado qualquer do gás: $R = 0{,}082\ atm.L/mol.K$. No Sistema Internacional, $R = 8{,}31\ J/mol.K$.

$$P \cdot V/T = n \cdot R$$

O que indica que P.V/T é proporcional ao número de mols (n). Assim, se certa massa gasosa muda de um *estado 1* para um *estado 2*,

$$P_1 \cdot V_1/T_1 = P_2 \cdot V_2/T_2$$

Quando uma dessas variáveis é constante na transformação, esta é classificada como *isotérmica* (temperatura constante), *isobárica* (pressão constante) ou *isométrica* (volume constante); respectivamente:

$$P_1 \cdot V_1 = P_2 \cdot V_2$$
$$V_1/T_1 = V_2/T_2\ e$$
$$P_1/T_1 = P_2/T_2$$

Tomemos uma transformação isobárica. Certa quantidade de um gás ideal tem sua temperatura absoluta aumentada em 20% do valor inicial. Obviamente, seu volume também aumentará em 20%. No esquema que se segue, percebemos que o objeto sobre o êmbolo móvel subiu durante a transformação gasosa e que, portanto, houve a realização de um trabalho naquele intervalo de tempo. Ora, este é o princípio das máquinas térmicas: realizar trabalho mecânico a partir do calor.

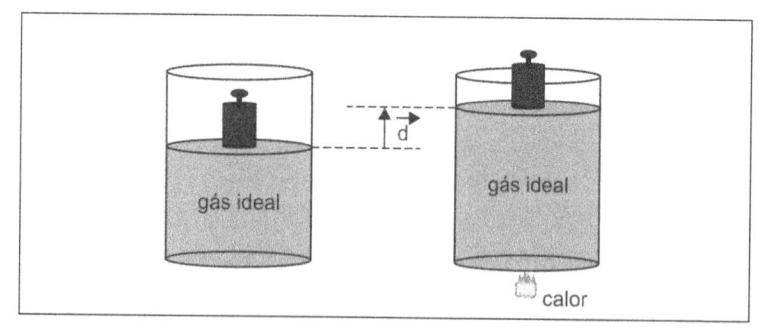

O trabalho realizado numa transformação gasosa pode ser calculado pela área da figura no gráfico da pressão em função do volume (P x V). Numa transformação isobárica, esse trabalho é dado por:

$$\tau = p \cdot \Delta V$$

Figura 69

Ao receber calor, um gás sob pressão constante realizará trabalho e terá sua energia interna (U) alterada. A *variação* da energia interna é dada pela lei de Joule para um gás ideal:

$$\Delta U = 3/2 \cdot n \cdot R \cdot (T_2 - T_1)$$

A primeira lei da termodinâmica afirma que o trabalho realizado por um gás sobre o meio exterior é igual à diferença entre o calor trocado com o meio e a variação de sua energia interna: $\tau = Q - \Delta U$.

Aí está o embrião teórico das máquinas térmicas que, a partir da Revolução Industrial, mudaram a cara do mundo.

Para a compreensão do funcionamento dos motores a explosão, das geladeiras, dos aparelhos de ar-condicionado, o estudo da termodinâmica é fundamental, tal como o estudo das ondas eletromagnéticas o é para que o aluno veja os aspectos científicos subjacentes aos fornos de micro-ondas, aos aparelhos de telefonia celular, à televisão e à própria luz visível.

A máquina a vapor transforma o calor da queima do carvão em movimento, ou seja, em trabalho mecânico. Mas nem todo calor produzido na queima do combustível é convertido em trabalho. Parte dessa energia é liberada no ambiente. Para que uma máquina térmica possa funcionar, deve operar entre uma fonte quente, da qual retira calor, convertendo-o parcialmente em trabalho, e uma fonte fria, na qual expele a quantidade de calor restante.

A eficiência de uma máquina térmica é medida pelo seu *rendimento*, ou seja, pela relação entre a energia útil e a energia total consumida pela máquina. Em outras palavras, o rendimento de uma máquina a vapor de Watt, por exemplo, é dado pela relação entre o trabalho realizado e o calor produzido na queima do carvão.

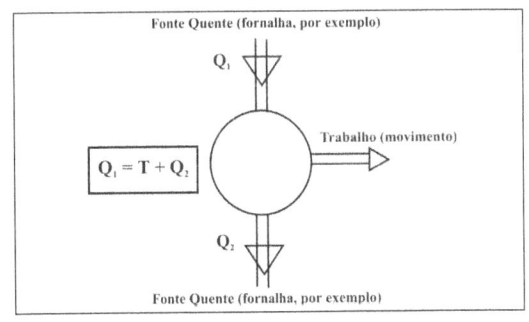

Figura 70

Rendimento (η) = Trabalho/Energia Total

$\eta = \tau/Q_1$

Numa locomotiva a vapor, a fonte quente é a fornalha, a fonte fria é o meio ambiente (o ar) e o trabalho realizado (energia útil) está no deslocamento da locomotiva. Em geral, as máquinas térmicas, inclusive os motores dos automóveis, apresentam rendimentos inferiores a 30%.

Em 1824, um físico francês chamado Sadi Carnot (1796-1832) imaginou um ciclo de transformações gasosas que possibilitariam a uma máquina térmica funcionar com rendimento máximo. O pai de Carnot, Lazare Carnot, foi ministro da Guerra de Napoleão e trocou a política pela ciência em 1807, produzindo bons trabalhos em matemática pura e aplicada e também em engenharia. Sadi Carnot serviu o exército como engenheiro até 1828, tendo chegado a capitão.

Na busca do rendimento máximo de uma máquina térmica, Carnot mostrou que a eficiência da máquina depende das temperaturas absolutas das fontes quente e fria. No entanto, sua máquina ideal, com rendimento máximo, nunca funcionou porque contrariava a *segunda lei da termodinâmica, segundo a qual o calor flui espontaneamente apenas da alta para a baixa temperatura*. Sem uma fonte fria para onde o calor pudesse fluir, não haveria realização de trabalho, e menos ainda seria possível a conversão total de calor em trabalho.

O calor, energia em trânsito, flui de um corpo para outro de temperatura mais baixa. Se colocarmos em contato dois corpos de temperaturas diferentes, o mais quente perderá calor e sua temperatura decrescerá, ao passo que o mais frio, recebendo calor, terá sua temperatura elevada. Podemos dizer que seria impossível que o corpo quente retirasse calor do corpo frio e, assim, se tornasse ainda mais quente, enquanto o mais frio fosse ficando ainda mais frio.

A *segunda lei da termodinâmica* explica por que a máquina ideal de Carnot não pode funcionar. O calor não pode ser convertido integralmente em trabalho, pois, para fluir e fazer a máquina funcionar, o calor precisa de uma diferença de temperatura entre duas fontes. Para que o rendimento da máquina fosse de 100% ($\eta=1$), seria necessário que todo o calor (Q_1) fosse convertido em trabalho (τ); nesse caso, o calor que flui para a fonte fria deveria ser nulo ($Q_2 = 0$), o que contraria a segunda lei da termodinâmica.

É importante perceber que o calor não convertido em trabalho é um calor "inútil" e, por isso, uma energia dissipada. Quando um automóvel é impulsionado pelo motor, a energia do combustível se transforma em energia sonora (ruído), em calor (dissipado no ambiente) e em trabalho mecânico. A energia se conserva, pois a soma das quantidades das energias convertidas pelo motor é igual à quantidade de energia que nele entra. No entanto, a maior parte dessa energia é dissipada num processo *irreversível*. Não é possível resgatar o calor dissipado pelo motor ou a energia do ruído e transformá-los novamente em combustível fóssil. Na natureza, assim como nos motores, a energia se conserva, mas se desorganiza.

6 Eletromagnetismo

A carga elétrica

Os fenômenos elétricos e magnéticos são conhecidos desde a Antiguidade. No século IV a.C., o filósofo grego Tales de Mileto observou que um pedaço de âmbar atraía pequenos objetos após ser atritado com pele de animal. Igualmente antiga é a observação de que pedaços de algumas formações rochosas, os ímãs, atraem ou repelem-se mutuamente, além de atraírem pedaços de ferro. Embora os ímãs só atraiam o ferro, ao passo que o âmbar atritado exerce força sobre diferentes materiais, muitos filósofos da Antiguidade e da Idade Média acreditavam que as causas dessas atrações e repulsões eram as mesmas e estavam relacionadas à *simpatia* entre os corpos, algo muito próximo à ideia de amor e ódio.

O médico inglês William Gilbert (1544-1603) foi o primeiro a utilizar os termos *força elétrica* e *polo de um ímã* ao publicar, em 1600, um estudo sobre os corpos magnéticos e a atração elétrica. Gilbert foi também o primeiro a utilizar a palavra *elétron* que, em grego, significa âmbar (pedra de cor amarelada, formada a partir da fossilização de resinas de árvores).

Nos séculos XV e XVI, os pensadores renascentistas retomaram, para as forças atrativas, outra explicação, que havia sido formulada também na Antiguidade: uma substância invisível, chamada *eflúvio*, era emitida pelo âmbar quando atritado e provocava a atração do material sobre o qual essa substância incidisse. No século XVIII, o cientista francês François Dufay lançou a ideia de dois fluxos que eram trocados quando os corpos eram atritados: o fluxo vítreo e o fluxo resinoso. Quando um corpo está neutro, ele possui quantidades iguais dos dois fluxos, mas o atrito provoca uma troca de fluxos que desequilibra os corpos, provocando a atração entre eles.

Foi o norte-americano Benjamin Franklin (1706-1790) que introduziu a ideia de um fluxo único entre corpos atritados: para ele, os objetos neutros possuíam uma quantidade de fluido elétrico, mas, quando atritados, tinham essa quantidade aumentada ou diminuída, o que os eletrizava e deixava suscetíveis às forças de atração e de repulsão. A teoria de Franklin foi precursora da hoje conhecida conservação da carga elétrica, ou seja, a eletricidade não é nem criada nem destruída na eletrização dos corpos.

O elétron foi descoberto em 1897 por J.J. Thompson, e o que Franklin chamava de fluxo elétrico entre os corpos atritados é conhecido hoje como "troca de elétrons". A propriedade elétrica da matéria reside em seus prótons (de carga positiva) e em seus elétrons (de carga oposta).

Podemos dizer que os corpos neutros possuem a mesma quantidade de prótons e de elétrons, mas, quando atritados, um dos corpos transfere parte de seus elétrons para o outro: o primeiro ficará desequilibrado, com falta de elétrons, ao passo que o segundo terá uma quantidade maior de elétrons do que de prótons. Apenas os elétrons são transferidos de corpo para corpo, não os prótons, pois estes últimos estão fortemente ligados ao núcleo dos átomos. Assim, a eletricidade não é criada nem destruída, apenas há uma transferência de carga elétrica entre corpos.

Imaginemos dois corpos neutros (dois corpos com a mesma quantidade de prótons e de elétrons): podem ser um pedaço de vidro e um pedaço de seda. Nesse modelo científico, a menor eletrização possível seria aquela em que um único elétron fosse transferido do vidro para a seda; o vidro adquiriria a carga de um próton, e a seda, a de um elétron. As cargas do elétron e do próton têm sinais opostos, mas possuem o mesmo valor em módulo: o valor aproximado do módulo da carga elementar (e) é de:

$$Q = e = 1{,}6 \cdot 10^{-19} \, C$$

onde "Q" é o valor da carga; "C" simboliza a unidade de medida de "Q", o coulomb, em homenagem ao cientista e engenheiro militar francês Charles Coulomb (1736-1806), cujas pesquisas sobre eletricidade o levaram à formulação da lei que leva também seu nome.

A carga elétrica de qualquer corpo será dada pela diferença entre o número de prótons e de elétrons que ele contém. Em outras palavras, a carga elétrica será dada pelo número de elétrons excessivos ou deficitários no corpo. Uma bolinha de vidro, por exemplo, na qual haja dez prótons a mais do que elétrons, terá uma carga elétrica de:

$$10{,}0 \cdot 1{,}6 \cdot 10^{-19} \, C = 16{,}0 \cdot 10^{-19} \, C$$

Generalizando, dizemos que a carga elétrica "Q" de um corpo é dada pela expressão:

$$Q = n \cdot e$$

onde "e" é o valor da carga elementar e "n" é o número (inteiro) de elétrons excedentes ou deficitários no corpo eletrizado.

Inúmeros exemplos do cotidiano podem ser invocados para dar ao estudo das cargas elétricas imagens familiares, como a da descarga elétrica dos raios durante as tempestades, os pequenos choques que tomamos quando nossas roupas foram eletrizadas por atrito, entre outros tantos que abundam nos livros didáticos.

A lei de Coulomb

Dois corpos eletrizados podem atrair-se ou repelir-se, dependendo do sinal de suas cargas. Cargas de mesmo sinal se repelem, e cargas de sinais contrários se atraem.

Podemos observar facilmente o fenômeno quando pedacinhos de papel são atraídos por um pente que acabou de ser atritado em nossos cabelos. A força entre o pente e o pedacinho de papel é exercida a distância, sem que haja uma conexão material entre o papel e o pente. Assim como um ímã atrai um pedaço de ferro a certa distância, assim como a Terra atrai os objetos próximos à sua superfície, um corpo eletrizado atrai ou repele outro corpo sem que haja um agente material da força. A princípio, para justificar as forças de atração e de repulsão, Dufay e Benjamin Franklin imaginaram fluxos invisíveis trocados entre os corpos. De fato, no processo de eletrização por atrito, há uma troca de elétrons entre os corpos, mas, uma vez carregados, a força atrativa ou repulsiva é exercida sem que haja contato ou fluxos invisíveis entre os corpos. Resumindo, podemos dizer que a força elétrica é uma força exercida a distância, como a força gravitacional. Força elétrica e força gravitacional são *forças de campo*.

Provavelmente inspirado pela lei da atração gravitacional de Newton, Coulomb postulou que a força elétrica variava inversamente com o quadrado da distância entre as cargas (Fig. 71).

A expressão ao lado é a formulação matemática da lei de Coulomb, onde "K" é uma constante de proporcionalidade, "Q_1" e "Q_2" são os valores em módulo das respectivas cargas e "d" é a distância entre elas. No Sistema Internacional de unidades, a distância é dada em *metros* (m); o valor das cargas, em *coulombs* (C); e a força é expressa em *newtons* (N).

$$F = \frac{K \cdot Q_1 \cdot Q_2}{d^2}$$

O valor de "K" varia de acordo com o meio em que as cargas se encontram. Quando esse meio for o vácuo:

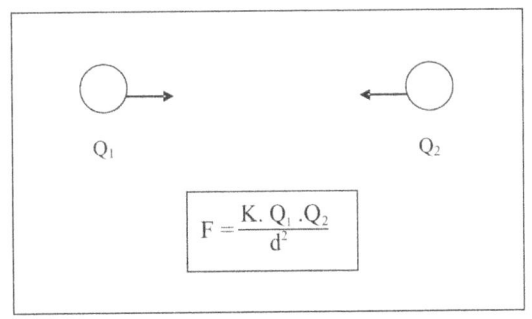

Figura 71

$$K = K_0 = 9{,}0 \cdot 10^9 \ Nm^2/C^2$$

A título de exemplo, consideremos duas pequenas esferas eletrizadas: numa delas há um excesso de $5{,}0 \cdot 10^{13}$ elétrons e na outra existem $2{,}5 \cdot 10^{13}$ mais elétrons do que prótons. Ambas as esferas, portanto, possuem carga negativa e, a certa distância, irão repelir-se. Imaginemos que as pequenas esferas estejam no vácuo a uma distância de 50 cm uma da outra. A princípio, calculemos a carga de cada esfera:

$$Q_1 = n \cdot e = 5{,}0 \cdot 10^{13} \cdot -1{,}6 \cdot 10^{-19} = -8{,}0 \cdot 10^{-6} \ C = -8{,}0 \ \mu C$$

$$Q_2 = n \cdot e = 2{,}5 \cdot 10^{13} \cdot -1{,}6 \cdot 10^{-19} = -4{,}0 \cdot 10^{-6} \ C = -4{,}0 \ \mu C$$

Embora as cargas sejam negativas, pois possuem excesso de elétrons, ao substituirmos seus valores na expressão da lei de Coulomb, devemos colocá-los em módulo na expressão:

$$F = k_0 \cdot Q_1 \cdot Q_2 / d^2$$

$$F = 9{,}0 \cdot 10^9 \cdot 8{,}0 \cdot 10^{-6} \cdot 4{,}0 \cdot 10^{-6} / 0{,}5^2$$

A distância foi expressa em metros: em vez de 50 cm, o valor de "d" utilizado foi de 0,5 m, pois o valor de K_0 está expresso no Sistema Internacional.

O valor da força de repulsão entre as esferas negativamente carregadas é:

$$F = 1152 \cdot 10^{-3} \cong 1{,}1 \text{ N}$$

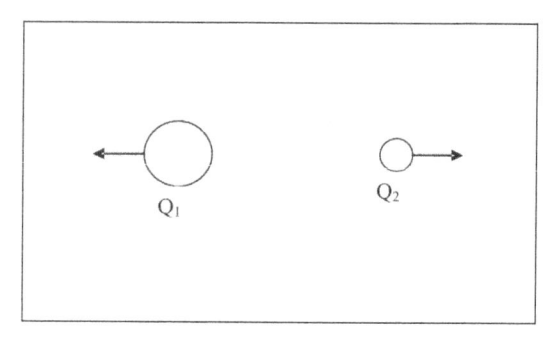

Figura 72

É preciso observar aqui que essa força é a mesma nas duas esferas. Não importa se elas têm cargas diferentes ou se as suas massas são diferentes. A força trocada na interação entre as esferas é de mesma intensidade, conforme preconiza a terceira lei de Newton, a lei da ação e reação.

Vale a pena reforçar a proporcionalidade inversa entre a força e o quadrado da distância. O gráfico cartesiano dessa função, tal como na lei de Newton, resultará numa hipérbole cúbica.

As origens do conceito de campo

O campo com o qual estamos mais acostumados é o campo gravitacional gerado pela Terra. Num ponto qualquer próximo à superfície do nosso planeta, colocamos um objeto, uma caneta, por exemplo: se abandonarmos a caneta, ela cairá pela ação da força gravitacional[1] até encontrar o solo ou uma superfície que detenha sua queda. Esse ponto onde a caneta foi colocada tem a seguinte propriedade: qualquer objeto nele colocado estará sujeito a uma força vertical e para baixo. Mesmo que nenhum objeto seja posto naquele ponto, ele tem a referida propriedade.

Todos os pontos próximos à superfície da Terra têm a mesma propriedade, o que caracteriza um campo gravitacional uniforme *nessa região*. No entanto, se nos afastarmos consideravelmente da superfície, a alturas comparáveis com o raio do planeta, o campo diminuirá de intensidade; ou seja, à medida que a caneta se afasta da Terra, a força atrativa diminui. Assim, de maneira geral, o campo gravitacional terrestre não é uniforme, mas podemos considerá-lo constante dentro de uma sala na superfície do planeta, por exemplo.

A retomada da mecânica nos ajuda a estender o conceito de campo para a eletricidade. Como vimos no Capítulo 4, a aceleração da gravidade nas proximidades de um planeta é dada por:

---

1. A força de atração não é exercida apenas pela Terra sobre a caneta, mas também pela caneta sobre a Terra (lei da ação e reação). No entanto, como a massa da caneta é muito menor do que a da Terra, o efeito da força sobre a caneta é muito mais evidente do que o imperceptível efeito de igual força sobre a Terra.

$$g = G \cdot M / d^2$$

onde "d" é a distância do centro do planeta ao ponto em que desejamos calcular o valor de "g" e "M" é a massa do referido planeta.

A aceleração da gravidade é um vetor cuja intensidade é dada pela função acima e cuja direção é vertical com sentido para baixo. Embora Newton não tenha elaborado uma teoria de campo, podemos dizer que $\vec{g}$, mesmo sendo um "vetor aceleração", indica a existência do campo gravitacional da Terra. Num ponto próximo à superfície da Terra, "d" é praticamente igual ao raio do planeta. Assim, nas proximidades da superfície,

$$g = G \cdot M / Raio^2 = 6{,}67 \cdot 10^{-11} \cdot 6 \cdot 10^{24} / (6{,}4 \cdot 10^6)^2 \cong 9{,}8 \text{ m/s}^2$$

Esse valor aproximado é praticamente igual em todos os pontos próximos à superfície, com pequenas variações por causa do efeito de rotação da Terra: nas regiões polares o valor de "g" é ligeiramente maior do que 9,8 m/s² e, nas proximidades do Equador, ligeiramente inferior.

Dentro de uma sala de uma residência, podemos dizer que o campo gravitacional é constante. O vetor $\vec{g}$, vertical e para baixo, indica a presença de campo gravitacional uniforme, pois a intensidade da aceleração gravitacional é de aproximadamente 9,8 m/s² em todos os pontos no interior da sala.

Mesmo que não haja nenhum objeto dentro da sala, nem mesmo a referida caneta, cada ponto do espaço entre as paredes, o chão e o teto tem a propriedade gravitacional: se um objeto for colocado num desses pontos, será atraído para baixo. Imaginemos que o ar também foi retirado da sala, de modo que tenhamos um vácuo. Mesmo na ausência de matéria no interior da sala, o campo gravitacional lá impera.

É comum o aluno confundir vácuo com ausência de gravidade. O próprio ar, sendo matéria, é também atraído pelo planeta; em outras palavras, o ar está no campo gravitacional da Terra, exercendo, por isso, pressão atmosférica sobre o nosso planeta. Se fizermos vácuo na sala, não haverá pressão atmosférica em seu interior, mas a propriedade gravitacional daquele espaço permanece.

O que é mais fascinante no conceito de campo é o fato de poder haver algo no espaço vazio. De onde viria a ideia de uma propriedade existente num espaço vazio?

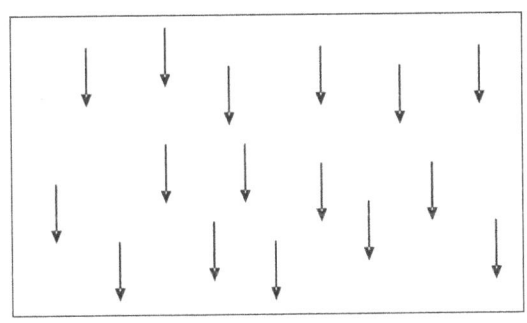

Figura 73. Vetores indicando que, em qualquer ponto da sala, a aceleração da gravidade é a mesma: vertical, para baixo e de intensidade aproximadamente igual a 9,8 m/s². Dentro da sala, portanto, o campo gravitacional é uniforme. No vazio da sala existe uma propriedade inegável: qualquer objeto ali colocado sofrerá a força de atração gravitacional terrestre.

O pensamento predominante na Grécia antiga (por volta do ano 400 a.C.) não fazia distinção entre filosofia e ciência; apenas a primeira era praticada, e nela encontramos a origem de muitas ideias importantes da física. No entanto, não é na Grécia que devemos buscar as origens da ideia de campo. Os filósofos gregos, em geral, tinham certa repugnância à ideia de "vazio". O modelo atômico de Leucipo e Demócrito,[2] por exemplo, não foi muito bem aceito entre os gregos, pois admitia átomos movendo-se no vazio. Ora, o campo existe no vazio! O próprio "zero", inexistente nos números romanos, demorou muito para ser incorporado ao sistema decimal (na Europa, isso se deu apenas durante a Idade Média).

O campo existe no vazio: podemos dizer que há campo gravitacional dentro de uma sala sobre a superfície da Terra, mesmo que se faça vácuo dentro dessa sala. Como pode existir "algo" onde não há nada? O que existe nesse nada, ou seja, o campo, é uma propriedade: no caso da sala vazia, em cada ponto desse espaço vazio existe a propriedade de, se um objeto qualquer for nele colocado, uma força vertical e para baixo surgirá nesse objeto. Apesar de não haver matéria dentro da sala, há lá, em cada ponto desse "vazio", tal propriedade.

Segundo o professor Mário Schenberg (1984), um dos maiores físicos brasileiros do século XX, a ideia do vazio inerente ao conceito de campo faz pensar mais na Índia do que na Grécia, berço da civilização ocidental. O vazio sempre teve um papel fundamental no pensamento hindu: Deus era o vazio onde as coisas se moviam, ideia que também influenciou muito Isaac Newton. A ideia do zero era algo natural para os indianos, sobretudo para os budistas: o próprio Nirvana era uma espécie de ideia de zero, de vazio absoluto.

Figura 74. De acordo com a concepção budista, o Nirvana seria uma superação do apego aos sentidos, um *esvaziamento* do ego e da existência, que é pura ilusão. Siddhartha Gautama, o Buda acima representado, descreveu o budismo como uma jangada que, após atravessar um rio, permite ao passageiro alcançar o Nirvana.

> Os árabes trouxeram o conceito de zero da Índia e o transmitiram para a Europa. Parece que os indianos tinham uma idéia do mundo muito diferente da dos gregos, para os quais era muito difícil aceitar a existência do vazio ou criar o número zero. A idéia indiana dos números era mais moderna. (...) Em particular, eles já conheciam a importância deste número zero. Além de suas características algébricas, a idéia de vazio era um elemento fundamental no deus hindu, pois no fundo o vazio era identificado com a divindade. (...) O vazio era a matriz de todas as coisas, tudo surgia desse vácuo. E essa idéia ficou muito bem ilustrada pela teoria dos campos na [física] quântica, onde é exatamente o vazio que passou a aparecer como uma coisa extremamente complicada e fundamental. (Schenberg 1984, p. 25)

Voltemos à nossa equação:

$$g = G \cdot M / d^2$$

---

2. Leucipo e Demócrito imaginaram que a matéria não poderia ser dividida infinitamente, mas, partindo-a várias vezes, chegaríamos a uma partícula muito pequena: uma esfera indivisível, impenetrável e invisível.

À medida que nos afastamos da superfície da Terra, o valor de "g" diminui, tendendo a zero. Nessa perspectiva, percebemos que o campo gravitacional da Terra não é constante, embora assim pareça quando observamos apenas os fenômenos de superfície (Fig. 75).

Dentro de uma sala de visitas, o campo gravitacional terrestre é o mesmo em todos os pontos. Entretanto, se tomarmos distância para observar a Terra, notamos que o vetor aceleração da gravidade não é o mesmo ao redor do planeta, mas difere em intensidade, em direção e em sentido (Fig. 76).

Figura 75. Para um ponto situado a uma altura da superfície da Terra igual ao raio do planeta, o valor da aceleração da gravidade é de um quarto do valor na superfície. Dobrando-se essa distância, o valor de "g" se reduz a aproximadamente 0,6 m/s²: o campo gravitacional terrestre não é uniforme.

O vetor campo elétrico

Anteriormente, calculamos o valor da força elétrica entre as cargas Q_1 e Q_2 pela lei de Coulomb. Para

$$Q_1 = -8{,}0\ \mu C$$

$$Q_2 = -4{,}0\ \mu C\ e$$

$$d = 50\ cm$$

encontramos:

$$F = 1{,}1\ N\ (\text{valor aproximado})$$

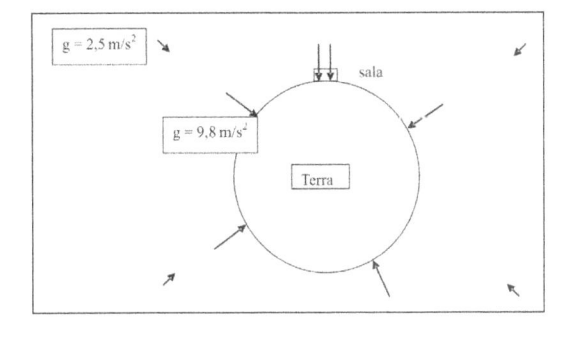

Figura 76. Dentro da sala, o valor e a direção de "g" são constantes.

Vamos agora tomar a carga Q_1 como "personagem" principal, ou seja, ela será a carga que *faz* a força sobre Q_2, a qual, por sua vez, será a carga que *sofre* a força. Claro que é apenas uma questão de opção de ponto de vista: as duas cargas fazem força, uma sobre a outra. Mas consideremos a carga Q_1 como *carga central*.

Quando a carga Q_2 for retirada das proximidades de Q_1, claro que não haverá mais forças entre elas. Mas o ponto onde Q_2 estava continua a ter uma propriedade; quer dizer, sabemos que, se a carga Q_2 for colocada naquele ponto, ela sofrerá uma força. Isso significa que a carga Q_1 cria ao seu redor um campo, no qual outras cargas elétricas, se ali presentes, sofrerão forças atrativas ou repulsivas. A carga Q_1 cria ao seu redor um *campo elétrico*.

À medida que nos afastamos de Q_1, a intensidade do campo diminui, ou seja, se uma carga qualquer (Q_2, por exemplo) for colocada num ponto bem distante de Q_1, a força sobre ela será pequena. No sentido contrário, quando tomamos pontos cada vez mais próximos da carga Q_1, o campo por ela gerado é crescente. O campo elétrico gerado por uma carga elétrica puntual não é uniforme.

Ele é representado por um vetor chamado *vetor campo elétrico* ($\vec{E}$). Esse vetor é obtido pela razão entre a força elétrica e a carga que sofre (ou sofreria) essa força.

No nosso exemplo, a carga geradora do campo é Q_1. No ponto em que está Q_2, o vetor campo elétrico gerado por Q_1 é determinado dividindo-se a força que surge sobre Q_2 pela própria carga Q_2.

$$\vec{E} = \vec{F} / Q_2$$

Convém lembrar que Q_2 é uma carga negativa e que a divisão de um vetor por um número negativo resulta em outro vetor de sentido contrário. Assim, nesse caso, os vetores $\vec{E}$ e $\vec{F}$ serão opostos um ao outro.

Em valores absolutos, temos:

$$E = k_0 \cdot Q_1 \cdot Q_2 / d^2 \cdot Q_2$$

$$E = \frac{k_0 \cdot Q_1}{d^2}$$

A intensidade do campo no ponto onde se encontra Q_2 não depende do valor dessa carga, mas apenas da carga Q_1 e da distância entre esta e o referido ponto. Calculemos o valor de E:

$$E = 9{,}0 \cdot 10^9 \cdot 8{,}0 \cdot 10^{-6} / 0{,}5^2 = 288 \cdot 10^3 = 2{,}88 \cdot 10^5 \, N/C$$

A unidade de medida da intensidade do vetor $\vec{E}$ é N/C, já que a expressão citada partiu da razão entre força (N) e carga (C).

Se retirarmos Q_2 das proximidades de Q_1, a força desaparece; no entanto, o vetor campo elétrico continua ali, representando o campo gerado por Q_1 naquele ponto.

Em todos os pontos ao redor da carga geradora do campo haverá um vetor que indica a intensidade, a direção e o sentido desse campo.

No vazio ao redor de Q_1 existe uma propriedade: qualquer carga ali introduzida sofrerá a ação de uma força. Einstein e Infeld (1988, pp. 105-106), demonstram que foi necessária muita imaginação científica para perceber que o campo situado no espaço entre as cargas elétricas é tão essencial para a descrição dos fenômenos físicos quanto as próprias cargas.

Definimos o vetor campo elétrico como a razão entre o vetor força elétrica que age sobre a carga Q_2 e o valor dessa carga. O vetor campo ficou no sentido

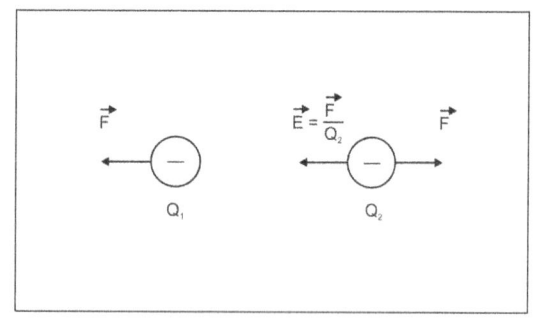

Figura 77. Força elétrica entre as cargas de sinais opostos e o vetor campo elétrico gerado por Q_1 no ponto em que se encontra Q_2.

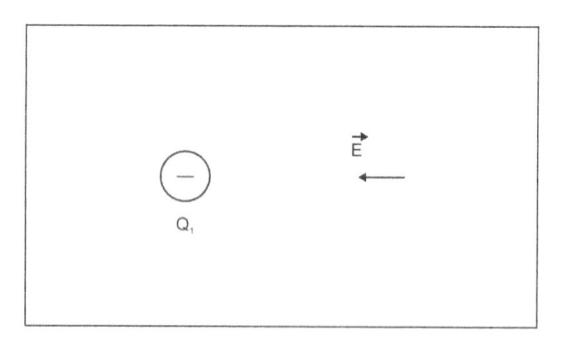

Figura 78. Não há forças entre cargas, mas o vetor campo elétrico continua a representar o campo elétrico gerado por Q_1.

contrário da força porque Q_2 é uma carga negativa. Caso Q_2 fosse uma carga positiva, o vetor campo teria o mesmo sentido da força. Mas isso não mudaria o sentido de $\vec{E}$, ou seja, ele estaria apontado para a carga Q_1, pois a força sobre Q_2 seria de atração.

Resumindo, o vetor campo elétrico que representa o campo gerado por uma *carga elétrica negativa*, como Q_1, é "para dentro" ou "de aproximação" em relação a essa carga, não importa qual seja o sinal de Q_2. Aliás, Q_2 nem precisa existir: o vetor campo elétrico será representado no ponto vazio e será de aproximação em relação a Q_1.

Imaginemos agora que a carga Q_1, carga geradora do campo, seja uma *carga positiva*. Se Q_2 for também positiva, então a força será de repulsão e o vetor $\vec{E}$ estará no mesmo sentido da força. Assim, o vetor $\vec{E}$ será "para fora" ou "de afastamento" em relação à carga Q_1. Mesmo que a carga Q_2 seja negativa, o vetor $\vec{E}$ será de afastamento, pois será contra a força de atração.

Concluímos que o vetor campo elétrico é de afastamento em relação a Q_1 quando esta for positiva, e de aproximação quando esta for negativa: não importa qual seja o sinal de Q_2, não importa se Q_2 se encontra ali ou não.

Para representar o campo gerado por cargas elétricas, o físico inglês Michael Faraday (1791-1867) introduziu o conceito de *linhas de força*: são linhas segundo as quais o vetor $\vec{E}$ é tangente.

Para uma carga elétrica positiva, as linhas são de afastamento; se a carga for negativa, as linhas de força do campo elétrico são de aproximação.

As linhas ficam mais juntas nas proximidades da carga, ou seja, há uma maior "densidade" de linhas nas proximidades da carga, o que indica uma maior intensidade do campo; nas regiões mais afastadas, a intensidade do campo é menor, portanto as linhas de força são mais "espalhadas", digamos assim.

Um *campo elétrico uniforme* é caracterizado por linhas de força de mesma direção e de mesmo sentido; além disso, a "densidade" das linhas não varia no campo uniforme. Por exemplo, duas placas metálicas, uma carregada positivamente e a outra negativamente, geram um campo elétrico uniforme na região compreendida entre elas.

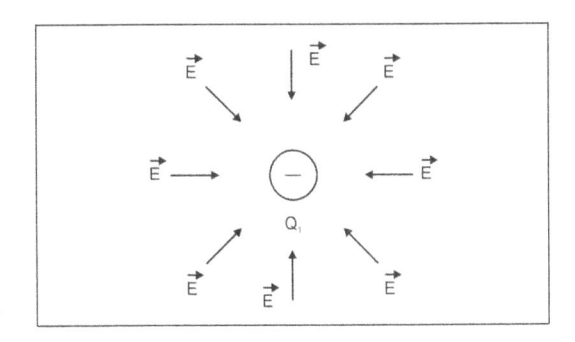

Figura 79. Vetor campo elétrico em diversos pontos ao redor de Q_1.

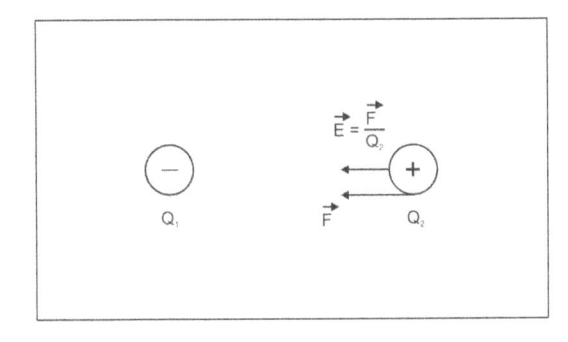

Figura 80. Considerando agora que a carga Q_2 seja positiva: em nada muda o vetor E.

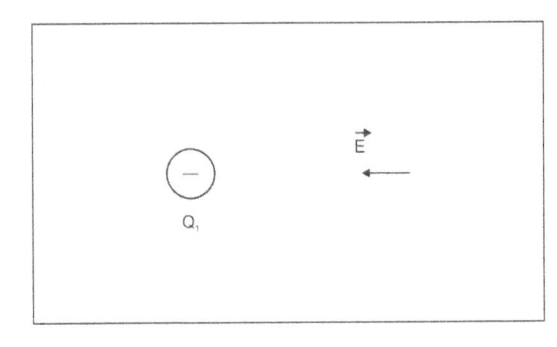

Figura 81. Vetor campo elétrico nas proximidades de uma carga elétrica negativa.

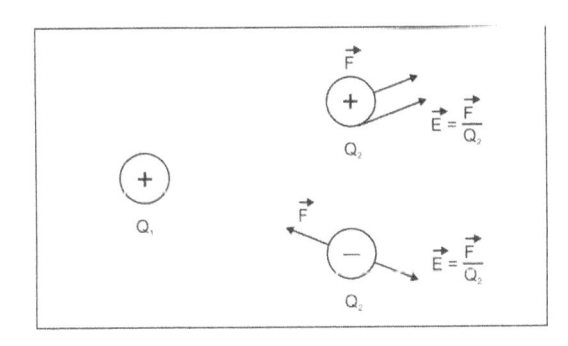

Figura 82. Duas cargas, uma positiva e outra negativa, mergulhadas no campo da carga Q_1, sendo esta positiva.

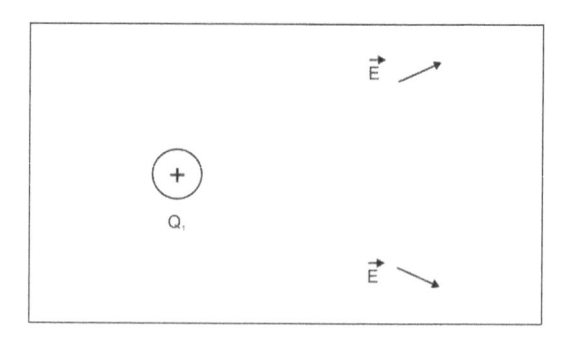

Figura 83. Vetor campo elétrico ao redor de uma carga elétrica positiva.

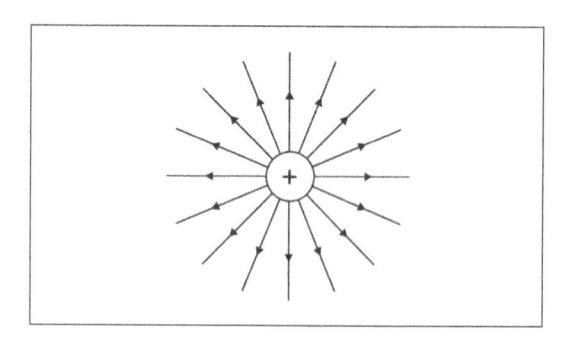

Figura 84a. Linhas de força dos campos elétricos gerados por uma carga positiva.

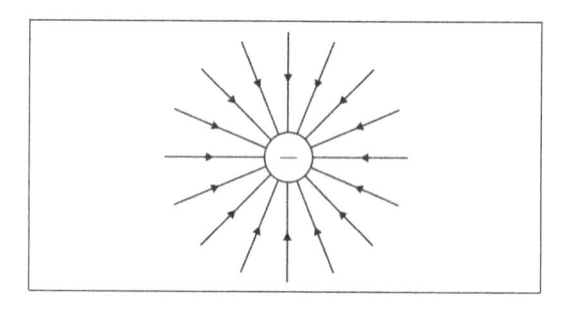

Figura 84b. Linhas de força dos campos elétricos gerados por uma carga negativa.

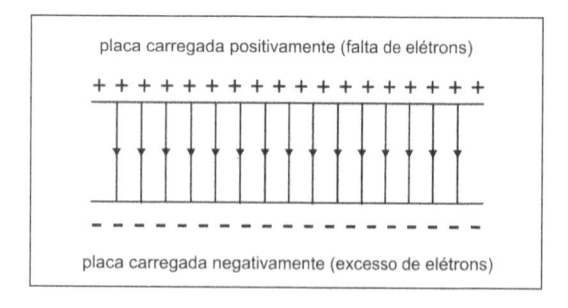

Figura 85. Linhas de força do campo elétrico na região entre duas placas eletrizadas com cargas de sinais opostos: campo elétrico uniforme.

Movimento de carga elétrica num campo elétrico

Imaginemos, então, uma carga positiva Q em torno da qual se forma um campo elétrico. Marcamos dois pontos, A e B dentro do campo, sendo B mais afastado da carga, conforme a Figura 86.

O que acontecerá se introduzirmos outra carga, q, também positiva, no ponto A? Certamente ela será repelida pela carga Q; em outras palavras, ela será "empurrada" até passar pelo ponto B, por exemplo. Caso a carga q seja colocada inicialmente em B, obviamente ela será forçada para um ponto ainda mais distante da carga central.

Podemos dizer que a carga *positiva* q introduzida no campo gerado por Q tende a movimentar-se no *sentido das linhas* de força. Não é difícil perceber também que, se q for uma carga *negativa*, ela tenderá a movimentar-se no *sentido contrário das linhas* de força.

Ao deslocar a carga elétrica, a força realiza um *trabalho*. Aqui começa a eletrodinâmica, pois a carga elétrica em movimento terá sua energia potencial elétrica convertida em energia cinética ou em calor, dependendo da resistência do meio. A analogia com a mecânica é mais do que evidente.

Vejamos o que acontece num campo elétrico uniforme. Na Figura 88, uma carga positiva, q, se movimentaria para a direita, ao passo que uma carga de sinal oposto se movimentaria para a esquerda.

Além do vetor campo elétrico, a cada ponto do campo podemos associar um escalar, um valor numérico chamado de *potencial elétrico* (V). O potencial elétrico é uma grandeza escalar. Tal como o vetor campo elétrico, ele indica uma propriedade de um ponto (A) numa região do espaço, mas, em vez de fazê-lo por meio de um vetor, o potencial representa essa característica do ponto com um escalar.

Para uma carga elétrica puntual,

$$V = K \cdot Q/d$$

Assim, em valor absoluto,

$$V = E \cdot d$$

Para uma carga $Q = -8 \, \mu C$, calculemos o potencial num ponto situado a 50 cm dela:

$$V_A = 9{,}0 \cdot 10^9 \cdot (-8{,}0 \cdot 10^{-6}) / 0{,}5 =$$

$$-144 \cdot 10^3 = -1{,}44 \cdot 10^5 \text{ Volts}$$

Volt (V) é a unidade de medida para o potencial elétrico, uma homenagem a Alessandro Volta (1745-1827), físico italiano que, no ano de 1800, inventou a bateria elétrica.

Podemos fazer V = E . d para determinarmos o módulo do vetor campo elétrico:

$$1{,}44 \cdot 10^5 = E_A \cdot 0{,}5$$

$$E_A = 2{,}88 \cdot 10^5 \text{ N/C}$$

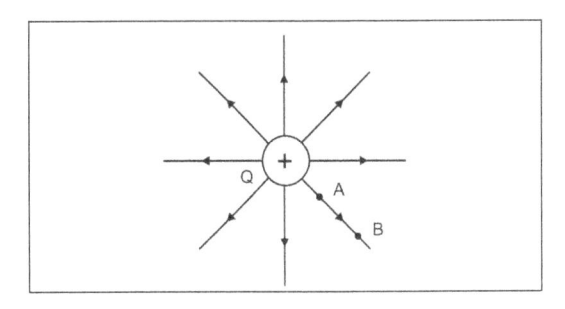

Figura 86. Uma carga q>0, colocada em A, tende a movimentar-se no sentido da linha de força.

Calculemos também o potencial e o módulo do vetor campo noutro ponto (B) situado a 1 m da referida carga:

$$V_B = 9{,}0 \cdot 10^9 \cdot (-8{,}0 \cdot 10^{-6}) / 1{,}0 = -72 \cdot 10^3 = -0{,}72 \cdot 10^5 \text{ V}$$

$$E_B = V / d = 1{,}44 \text{ N/C}$$

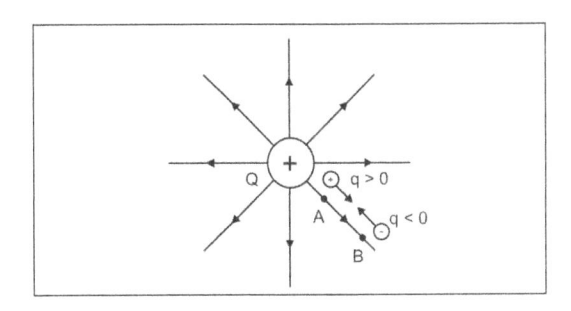

Figura 87. Uma carga q<0, colocada em B, tende a movimentar-se no sentido contrário ao da linha de força, enquanto uma carga q>0 vai a favor do sentido das linhas.

Vale a ênfase no fato de que o potencial, sendo uma grandeza escalar, admite valores negativos, ao passo que o vetor campo elétrico, dotado de direção e sentido, tem seu valor numérico dado em módulo. Outra observação importante é a de que *o valor do potencial é decrescente no sentido das linhas de força*. Como as *cargas positivas* inseridas no campo se movimentam no sentido das linhas de força, podemos dizer que as *cargas positivas* sempre "buscam" o *menor potencial* elétrico, ao passo que as *cargas negativas* procuram sempre o *maior valor do potencial*; ou seja: cargas negativas, quando abandonadas livremente no campo elétrico, movimentam-se no sentido contrário ao das linhas de força, enquanto as cargas positivas movimentam-se no sentido das linhas.

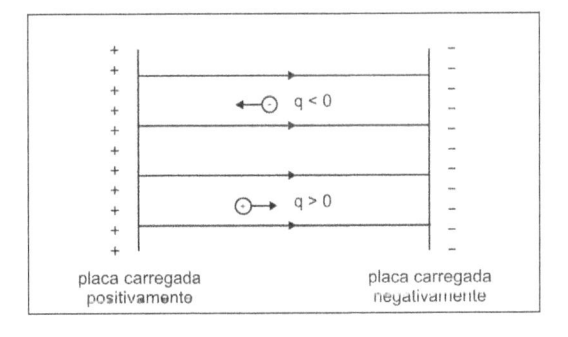

Figura 88. Movimento de cargas elétricas num campo elétrico uniforme.

Uma carga elétrica é estimulada a se movimentar no campo elétrico por uma *diferença de potencial* **(u = V_A - V_B)**.

Tomemos como exemplo um campo elétrico uniforme: o trabalho pela força elétrica ao deslocar a carga de um ponto A para um ponto B é τ = **F . d_{AB}**. Como F = E . q, temos: τ = **E . q . d_{AB}**.

No campo elétrico uniforme, o produto E.d é igual à diferença de potencial (u) entre dois pontos A e B, separados pela distância (d_{AB}) medida na direção das linhas de força. Generalizando, teremos τ_{AB} = **q . u_{AB}** Em outras palavras, quando uma carga elétrica se desloca de um ponto A para um ponto B, o trabalho realizado pela força do campo é dado por $\tau_{AB} = q \cdot (V_A - V_B)$.

A dedução vale também para o campo elétrico não uniforme.

Imaginemos uma partícula de carga elétrica e massa conhecidas (por exemplo, $q = -1,0 \cdot 10^{-6}$ C, e $m = 1,0 \cdot 10^{-11}$ kg) abandonada em repouso no ponto A ($V_A = -1,44 \cdot 10^5$ V). A força elétrica a levará ao ponto B ($V_B = -0,72 \cdot 10^5$ V). Para determinarmos a velocidade com que ela passa pelo ponto B, podemos calcular o trabalho da força elétrica e aplicar o resultado ao teorema da energia cinética, mais uma referência aos tópicos da mecânica:

$$\tau_{AB} = \Delta Ec$$

$$q \cdot u_{AB} = Ec - Ec_0$$

$$q \cdot (V_A - V_B) = m \cdot (v^2 - v_0^2)/2$$

$$-1,0 \cdot 10^{-6} \cdot (-1,44 \cdot 10^5 + 0,72 \cdot 10^5) = 1,0 \cdot 10^{-11} (v^2 - 0)/2$$

$$v^2 = 1,44 \cdot 10^{10}$$

$$v = 1,2 \cdot 10^5 \text{ m/s}$$

Mais do que chamar a atenção para os conceitos e suas representações matemáticas, é importante realçar dois aspectos nessa etapa do curso: a relação dos conceitos de força e energia elétricas com o estudo da mecânica e a passagem da eletrostática para a eletrodinâmica pela via que essa relação abre. O conceito de *potencial* elétrico é parte do estudo da eletrostática, e a ideia da *diferença de potencial* como estímulo para o movimento de cargas elétricas introduz o estudante na eletrodinâmica. Mesmo que não haja movimento, mesmo que a carga esteja fixa no campo, a ele é associada uma energia potencial ($Ep_{elétrica} = q \cdot V$).

Os conceitos de campo e de potencial elétrico são por vezes complexos para o aluno. O risco de perdê-lo nesse momento do programa é considerável, e não desprezível é o risco de que, uma vez desgarrado, siga assim até o final do ano letivo. Esses riscos tornam compreensível a opção de alguns por ensinar eletrodinâmica antes da eletrostática, pois, no caso de o aluno descolar da aprendizagem, as consequências serão menos sensíveis, já que o ano estaria terminando. No entanto, a dificuldade se dissolve se, ainda que provisoriamente, o aluno se fixar numa analogia com o campo gravitacional terrestre: um objeto qualquer, dotado de massa, tende a se mover para baixo, buscando a menor altura em relação ao solo. A combinação entre a altura em relação ao solo e a aceleração da gravidade é o análogo do potencial elétrico no campo gravitacional. Num campo gravitacional um corpo busca a menor altura em relação ao solo e num campo elétrico uma carga positiva busca o menor potencial. A diferença de altura no campo gravitacional corresponde à diferença de potencial no campo elétrico.

Numa bateria elétrica de automóvel, numa pilha comum, ou nas tomadas elétricas de uma residência, existe uma diferença de potencial que estimulará o movimento de cargas elétricas.

O campo elétrico no espaço tem linhas de força em cujos sentidos o potencial decresce. Na bateria, temos uma diferença de potencial primordial nos "polos": essa "voltagem" é chamada de *força eletromotriz* (ε), embora nada tenha a ver com força, pois trata-se de uma medida em *volts*.

Quando um fio é ligado aos polos da bateria, é como se o campo elétrico ficasse dentro do fio e os elétrons livres do fio metálico se movimentassem nesse campo.

Num automóvel, a *força eletromotriz* na bateria é de 12 volts, ou seja, quando nada está consumindo a carga da bateria, a diferença de potencial entre os "polos" é de 12 V. Quando algum dispositivo elétrico ligado à bateria é acionado, a voltagem nos terminais da bateria diminui. Numa pilha comum, a força eletromotriz é de 1,5 V (ε = 1,5 V) e a tensão em seus terminais terá um valor menor quando essa pilha for percorrida pela corrente elétrica num circuito.

Assim, uma bateria cria o estímulo para que cargas elétricas (elétrons livres) de um fio metálico se movimentem. Se as cargas fossem positivas, elas buscariam o menor potencial, ou seja, o polo negativo da bateria. Um fio metálico, no entanto, tem disponível uma quantidade considerável de elétrons pouco ligados ao núcleo dos átomos; portanto, um fio metálico disponibiliza cargas negativas. Quando as extremidades desse fio são ligadas à diferença de potencial dos polos opostos da bateria, esses elétrons (cargas negativas) sofrem uma atração para o maior potencial, quer dizer, para o polo positivo da bateria. Surge, então, a corrente elétrica.

Tudo se passa como se um campo elétrico estivesse confinado dentro do fio, com as linhas de força saindo do polo positivo e chegando ao polo negativo. O movimento de cargas *negativas* no interior de um campo elétrico se dá no sentido contrário ao das linhas de força. Se o fio metálico disponibilizasse cargas *positivas*, estas buscariam o polo negativo (esse é, aliás, o sentido convencional da corrente elétrica).

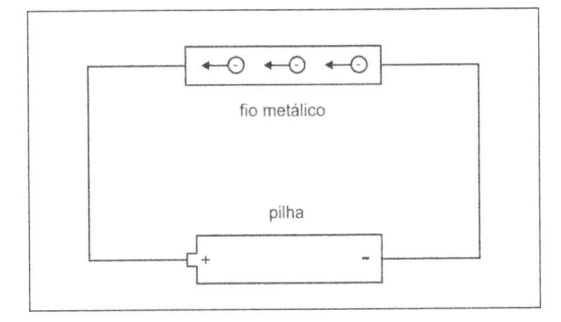

Figura 89. Os elétrons livres comportam-se como se constituíssem um fluxo de carga elétrica no sentido do maior potencial da pilha. Esse é o sentido da corrente elétrica, embora convencionalmente seja adotado o sentido do movimento de cargas positivas.

A intensidade da corrente elétrica (i) é dada pela quantidade de carga que atravessa uma secção do fio num determinado intervalo de tempo:

$$i = \text{Carga} / \text{Tempo}$$

$$i = \Delta Q / \Delta t$$

A unidade de medida de carga elétrica no Sistema Internacional de unidades é coulomb/segundo, ou ampère (A), em homenagem a André-Marie Ampère (1775-1836), físico francês que muito contribuiu com o estudo do eletromagnetismo:

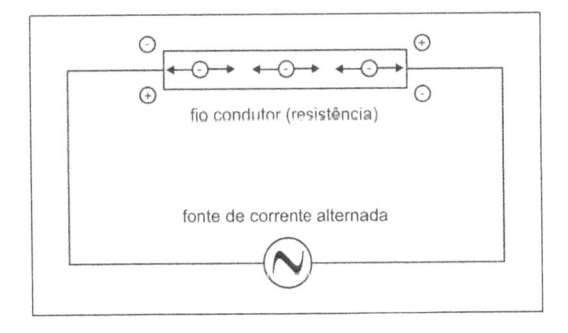

Figura 90. O movimento é num só sentido para a corrente contínua, mas, na corrente alternada acima representada, o sentido se inverte cada vez que o sentido do campo dentro do fio se inverte, graças à alternância entre os polos positivo e negativo nas extremidades do fio.

$$1A = 1C/s$$

Nas pilhas ou nas baterias, a corrente elétrica possui um único sentido e é chamada de corrente contínua. Já nas tomadas elétricas das residências, os polos positivo e negativo se alternam. Essa alternância se dá à razão de 60 vezes por segundo (por isso diz-se que a frequência da rede elétrica é de 60 hertz). Quando um ferro de passar roupa, por exemplo, é ligado à tomada, o sentido da corrente se inverte nessa mesma frequência: a corrente elétrica na resistência interna do ferro de passar roupa e nos aparelhos domésticos em geral é chamada de corrente alternada, em oposição às correntes contínuas estimuladas por pilhas (por exemplo, nas lâmpadas das lanternas).

Resistência elétrica

Georg Simon Ohm (1787-1854), físico alemão nascido na Bavária, apresentou em 1827 a lei sobre a resistência dos condutores, mais tarde conhecida como lei de Ohm. Num fio metálico ligado aos terminais de uma bateria, o movimento ordenado dos elétrons livres encontrará como resistência os átomos do próprio fio. Se a resistência do fio for baixa, ele será um bom condutor.

A resistência do fio pode ser expressa pela corrente elétrica que ele permite que o atravesse para cada diferença de potencial aplicada aos seus terminais. Um fio de baixa resistência permitiria passar uma relativamente grande intensidade de corrente elétrica com uma pequena diferença de potencial.

Ohm verificou que a relação entre "u" e "i" é constante num mesmo fio. Ou seja, sem levarmos em conta os efeitos da variação de temperatura do fio, tensão e corrente são diretamente proporcionais e a constante de proporcionalidade é a *resistência* (R) elétrica do fio.

$$R = u/i$$

A unidade de medida de resistência elétrica é o Ohm (Ω):

$$1\,\Omega = 1\,V/A$$

Para medirmos a resistência do fio, basta, então, aplicarmos uma diferença de potencial em suas extremidades e medirmos a passagem de corrente. No entanto, a resistência (R) pode ser dada pelas características do fio: ela é proporcional ao comprimento (L) do fio e inversamente proporcional à área (A) da secção transversal reta. A constante de proporcionalidade, nesse caso, indica a resistividade (ρ) do material de que é feito o fio:

$$\rho = R \cdot A/L$$

Unidade de medida da resistividade:

$$[\rho] = \Omega \cdot m$$

Um fio fino e comprido tem resistência maior do que um fio grosso e curto, assim como um caminho longo e estreito é mais difícil de ser percorrido do que um caminho largo e curto.

Quando dois ou mais resistores são associados *em paralelo*, há um aumento na área (A) pela qual a corrente elétrica flui, o que implica uma resistência menor. É como se mais de uma estrada fosse construída para ligar duas cidades: quanto mais caminhos as unirem, mais facilmente se vai de uma cidade a outra. Se existe uma estrada que liga duas cidades e outra é construída paralelamente a ela e com a mesma finalidade, mesmo que seja uma via secundária e de pouca capacidade para o fluxo de veículos, o trânsito entre as duas cidades fica facilitado.

O que caracteriza uma associação em paralelo é o fato de os resistores estarem submetidos à mesma diferença de potencial. Obviamente, a *associação equivalente* também terá a mesma d.d.p (u).

$$u = u_1 = u_2 = \ldots u_n$$

As intensidades de corrente em cada resistor em paralelo, quando somadas, indicam a intensidade total de corrente elétrica:

$$i = i_1 + i_2 + \ldots + i_n$$

Aplicando a lei de Ohm a essa soma, concluímos que:

$$R_{eq}^{-1} = R_1^{-1} + R_2^{-1} + \ldots + R_n^{-1}$$

Quando dois ou mais resistores são associados *em série*, o comprimento (L) do caminho entre os dois extremos onde a diferença de potencial se aplica fica mais longo. Portanto, a resistência aumenta. Para ir de uma cidade a outra, se tivermos, por exemplo, uma trilha, uma autoestrada e uma estrada vicinal para percorrer, temos que somar as dificuldades de cada trecho para avaliarmos a dificuldade total da viagem. Da mesma forma, a resistência equivalente numa associação em série é dada pela soma das resistências elétricas de cada resistor:

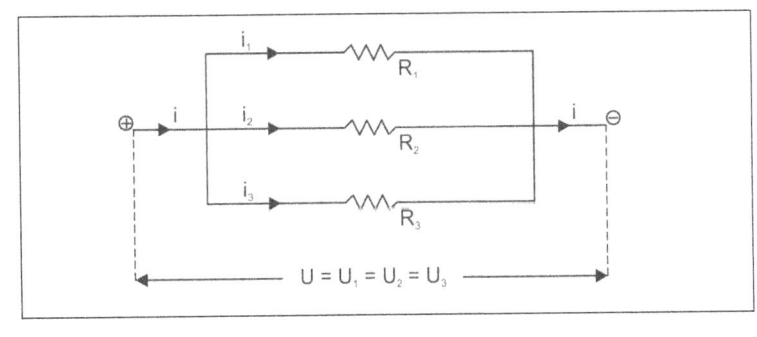

Figura 91

$$R_{eq} = R_1 + R_2 + \ldots R_n$$

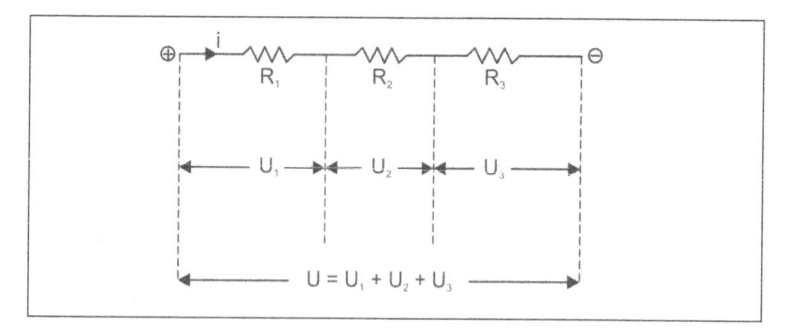

Figura 92

Na associação em série, a intensidade da corrente elétrica é a mesma para todos os resistores (não há "caminho alternativo" para a corrente elétrica). A diferença de potencial à qual a resistência equivalente se submete corresponde à soma das tensões elétricas em cada resistor ($u = u_1 + u_2 + ... + u_n$).

A *associação de resistores* é fundamental para o estudo dos circuitos elétricos. Os exercícios sobre esse tópico são incontáveis. Igualmente grande é a oferta de questões sobre *circuitos simples* (um gerador, com sua resistência intrínseca ou interna, e uma resistência equivalente ligada em seus terminais). Podemos incrementar o quanto quisermos esses circuitos: com amperímetros e voltímetros (ideais ou não), com pontes de Wheatstone (equilibradas e não equilibradas), pontes de fio, galvanômetros (com ou sem *shunts*), sem falar no infinito número de *associações de geradores e resistores* que nos levam por vezes a recorrer às leis de Kirchhoff.

Às vezes, uma feira de ciências ou um trabalho de pesquisa do aluno pode levar ao detalhamento das particularidades desses acessórios do circuito elétrico. No entanto, a essência é a mesma: as cargas livres dos resistores (convencionalmente positivas) se movimentam do maior para o menor potencial e o gerador repõe a energia transformada nessa "descida" para que um novo ciclo se inicie. O circuito se assemelha ao de uma montanha-russa: um carrinho buscará, a partir do ponto mais alto, o nível mais baixo, movimentando-se trilhos abaixo pela ação da força gravitacional; terminada a descida, um motor leva o carrinho de novo até o ponto mais alto e novo ciclo se inicia.

A complexidade do circuito que as cargas elétricas seguirão poderá variar de acordo com o que se pretende, de acordo com as especificidades de cada curso, de cada escola, de cada professor, de cada aluno.

A equação do gerador, **u = ε - r . i** (onde "r" representa o valor da resistência interna do gerador), e a lei de Ohm, **u = R . i** (sendo "R" o valor da resistência externa equivalente), são essenciais e devem ser trabalhadas com o aluno nos circuitos simples. A corrente elétrica num circuito simples terá intensidade dada por **i = ε / (r +R)**.

Para lidarmos um pouco mais com os circuitos simples, vejamos alguns exemplos de questões sobre este tópico.

---

1) (Unicamp) O tamanho dos componentes eletrônicos vem diminuindo de forma impressionante. Hoje podemos imaginar componentes formados por apenas alguns átomos. Seria essa a última fronteira? A imagem a seguir mostra dois pedaços microscópicos de ouro (manchas escuras) conectados por um fio formado somente por três átomos de ouro. Essa imagem, obtida recentemente em um microscópio eletrônico por pesquisadores do Laboratório Nacional de Luz Síncrotron, localizado em Campinas, demonstra que é possível atingir essa fronteira.

> a) Calcule a resistência R desse fio microscópico, considerando-o como um cilindro com três diâmetros atômicos de comprimento. Lembre-se que, na física tradicional, a resistência de um cilindro é dada por R = ρ . L/A, onde ρ é a resistividade, L é o comprimento do cilindro e A é a área da sua secção transversal. Considere a resistividade do ouro ρ = 1,6 . 10^{-8} Ω m, o raio de um átomo de ouro 2,0 . 10^{-10} m e aproxime π = 3,2.
>
> b) Quando se aplica uma diferença de potencial de 0,1 V nas extremidades desse fio microscópico, mede-se uma corrente de 8,0 . 10^{-6} A. Determine o valor experimental da resistência do fio. A discrepância entre esse valor e aquele determinado anteriormente deve-se ao fato de que as leis da física do mundo macroscópico precisam ser modificadas para descrever corretamente objetos de dimensão atômica.

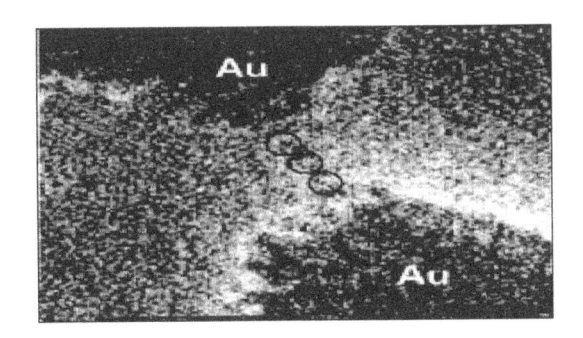

Figura 93

a) Reparamos que a questão fornece as informações para a solução: $R = \rho . L/A$

R = 1,6 . 10^{-8} . 6 . 2,0 . 10^{-10} / 3,2 . (2,0 . 10^{-10})^2 = 1,5 . 10^2 Ω

b) R = U /i = 0,1 / 8,0 . 10^{-6} = 1,25 . 10^5 Ω

A discrepância entre os resultados dos itens "a" e "b" e o respectivo comentário da questão não passam despercebidos.

> 2) Um gerador de f.e.m. e resistência interna constantes é ligado a um circuito de resistência 0,3 Ω e fornece corrente constante de intensidade 5 A. Depois é ligado a um circuito de resistência 0,8 Ω e fornece corrente constante de intensidade 2,5 A. Calcular a resistência interna e a f.e.m. do gerador.

A resistência interna (r) e a f.e.m . (ε) são desconhecidas, mas os dois valores das resistências dos circuitos externos (R) e das respectivas intensidades de corrente (i) nos permitem calculá-las: **i = ε / (r + R)**

$$5{,}0 = \varepsilon / r + 0{,}3$$

$$2{,}5 = \varepsilon / r + 0{,}8$$

Concluímos que ε = 2,5 V e r = 0,2 Ω.

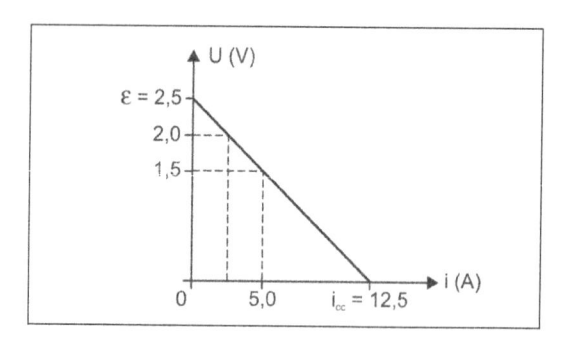

Embora a questão esteja resolvida, podemos aproveitar para fazer um esboço do gráfico do gerador utilizando a função u = ε - r . i: nesse caso, **u = 2,5 – 0,2 . i**. Quando i = 5,0 A, u = 1,5 V. Se i = 2,5 A, u = 2,0 V. No gráfico de $u = f(i)$, quando i = 0, u = ε; quando u = o, temos a corrente de curto-circuito.

Figura 94

3) Um gerador de resistência interna 0,25 Ω e *f.e.m.* 9 V é ligado a um circuito constituído por três resistências ligadas em paralelo de valores 2 Ω, 5 Ω e 10 Ω. Calcular:
a) a resistência externa;
b) a intensidade da corrente total;
c) a intensidade da corrente que circula por cada resistência;
d) a energia fornecida pelo gerador durante meia hora;
e) a energia absorvida pelo circuito externo durante meia hora.

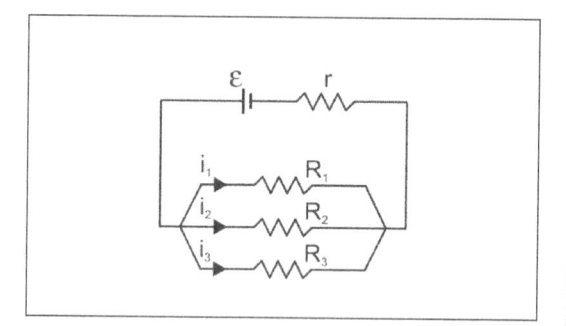

Figura 95

a) Para calcularmos a resistência externa, fazemos $R^{-1} = 2^{-1} + 5^{-1} + 10^{-1}$

$$R = 1,25 \ \Omega$$

b) i = ε / (r + R)

$$i = 9 / (0,25 + 1,25)$$

$$i = 6,0 \ A$$

c) Estando em paralelo, os três resistores estão submetidos à tensão elétrica dada por:[3]

$$u = \varepsilon - r \cdot i = 9,0 - 0,25 \cdot 6,0 = 7,5 \ V$$

De acordo com a lei de Ohm, i = u/R. Então:

$$i_1 = 7,5/2 = 3,75 \ A$$

$$i_2 = 7,5/5 = 2,5 \ A$$

$$i_3 = 7,5/10 = 0,75 \ A$$

---

3. Convém mostrar ao aluno que a d.d.p. poderia ser calculada também pela lei de Ohm aplicada ao resistor equivalente: u = R.i = 1,25 x 6 = 7,5 V.

Podemos aproveitar essa questão para reintroduzir um conceito já trabalhado na mecânica, agora pela via da eletricidade. Vimos ainda há pouco que o trabalho de uma força elétrica no movimento de uma carga dentro de um campo elétrico é dado por $\tau = q \cdot (V_A - V_B)$, onde V_A e V_B são os potenciais elétricos dos pontos "A" e "B". Num fio condutor, cargas elétricas se movimentam por uma diferença de potencial. Logo, a expressão $\tau = q \cdot (V_A - V_B)$, ou simplesmente $\tau = q \cdot u$, *pode ser empregada à corrente elétrica. Potência, tal como na mecânica, é a razão entre o trabalho realizado e o tempo gasto para isso.* **Potência** = $\tau / \Delta t$.

$$P = q \cdot u / \Delta t$$

$$\text{Mas } i = q / \Delta t$$

$$\text{Logo, } P = u \cdot i$$

Para um resistor ôhmico, podemos também escrever **P = R · i²** ou, ainda, **P = u²/R**.

Na questão que acabamos de comentar, podemos fazer P = u . i = 7,5 . 6,0 = 45 W. Observando que o gerador também é percorrido pela corrente, ou seja, que o gerador está inserido no circuito, devemos considerar que ele também oferece resistência à própria corrente elétrica que gera.

Portanto, o gerador, tal como a resistência externa, dissipa uma potência que pode ser calculada por P = u . i = r . i² = u²/r (onde "r" simboliza a resistência que o gerador impõe à corrente, ou seja, a chamada resistência interna do gerador). Em geral, usa-se P = r . i² para calcular a *potência dissipada* num circuito simples. No nosso exemplo, P = 0,25 . 36 = 9 W. Diz-se, então, que a potência dissipada no circuito é de 9 W, a potência útil é 45 W e a potência total é a soma das duas: 54 W (também calculada por meio de P = ε . i).

Não é nossa intenção aqui entrar na complexidade dos exercícios sobre circuitos simples. As possíveis combinações entre resistores são infinitas e o grau de complexidade pode ser tão elevado quanto se queira, com diferentes malhas e com a possível inserção de capacitores no circuito. A disponibilidade de questões que oferecem todo tipo de dificuldade para suas resoluções é grande nos livros e na internet. Há, por vezes, certo exagero nas dificuldades impostas por alguns exercícios; se há condições de se aprofundar nesse assunto, é melhor fazê-lo, mas com atenção para não cair numa espécie de tecnicismo, que induza o aluno a um distanciamento dos conceitos científicos subjacentes às soluções dos exercícios. Cada professor, de acordo com a situação diante da qual se encontre, decidirá até que ponto deverá explorar esse tópico.

Um dos objetivos do estudo da eletrodinâmica é levar o aluno a reconhecer os conceitos aprendidos da mecânica aplicados à eletricidade. Outra meta desejável é fazer o estudante lidar bem com resistores e geradores em circuitos (a queda de voltagem em cada resistor do circuito, a divisão da corrente elétrica etc.). Além disso, é fundamental fazer a relação entre os fenômenos elétricos observados no cotidiano e os respectivos recortes científicos. O aprofundamento na complexidade dos circuitos em aulas teóricas ou práticas dependerá dos objetivos específicos do professor.

Eletromagnetismo

O campo magnético

As primeiras observações de fenômenos magnéticos foram feitas na Magnésia pelos gregos por volta de 600 a.C. Naquela região, havia um tipo de pedra – a magnetita – capaz de atrair pequenos pedaços de ferro. Essas pedras são chamadas de ímãs naturais e são constituídas por certo óxido de ferro que, em épocas passadas, provavelmente foi submetido a um campo magnético de forte intensidade.

As forças magnéticas são também forças de *campo*, ou seja, exercidas "a distância". Quando aproximamos um ímã de um pedaço de ferro, a força de atração é exercida sem que haja uma conexão material entre o ímã e o pedaço de ferro. Assim como a força de atração gravitacional e a força elétrica, a força magnética é uma força de campo que varia inversamente com o quadrado da distância.

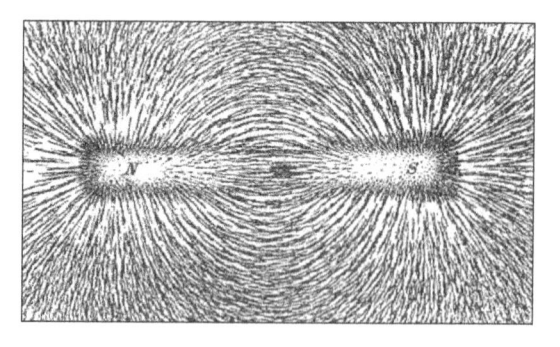

Figura 96. Linhas de indução do campo magnético gerado por um ímã e obtido pela disposição da limalha de ferro colocada ao seu redor. O vetor $\vec{B}$ é tangente às linhas em qualquer ponto do campo.

Para representar o campo magnético, usa-se o *vetor campo magnético* ($\vec{B}$). Analogamente às *linhas de força* que representavam o campo elétrico e segundo as quais o vetor $\vec{E}$ é tangente, o campo magnético é representado por *linhas de indução*, segundo as quais o vetor $\vec{B}$ é tangente.

Num ímã natural, as linhas de força "nascem" no polo norte e "chegam" ao polo sul.

A própria Terra, em virtude das propriedades dos elementos químicos presentes em seu núcleo, é um gigantesco ímã, cujo polo sul magnético fica localizado bem próximo ao Polo Norte geográfico e vice-versa. Assim, o polo norte do ímã de uma bússola aponta para o polo sul magnético da Terra, o qual quase coincide com o Polo Norte geográfico do planeta. O eixo magnético da Terra é um pouco inclinado em relação ao eixo geográfico (cerca de 13º), de modo que a coincidência entre os eixos é aproximada.

O efeito magnético da corrente elétrica

O desenvolvimento do magnetismo ocorreu desde a Antiguidade de maneira independente do estudo da eletricidade. O campo magnético gerado por ímãs nada tinha em comum com o campo elétrico. No entanto, em 1820, o físico dinamarquês Hans Christian Oersted percebeu em seu laboratório que a corrente elétrica tinha efeitos magnéticos: próxima e paralelamente a um fio condutor, ele colocou uma bússola apontando para o norte; ao fazer passar corrente elétrica pelo fio, Oersted verificou que a agulha da bússola mudava sua orientação e concluiu que o fenômeno se devia à criação de um campo magnético pela passagem da corrente elétrica.

Oersted divulgou o resultado de suas experiências e seu artigo atraiu a atenção de muitos cientistas, como Ampère e Faraday. O estudo do magnetismo fundiu-se com o estudo da eletricidade inicialmente num princípio básico estabelecido por Ampère: uma carga elétrica em movimento gera um campo magnético. Assim, uma corrente elétrica gera um campo magnético ao redor do fio condutor; num ímã natural, o campo magnético pode ser explicado pelo movimento ordenado dos elétrons.

Quando o fio tem a forma de uma espira circular, surge um campo magnético significativo no interior da espira.

Um ímã "artificial" pode ser construído a partir de uma corrente elétrica (eletroímã). A corrente elétrica que flui por uma bobina (fio enrolado) magnetiza um pedaço de ferro em seu interior, que passa a se comportar como se fosse um ímã natural.

Imaginemos agora um fio condutor que se movimenta no espaço. Ora, o princípio físico aqui é a geração do campo magnético por uma carga elétrica em movimento: se o fio tem elétrons livres – que, por compartilharem do movimento do próprio fio, estarão em movimento –, esses elétrons livres geram um campo magnético.

Caso o fio se movimente numa região do espaço em que há *outro campo magnético* (o de um ímã natural, por exemplo), a interação entre esses dois campos (o do ímã e o gerado pelos elétrons livres do fio) fará surgir uma *força magnética* nos elétrons. Essa força é chamada de *força de Lorentz*.

Em resumo, diremos que uma corrente elétrica gera um campo magnético; mas o campo magnético pode também gerar uma corrente elétrica, como no exemplo do fio em movimento no campo de um ímã.

A mecânica estudada nas séries anteriores será novamente invocada no estudo dos fenômenos eletromagnéticos. Muitas vezes, as dificuldades do aluno nesse tópico estão relacionadas às deficiências no aprendizado de conteúdos anteriores.

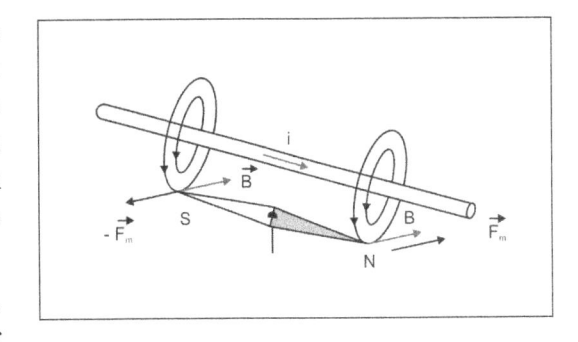

Figura 97. Linhas de indução do campo magnético gerado por uma corrente elétrica num condutor retilíneo. Na experiência de Oersted, o campo magnético gerado pela corrente elétrica no fio mudou a orientação da bússola próxima a ele (F_m é a força magnética que resulta da interação entre os campos magnéticos da corrente elétrica e do ímã).

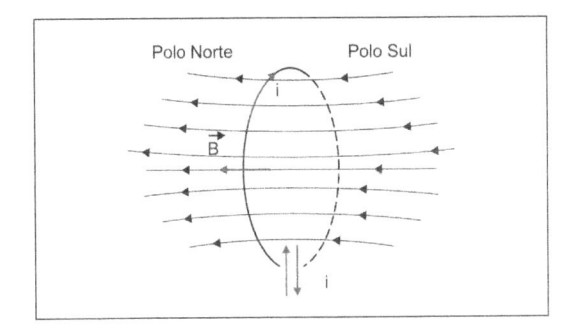

Figura 98

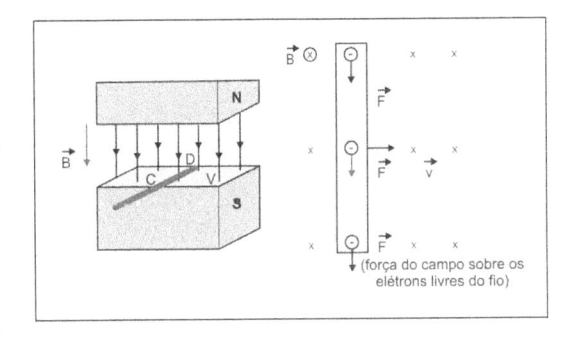

Figura 99. À esquerda temos uma perspectiva mais distante da situação; à direita, a representação do que acontece no interior do fio que se movimenta dentro do campo magnético gerado pelo ímã. O fio metálico, movimentando-se perpendicularmente às linhas de indução do campo magnético do ímã, é percorrido por uma corrente elétrica, como se houvesse uma diferença de potencial gerada por uma pilha em suas extremidades. A corrente elétrica é provocada pela força de Lorentz nos elétrons livres do fio.

A corrente elétrica gerada pela variação do campo magnético

Em 1831, o químico inglês Michael Faraday (1791-1867) introduziu o conceito de indução eletromagnética. Faraday postulou que um campo magnético *variável* induziria uma força eletromotriz, ou seja, uma corrente elétrica surge num fio condutor (mesmo que esse fio não esteja ligado a qualquer bateria), sempre que houver uma variação do fluxo do campo magnético no qual esse fio se encontra.

Tomemos um fio na forma de uma espira circular e façamos um ímã se aproximar da espira com o intuito de variar o fluxo das linhas de indução do campo magnético no interior da espira. O resultado é o aparecimento de uma corrente elétrica ao longo da espira. Se a corrente elétrica gera campo magnético, o campo magnético pode gerar corrente elétrica. A corrente elétrica é induzida no fio circular (espira) graças à variação do fluxo magnético em seu interior (aproximação ou afastamento do ímã); se o ímã estivesse se afastando na mesma posição em que se aproxima da espira, a corrente induzida teria sentido contrário. Tudo se passa como se houvesse uma "voltagem" entre as extremidades da espira.

Faraday postula que a variação do fluxo magnético no interior da espira, seja pela aproximação do ímã, seja pelo seu afastamento, induz uma "voltagem" ou, mais precisamente, induz uma *força eletromotriz* (ε), como se houvesse uma bateria ligada aos terminais da espira:

$$\varepsilon = \Delta\Phi \text{ (variação de fluxo)} / \Delta t \text{ (intervalo de tempo)}$$

Não nos ateremos aqui a fórmulas e exercícios, facilmente encontrados nas mais diversas fontes em que a física é abordada. No nível do ensino médio, mais do que memorizar as clássicas equações do eletromagnetismo, como $B = \mu_0 \cdot i / 2R$ (para o cálculo do vetor campo magnético gerado por uma corrente elétrica), $F = q \cdot v \cdot B \cdot \text{sen } \theta$ (para a força magnética numa carga em movimento dentro de um campo magnético), $R = m \cdot v / q \cdot B$ (para o raio da trajetória de uma carga elétrica em movimento circular uniforme dentro de um campo magnético uniforme), é importante relacionar o eletromagnetismo com os fenômenos que fazem parte do cotidiano dos alunos, desde os liquidificadores elétricos até as usinas geradoras da eletricidade que consumimos diariamente.

As usinas hidrelétricas baseiam-se na lei de Faraday: uma espira girando dentro de um campo magnético produz uma variação no fluxo magnético que atravessa a espira, o que nela induz uma corrente elétrica. Esse é, na verdade, o princípio de funcionamento dos dínamos (ou geradores), como esses que acendem o farol de bicicletas.

Para produzir eletricidade, é preciso fazer variar o fluxo no interior de um conjunto de espiras; no dínamo de bicicletas, o movimento relativo entre as espiras e o campo é feito acoplando-se o dínamo ao pneu. Nas usinas hidrelétricas, o mecanismo é um pouco mais complexo, mas o princípio básico é o mesmo: o movimento relativo da espira no campo magnético é obtido com a queda d'água. A água faz girar a turbina que, *grosso modo*, faz com que espiras (bobinas) e campos magnéticos se movimentem uns em relação aos outros. O movimento provoca variações de fluxo magnético nas espiras, o que, de acordo com Faraday, gera eletricidade. Nas usinas termoelétricas, esse movimento vem da pressão do vapor d'água (obtido com uma fonte de energia fóssil ou atômica) contido numa caldeira, mas o resto do processo é idêntico.

Os motores e os geradores elétricos entraram também na vida da família Albert Einstein, pois os negócios em que seu pai e seu tio eram sócios estavam ligados diretamente ao ramo da construção e comercialização desses aparelhos, especialmente de dínamos conversores de energia mecânica em energia elétrica por meio de um ímã e de uma bobina.

A pesquisa científica tem desdobramentos tecnológicos, invenções que são frutos de uma descoberta da ciência. O eletromagnetismo, síntese da eletricidade com os fenômenos magnéticos, teve aplicações na tecnologia que originaram o motor e o gerador elétricos. O inverso também pode ocorrer, ou seja, inovações tecnológicas estimularem a investigação de fenômenos até então pouco explorados cientificamente. Por exemplo, a máquina a vapor, inventada por Newcomen em 1712, foi fundamental na Revolução Industrial, viabilizou o transporte ferroviário e o desenvolvimento dos motores a explosão, mas ela foi concebida e aperfeiçoada tecnologicamente por engenheiros para depois impulsionar a ciência da termodinâmica. Atualmente, a simbiose entre tecnologia e ciência é tal que muitos autores cunharam para ela o termo *tecnociência*.

Maxwell e a síntese entre o eletromagnetismo e a luz

Uma carga elétrica em repouso gera ao seu redor um campo elétrico. O físico francês, André-Marie Ampère (1775-1836), deduziu que a corrente elétrica gera um campo magnético. Em 1831, o químico inglês Michael Faraday introduziu o conceito de indução eletromagnética, segundo o qual um campo magnético *variável* induziria uma força eletromotriz: uma corrente elétrica surge num fio condutor sempre que houver uma variação do fluxo do campo magnético no qual esse fio se encontra.

Um dos trabalhos mais notáveis sobre o eletromagnetismo do século XIX foi realizado pelo físico escocês James Clerk Maxwell (1831-1879). Maxwell interpretou a síntese entre a eletricidade e o magnetismo em termos de *variação de campo*. Em vez de afirmar que o campo magnético variável induz uma corrente elétrica, ele preferiu dizer que o campo magnético variável induz um campo elétrico (responsável pela corrente elétrica). Assim, um campo elétrico não é gerado apenas por uma carga elétrica em repouso, mas surge também sempre que há variação no campo magnético.

Da mesma forma, em vez de dizer que a corrente elétrica gera o campo magnético (lei de Ampère), Maxwell percebeu que eram as variações no campo elétrico que geravam o campo magnético.

Maxwell concluiu que, se o campo elétrico no espaço sofrer uma variação no decorrer do tempo, surge nesse espaço um campo magnético induzido e, se um campo magnético no espaço variar durante um intervalo de tempo, aparece nesse mesmo espaço um campo elétrico induzido. O comportamento dos campos elétrico e magnético foi descrito num conjunto de quatro equações chamadas de *equações de Maxwell*.

Mais do que isso, Maxwell mostrou que, se um campo (elétrico, por exemplo) variável induz outro

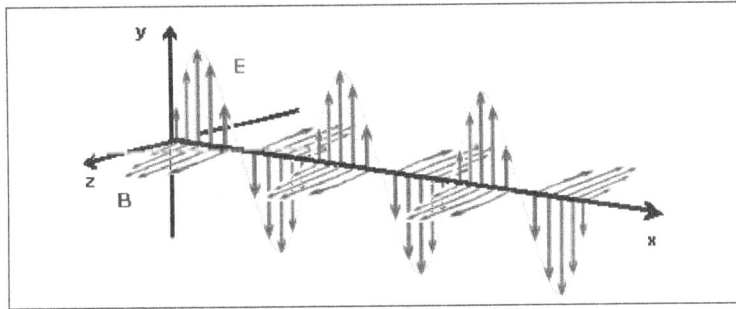

Figura 100. Onda eletromagnética concebida como campos elétricos e magnéticos cujas oscilações se propagam no espaço.

(magnético), também variável, esse segundo irá gerar um terceiro (elétrico) que, por sua vez, fará surgir um quarto (magnético), e assim sucessivamente. Isso o levou a concluir que esses campos variáveis propagavam-se pelo espaço numa *onda eletromagnética*.

Com os recursos tecnológicos e os dados disponíveis em sua época, Maxwell pôde medir a velocidade dessas ondas, chegando a um valor muito próximo do valor da *velocidade da luz*, o que o levou a pensar que a natureza da luz é eletromagnética. Em 1865, ele escreveu: "Esta velocidade é tão próxima da velocidade da luz que parece que temos fortes motivos para concluir que a luz em si (incluindo o calor radiante e outras radiações do tipo) é uma perturbação eletromagnética na forma de ondas propagadas através do campo eletromagnético de acordo com as leis eletromagnéticas".

Maxwell faleceu em 1879 e suas pesquisas levaram ao estabelecimento da natureza eletromagnética da luz, fundindo, assim, o eletromagnetismo com o estudo da óptica. Por volta de 1888, o físico alemão Heinrich Hertz obteve em laboratório as ondas eletromagnéticas previstas por Maxwell e suas pesquisas reforçaram a hipótese da natureza eletromagnética das ondas luminosas. Hoje, sabemos que ondas de rádio, telefonia celular, micro-ondas, raios X etc. são ondas eletromagnéticas que diferem da luz apenas pelo fato de não serem visíveis para o olho humano, sensível apenas para as radiações cujas frequências estão entre $4,5 \cdot 10^{14}$ Hz (luz vermelha) e $7,5 \cdot 10^{14}$ Hz (luz violeta). As ondas de calor (radiação infravermelha), as de rádio e as micro-ondas têm frequência inferior à da luz vermelha; já a luz ultravioleta, os raios X e os raios gama têm frequência superior à da luz violeta.

As ondas mecânicas precisam de um meio para se propagar. O som, por exemplo, propaga-se no ar; uma pedra lançada sobre a superfície tranquila da água de um lago fará com que ondas se propaguem desde o ponto onde a pedra atingiu a água até as margens. Mas, se o som se propaga no ar, em que meio se propagam as ondas de luz (ou as ondas eletromagnéticas, de modo geral)?

Hoje, sabemos que as ondas eletromagnéticas, inclusive a luz, independem de um meio para se propagar, ou seja, os campos elétricos e magnéticos variam induzindo uns aos outros também através do espaço vazio. No entanto, a teoria do eletromagnetismo elaborada nos anos 1850 pelo físico britânico Maxwell previa que a luz (ou qualquer onda eletromagnética) *necessita* de um meio para se propagar: esse meio é o éter. É preciso imaginar, dizia Maxwell, que todo o universo, até os seus recantos mais longínquos, é preenchido por uma substância incolor e sem peso: um meio chamado éter, cuja única propriedade é o repouso absoluto.

A existência de um estado de repouso absoluto incomodou Albert Einstein: na elaboração da Teoria da Relatividade, ele simplesmente aboliu o éter, considerando-o "uma ideia totalmente dispensável".

O interesse de Einstein pela eletrodinâmica vem desde sua infância, graças aos negócios de sua família no ramo da eletricidade, atividade em vigorosa expansão pela Europa do século XIX. Durante os anos em que cursou a Politécnica de Zurique, aprofundou seus estudos do eletromagnetismo, o que foi de grande importância na futura elaboração de suas teorias. A esse ponto voltaremos no último capítulo.

7 Ondas e óptica geométrica

A terceira série do ensino médio possibilita uma revisão do conteúdo de física trabalhado anteriormente. O estudo da eletricidade permite, como vimos, a retomada dos conceitos essenciais da mecânica e da termologia.[1]

A necessidade de uma revisão fora do âmbito das aulas regulares deixa de existir quando o professor leva o aluno a reconhecer, no próprio caminho a percorrer durante a terceira série, os elementos anteriormente aprendidos.

Alguns tópicos estrategicamente deixados para o último ano do ensino médio ajudam nessa tarefa. Os estudos do *movimento harmônico simples* (MHS) e do *pêndulo simples* são compatíveis com o estudo das ondas, pois, tais como elas, esses movimentos têm ciclos, períodos e frequências. Além disso, o "parentesco" entre o MHS e o *movimento circular uniforme* (MCU) permite a retomada da dinâmica dos movimentos curvilíneos.

A óptica geométrica foi aqui colocada logo após a ondulatória. Dessa forma, o aluno estuda as propriedades físicas da luz e, em seguida, analisa como ela se comporta através dos princípios da geometria.

Movimento harmônico simples e pêndulo simples

Um objeto preso a um fio realiza oscilações de pequena amplitude num plano vertical. Trata-se de um pêndulo simples. Não fossem a força de resistência do ar e os atritos, veríamos a velocidade do objeto continuamente variando entre um valor máximo, no ponto mais baixo da trajetória, e zero, nas extremidades.

O movimento do objeto é acelerado na descida e retardado na subida. Há, portanto, aceleração centrípeta e aceleração tangencial que variam durante o movimento pendular. Nos extremos (pontos A e A'), a aceleração centrípeta é nula (pois v = 0); no ponto mais baixo, a aceleração tangencial é nula.

É possível demonstrar que o tempo de uma oscilação completa do objeto, ou seja, o período (T) do movimento pendular é dado por:

---

1. Um resistor dissipando potência no interior de um recipiente com água, por exemplo, invoca a expressão do calor sensível etc.

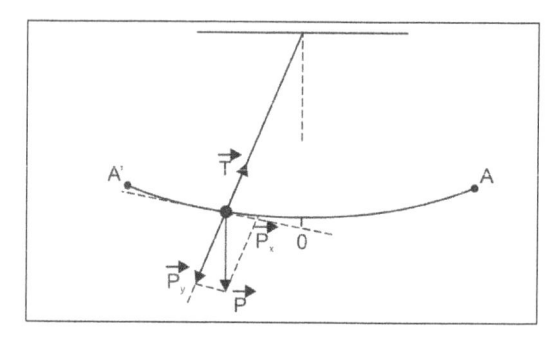

Figura 101

$$T = 2\pi \cdot (L/g)^{1/2}$$

"L" é o comprimento do fio.

A demonstração dessa expressão pode ser feita a partir da análise de uma rotação de um pêndulo cônico, mas o mais interessante é chamar a atenção do aluno para a proporcionalidade entre o período e a raiz quadrada do comprimento: T é proporcional à $\sqrt{L}$.

A análise da fórmula também permite o reconhecimento da relação entre o período e a aceleração da gravidade. Um simples experimento com o fio em sala de aula permitirá também a demonstração de que o valor da massa do objeto a ele preso não influencia no resultado do período.

O laboratório é um espaço onde o aluno pode exercitar o caráter experimental da ciência. Isso é óbvio. Porém, nem todas as escolas possuem laboratórios equipados. Outras, os subutilizam. De todo modo, pequenos experimentos demonstrativos, feitos em sala de aula, ajudam a ilustrar os conceitos, embora não substituam a prática laboratorial.

Um pedaço de fio dental de 1 m de comprimento no qual se pendura uma borracha de lápis serve para demonstrar a relação entre o comprimento do fio e o período do movimento. Aplicando-se a fórmula do período, $T = 2\pi \cdot (L/g)^{1/2}$, temos:

$$T = 2\pi \cdot (1/10)^{1/2}$$

$$T = 2,0 \text{ s (valor aproximado)}$$

Podemos fazer a borracha presa ao fio oscilar para medirmos, na prática, o valor do período que acabamos de calcular por meio do cálculo teórico. É recomendável que a amplitude do movimento seja pequena e que se conte o tempo de dez oscilações. O resultado na prática será bem próximo do encontrado pela fórmula.

O mais interessante, no entanto, é reduzir o tamanho do fio a um quarto do seu comprimento inicial (de 100 para 25 cm). O período, conforme prevê a fórmula, se reduzirá à metade do valor inicial, pois T é proporcional à raiz quadrada de L. Observa-se, também experimentalmente, que o período se reduz à aproximadamente 1,0 s.

Passemos a outro movimento periódico. Um corpo preso a uma mola e apoiado sobre uma mesa sem atrito pode realizar um movimento harmônico simples se a mola for distendida ou comprimida e, depois, abandonada. O movimento poderia se realizar também na direção vertical, com o bloco pendurado na mola e oscilando em torno da posição de equilíbrio.

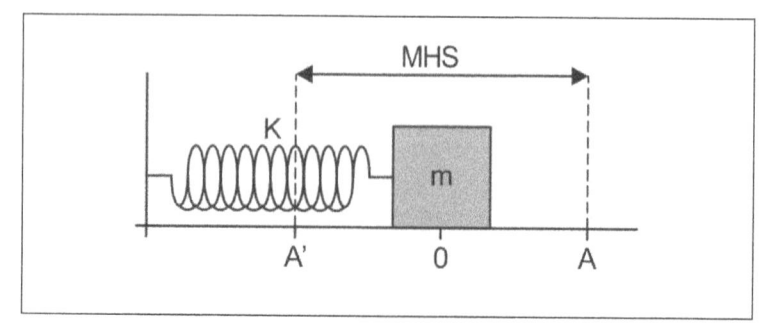

Figura 102

Demonstra-se, com o auxílio das equações do movimento circular e uniforme, que o período do MHS é dado por:

$$T = 2\pi \cdot (m/K)^{1/2}$$

"K" é a constante elástica da mola, e "m", a massa do corpo.

Analogamente ao que fizemos com a fórmula do período de um pêndulo, exploremos aqui as relações de proporcionalidade entre **T**, **m** e **K**.

T é proporcional à $\sqrt{m}$, ou seja, se quadruplicarmos a massa do corpo, o período dobra. **T** é também proporcional à $\sqrt{K^{-1}}$: se *quadruplicarmos* o valor de **K**, o valor do período se reduz à metade do inicial.

Em valores absolutos,[2] a velocidade é nula nos extremos, **A** e **A'**, pontos nos quais a aceleração é máxima, pois a força elástica é máxima. Ao passar instantaneamente pelo ponto **O**, ponto em que a mola não está nem comprimida nem distendida, o bloco tem velocidade máxima, mas aceleração nula. Em outras palavras, a energia cinética do bloco é máxima no ponto **O** e nula nas extremidades, **A** e **A'**. Nas extremidades, a energia potencial elástica acumulada na mola é máxima, mas no ponto **O** ela é nula.

O estudo do movimento harmônico simples torna-se mais profundo quando introduzimos a relação entre ele e o movimento circular e uniforme. Um ponto **P** realiza um MCU, enquanto o ponto **M**, projeção ortogonal de **P** sobre o eixo horizontal (Figura 103), realiza um MHS entre os pontos **A** e **A'**. O período do MHS é, obviamente, igual ao período do MCU. Os pontos B e B' são pontos médios, respectivamente, dos segmentos $\overline{OA}$ e $\overline{OA'}$.

Admitamos que a velocidade angular de **P** é de 2π radianos por segundo. Isso significa que **P** completa uma volta a cada segundo e que, portanto, o período, tanto do MCU que ele realiza quanto o do MHS realizado por "M" é de um segundo.

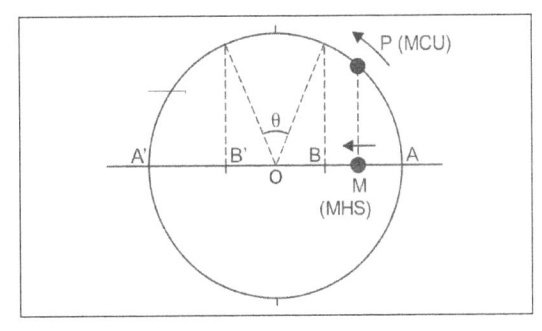

Figura 103

Uma questão interessante a ser colocada é a do tempo que o ponto **M** leva para percorrer a distância entre os pontos **B** e **B'**. Como a distância entre os pontos **B** e **B'** é a metade do diâmetro da circunferência, o aluno por vezes cai na tentação de dividir por 4 o período do movimento, o que não está correto, pois o movimento de **M** não é uniforme. Nesse caso, a melhor opção é calcular o tempo que **P** leva para percorrer um arco de 60° (em radianos: π/3),[3] pois este corresponde ao tempo gasto por **M** entre **B** e **B'**.

Como **P**, diferentemente de **M**, tem o módulo de sua velocidade constante, podemos usar uma simples regra de três para calcularmos o tempo que procuramos. **P** percorre 2π radianos em um segundo; logo, para percorrer π/3 radianos, o tempo será de 1/6 de segundo.

---

2. Podemos adotar o sentido positivo para a direita, por exemplo, e considerar os sinais da aceleração e da velocidade positivos nesse sentido e negativos no sentido contrário.

3. O ângulo de 60° é obtido de um triângulo equilátero, formado por três segmentos de reta cujos comprimentos são iguais ao raio da circunferência. Um dos vértices desse triângulo é o ponto **O**, os outros dois correspondem às posições de P na circunferência quando suas projeções recaem, respectivamente, sobre **B** e **B'**.

Poderíamos reconhecer outro movimento harmônico realizado pela projeção do ponto **P** no eixo vertical, mas o importante é notar que, a cada movimento circular uniforme, podemos associar um MHS. O inverso também vale: um movimento harmônico simples pode ser associado a um MCU. Por isso, é comum aparecer nos enunciados das questões o valor de uma velocidade angular associada a um MHS. A princípio, nos perguntamos: como pode ter velocidade angular um movimento que é numa única direção? A dúvida se dissipa quando nos lembramos de que a velocidade angular é do MCU associado àquele MHS. Se o enunciado de uma questão diz que certo MHS tem velocidade angular de π radianos por segundo, devemos entender que a frequência do movimento é de 0,5 Hz: basta aplicarmos as mesmas equações do MCU para o MHS, ou seja, $\omega = 2\pi \cdot f$. Obtendo $f = 0{,}5$ Hz, concluímos que $T = 2$ s.

Fenômenos ondulatórios

Imaginemos a superfície lisa de um lago com águas tranquilas. Se uma pedra cair sobre o lago, a perturbação produzida se propagará através da superfície da água. Imaginemos ainda que, um pouco distante do ponto em que a pedra caiu, havia uma rolha de cortiça boiando sobre a superfície. Quando a perturbação produzida pela pedra passar pela rolha, ela oscilará, subindo e descendo, mas não será transportada para a margem do lago. A rolha oscilará como um corpo pendurado a uma mola num MHS.

Uma onda pode ser definida como uma energia que se propaga. A onda transporta energia (capaz de movimentar verticalmente a rolha), mas não transporta matéria (não arrasta consigo a rolha).

Quando falamos, produzimos perturbações no ar que se propagam até o ouvido de quem nos escuta. O som é, portanto, uma onda. Tal como as ondas produzidas na superfície do lago, o som é classificado como *onda mecânica*, pois *precisa de um meio* para se propagar: as ondas no lago dependem da água, e o som não se propaga no vácuo. Há, no entanto, uma classe de ondas que não precisa de um meio para se propagar: são as ondas *eletromagnéticas*.

As ondas eletromagnéticas também são perturbações que se propagam. No entanto, em vez de vibrações no ar, na água, num fio esticado ou em qualquer outro meio, as ondas eletromagnéticas são oscilações de campos elétricos e de campos magnéticos que se propagam inclusive no vácuo. Assim são as ondas de rádio e TV, a luz, os raios infravermelhos, os raios ultravioleta, as ondas de telefonia celular, as micro-ondas etc. O que difere, por exemplo, uma onda de rádio de uma micro-onda é a *frequência* de sua vibração.

Voltemos ao exemplo da rolha na superfície do lago. Se a rolha subir ou descer 20 vezes por minuto, dizemos que sua frequência é de 20 oscilações completas por minuto. Se ela oscilar duas vezes por segundo, dizemos que sua frequência é de duas oscilações por segundo ou dois hertz.

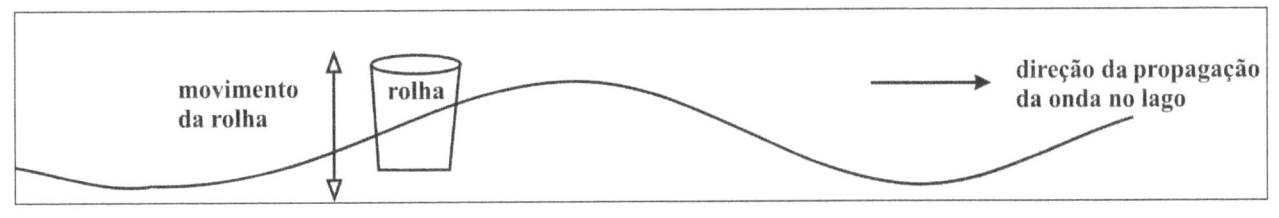

Figura 104

Nas ondas eletromagnéticas, as vibrações têm frequências bem maiores do que as do exemplo da rolha. A luz vermelha tem frequência de aproximadamente $4,5 \cdot 10^{14}$ Hz, as micro-ondas têm frequência da ordem de 10^9 Hz e as ondas de rádio FM de 10^8 Hz. Um raio *infravermelho* é uma onda eletromagnética com frequência *inferior* à do vermelho. Os raios *ultravioleta* têm frequência *maior* do que a da luz violeta.

O som audível possui uma frequência que varia entre 20 Hz e 20.000 Hz, sendo mais agudos os sons de maiores frequências e mais graves os de menores frequências. A luz visível está compreendida num espectro de frequência que vai de $4,5 \cdot 10^{14}$ Hz (luz vermelha) até $7,5 \cdot 10^{14}$ Hz (luz violeta).

No estudo das ondas, considera-se *frente de onda* o conjunto de pontos que se movem em sincronia num determinado instante. As cristas de um trem de ondas que se formam na superfície de um lago depois de atingida por uma pedra e se propagam em direção às margens são exemplos de frentes de onda.

A distância entre duas frentes de onda consecutivas, entre duas cristas consecutivas, por exemplo, é chamada de *comprimento de onda*. Em geral, a maioria dos autores representa o comprimento de onda pela letra λ, do alfabeto grego. Em seu lugar, utilizaremos algumas vezes a letra L apenas como exercício de desconstrução do hábito de atribuir à formulação matemática um caráter absoluto, mas sempre lembrando a forma tradicionalmente empregada.[4]

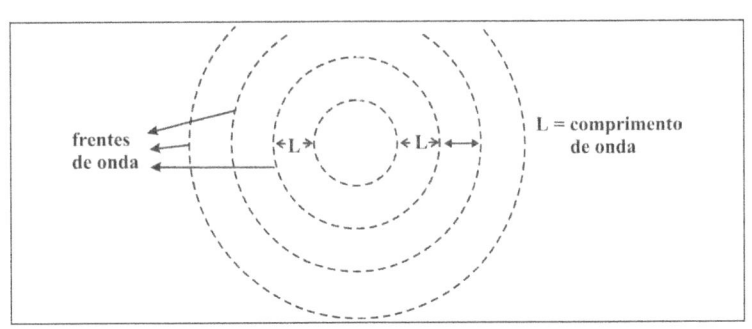

Figura 105

Velocidade de propagação de uma onda

A velocidade de um objeto é medida pela relação entre o deslocamento do objeto e o tempo gasto nesse deslocamento. Assim, a velocidade de 10 km/h indica uma "rapidez" que equivale a percorrer dez quilômetros em uma hora. Podemos pensar no conceito de velocidade para o estudo das ondas: a velocidade de uma onda é dada pela relação entre a distância percorrida pela frente de onda e o tempo gasto nesse percurso.

---

4. O pequeno exercício de trocar λ por L tem aqui a intenção de lembrar que diferentes linguagens, diferentes modos de abordagem dos conceitos, diferentes enfoques dados a cada assunto em função do contexto em que se ensina e se aprende um conteúdo são igualmente corretos. Nesse sentido, L e λ se equivalem, ambos designando o valor do comprimento de onda.

Voltemos à onda produzida por uma pedra que caiu na superfície tranquila de um lago. Se, por hipótese, a rolha de cortiça completa uma oscilação (vai e vem) a cada segundo, isso significa que, a cada segundo, a crista da onda se desloca *um comprimento de onda*.

Velocidade = espaço / tempo.

Velocidade = comprimento de onda / período.

Como $T = f^{-1}$, temos:

Velocidade = comprimento de onda x frequência,

$$v = \lambda \cdot f$$

Não há problema em escrevermos a equação fundamental da onda como **v = L . f,** onde "L" representa o comprimento de onda.

Admitamos que a distância entre duas frentes de onda consecutivas no exemplo do lago seja de 40 cm; a velocidade dessa onda periódica será:

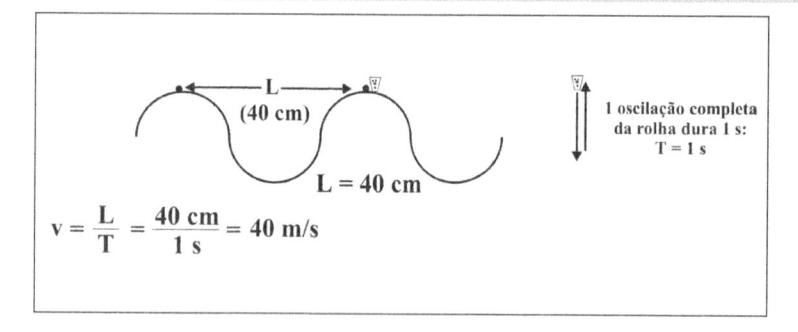

$$\text{Velocidade} = 40 \text{ cm} / 1 \text{ s} = 40 \text{ cm/s}$$

As ondas sonoras têm, no ar, uma velocidade de propagação de aproximadamente 340 m/s. A luz tem velocidade de propagação finita, porém bastante elevada em relação à velocidade do som. A velocidade finita da luz foi imaginada por muitos cientistas antigos, mas só foi confirmada em 1676, quando Ole Roemer a mediu observando os eclipses de Io (um satélite de Júpiter). Roemer encontrou um valor bastante próximo dos 300.000 km/s que hoje adotamos no ensino médio.

Figura 106

Os sons graves e agudos se propagam no ar com a mesma velocidade de 340 m/s. No entanto, suas frequências são diferentes e, portanto, seus comprimentos de onda também. Para calcular o comprimento de onda, basta dividir a velocidade pela frequência:

Comprimento de onda = velocidade/frequência (L = v/f)

O som mais grave, de frequência igual a 20 Hz, terá comprimento de onda igual a 340/20 = 17 m.

O som mais agudo, de frequência igual a 20.000 Hz, terá comprimento de onda igual a 340/20.000 = 0,017 m = 17 mm.

Portanto, o som audível tem comprimento de onda que varia entre 17 mm e 17 m.

A luz de baixa frequência (vermelho) e a luz de alta frequência (violeta) se propagam no ar com a mesma velocidade aproximada de 300.000 km/s. No entanto, suas frequências e seus comprimentos de onda são diferentes.

Para o vermelho, o comprimento de onda é:

> Comprimento da onda =
> 300.000 / 4,5 . 10^{14} = 6,7 . 10^{-10} km = 6,7 . 10^{-7} m = 670 nm

Para o violeta, o comprimento de onda é:

> Comprimento de onda =
> 300.000 / 7,5 . 10^{14} = 4,0 . 10^{-10} km = 4,0 . 10^{-7} m = 400 nm

A luz visível tem comprimento de onda que varia entre 400 e 700 nanômetros.

Reflexão e refração

A reflexão e a refração são fenômenos ondulatórios. Quando a luz do Sol atinge a superfície de um lago, parte dela é refletida e podemos ver a superfície do lago, pois nossos olhos são atingidos pelos raios refletidos. Outra parte da luz solar penetra na água, passa de um meio (ar) para outro (água), ou seja, sofre *refração*. Isso possibilita a vida de muitos seres nas profundezas do lago. Uma terceira parte da energia solar que chega ao lago é absorvida pela água, o que eleva a temperatura desta durante o dia.

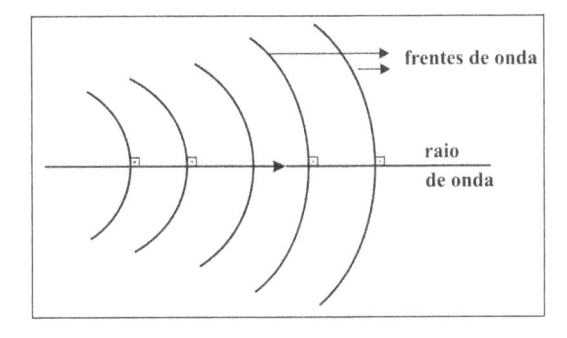

Figura 107

Reflexão, refração e absorção: quando a luz atinge a fronteira entre dois meios diferentes, geralmente ocorrem os três fenômenos, com predominância de um deles.

Chamamos de *raio de onda* à reta orientada e perpendicular à frente de onda.

No caso da luz, chamaremos o raio de onda de *raio de luz*. O raio de luz é um ente geométrico. Não é possível isolar um único raio de luz por causa do fenômeno da difração.

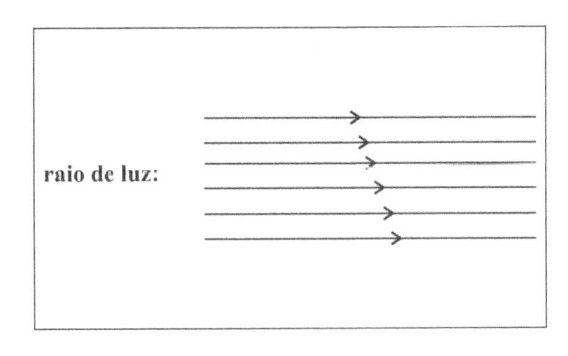

Figura 108

A tentativa de isolar um único raio de luz, fechando cada vez mais uma fenda pela qual passa um feixe de luz, é inócua. Quando as dimensões da fenda são "compatíveis" com o comprimento de onda da luz, ocorre a *difração*, fenômeno que consiste no fato de as ondas se espalharem quando passam pela fenda, impossibilitando o isolamento de um único raio de luz.

Imaginemos, então, um feixe de raios de luz que atinge a superfície da água de um lago. Vamos *representar* esse feixe por um único raio de luz.

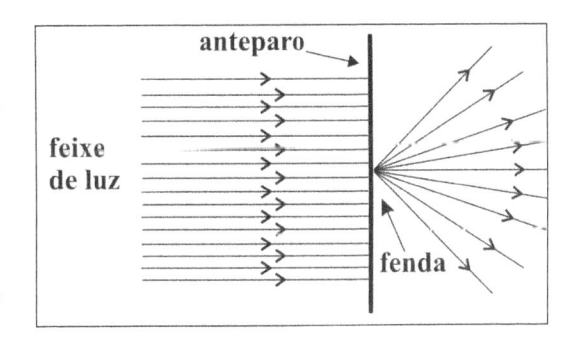

Figura 109

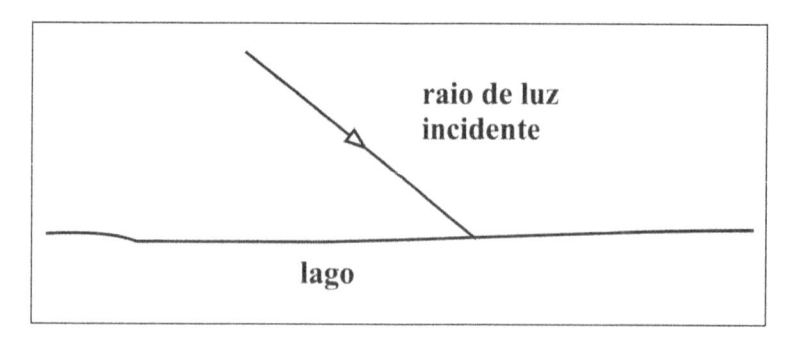

Figura 110

Figura 111

Parte da luz incidente no lago é refletida simetricamente em relação à reta normal no ponto de incidência. O raio refletido permanecerá no ar, com a mesma velocidade de propagação, mesmo comprimento de onda e mesma frequência.

Outra parte da luz penetra na água com velocidade menor do que tinha quando no ar, menor comprimento de onda e mesma frequência. Quando a luz passa do ar para a água, o raio de luz refratado se aproxima da reta normal.

O raio incidente, o raio refletido, o raio refratado e a *normal* estão num mesmo plano, chamado de plano de incidência. Os ângulos de incidência e de reflexão são congruentes.

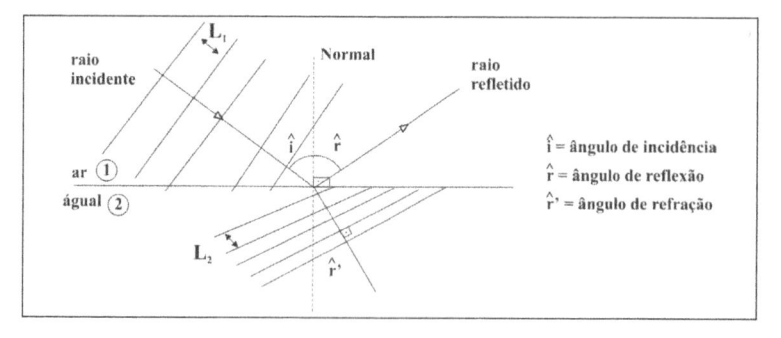

O índice de refração absoluto de um meio (n) é definido pela relação entre a velocidade da luz no vácuo (c) e a velocidade da luz nesse meio (V).

$$n = c/V$$

Assim,

$$n_1 = c/V_1 \text{ e } n_2 = c/V_2$$

A relação n_2/n_1 ou $n_{2,1}$ é chamada de índice de refração relativo.

$$n_{2,1} = V_1/V_2$$

A relação entre os ângulos de incidência e de refração é dada pela lei de Snell-Descartes. Mais precisamente, a relação é entre os senos desses ângulos e as velocidades de propagação nos dois meios.

$$\text{sen } i / \text{sen } r = V_1/V_2 = n_2/n_1$$

A frequência da onda será a mesma no ar e na água, sendo diferentes, portanto, a velocidade e o comprimento de onda. Vimos que a velocidade de uma onda pode ser dada pela equação fundamental:

$$V = L \cdot f$$

Podemos, então, escrever a lei de Snell-Descartes de forma mais completa:

$$\operatorname{sen} i / \operatorname{sen} r = n_2 / n_1 = V_1 / V_2 = L_1 \cdot f / L_2 \cdot f$$

Como a frequência é a mesma, temos:

$$\operatorname{sen} i / \operatorname{sen} r = n_2 / n_1 = V_1 / V_2 = L_1 / L_2$$

Tomemos um exemplo para ilustrar. Vamos admitir um raio de luz monocromática, um raio de luz amarela, por exemplo, que passa do ar para a água. No ar a velocidade de propagação é de aproximadamente 300.000 km/s e na água, de 225.000 km/s. Repare que a velocidade diminuiu, o que, à luz da lei de Snell, quer dizer que o ângulo e o comprimento de onda também vão diminuir.

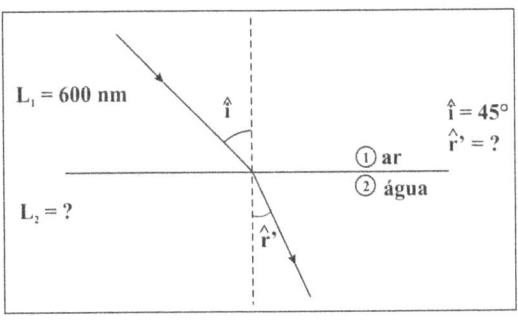

O comprimento de onda da luz amarela no ar é de aproximadamente 600 nm. Vamos tomar um raio de luz amarela incidindo no lago, formando um ângulo de incidência de 45°, e calcular o ângulo de refração e o comprimento de onda na água:

Figura 112

O seno do ângulo de 45° é aproximadamente igual a 0,71.

Então:

$$\operatorname{sen} 45° / \operatorname{sen} r' = V_1 / V_2 = L_1 / L_2$$

$$0{,}71 / \operatorname{sen} r' = 300.000 / 225.000 = 600 / L_2$$

Fazendo as contas, concluímos que *sen r = 0,53*, e, com auxílio de uma tabela, chegamos ao ângulo de 32°. O raio de luz se aproximou da reta normal.

Também concluímos que $L_2 = 450$ nm: ao se propagar no meio mais lento, o comprimento de onda diminuiu; parece que a onda ficou "espremida". Quando uma onda eletromagnética passa para um meio em que sua velocidade é reduzida, o seu comprimento de onda também se reduz, mas sua frequência permanece inalterada.

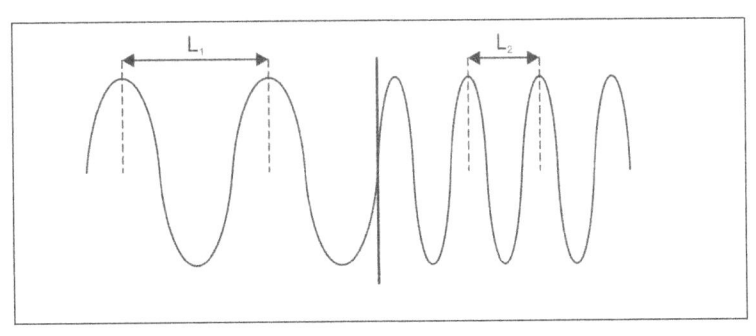

O sistema formado por dois meios homogêneos e transparentes é chamado de *dioptro*. Quando o raio de luz passa de um meio menos refringente para um mais refringente, ele se aproxima da reta *normal* (r < i), o comprimento de onda diminui e a velocidade de propagação também. No caminho inverso, ou seja, quando a luz passa do meio mais refringente para o menos refringente, ocorre o contrário: o comprimento de onda e a velocidade aumentam e o raio de luz se afasta da reta *normal* (r > i). O fato de o raio de luz, nesse caso, se afastar da reta *normal*

Figura 113

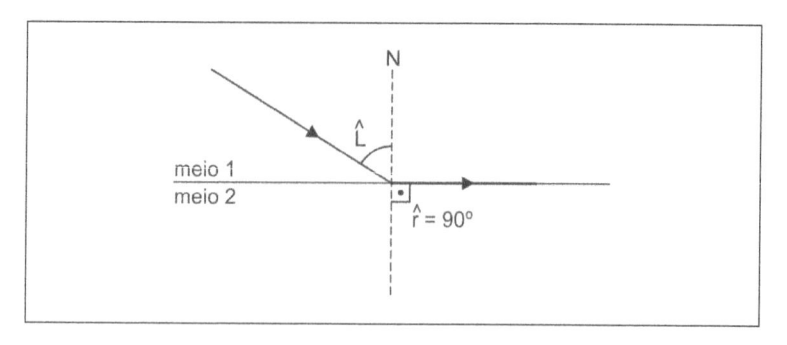

Figura 114

impõe um limite: quando o ângulo de refração for de 90°, o ângulo de incidência estará no limite; se o ângulo de incidência for maior, não haverá refração, ou seja, o raio não passará para o menos refringente, mas se refletirá (reflexão total).

Para calcularmos o ângulo limite, voltemos à lei de Snell-Descartes:

$$\operatorname{sen} i / \operatorname{sen} r = n_2 / n_1$$

Se o ângulo de incidência for o ângulo limite (L), o ângulo de refração será de 90°:

$$\operatorname{sen} L / \operatorname{sen} 90° = n_2 / n_1$$

$$\operatorname{sen} L = n_2 / n_1$$

Quando i>L, ocorre *reflexão total*; quando i<L ocorre predominantemente o fenômeno da refração, pois parte da luz incidente é ainda refletida. Cabe aqui fazer referência às fibras ópticas, que transmitem informações à velocidade da luz graças ao fenômeno da reflexão total. Os prismas de reflexão total, o brilho dos diamantes, as "miragens" provocadas pelo aquecimento do ar próximo ao asfalto ou à areia do deserto nos dias quentes são temas invocados pelo estudo da reflexão total, caso particular do estudo da refração.

Luz: Onda ou partícula?

O fato de a luz ser uma onda é discutível, e essa discussão é muito antiga. Muitos filósofos e cientistas defenderam uma teoria corpuscular da luz, ou seja, a ideia de que a luz é uma substância que emana dos corpos luminosos e que se reflete nos corpos iluminados, como bolinhas elásticas que ricocheteiam numa parede.

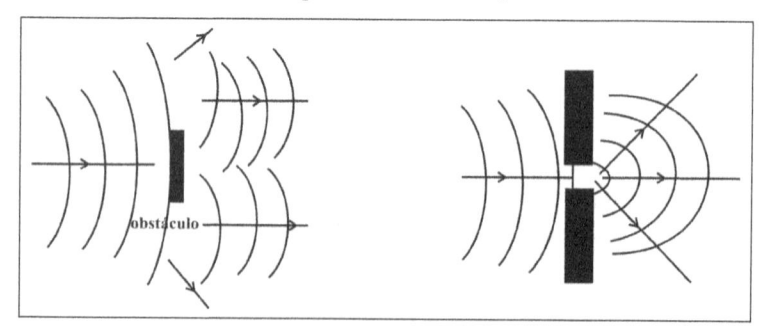

O adepto mais eminente da teoria corpuscular foi Newton, que considerava a luz um fluxo de partículas propagando-se no espaço. A teoria ondulatória, que faz da luz um substrato entre os corpos, era anterior a Newton e havia sido defendida por Descartes.

Figura 115

O físico e astrônomo holandês Christiaan Huygens (1629-1695) foi quem mais desenvolveu a teoria ondulatória da luz. No entanto, a maioria dos físicos do século XVIII privilegiou a teoria corpuscular de Newton. Apenas no início do século XIX, as atenções se voltaram à teoria ondulatória, pois surgiram aparelhos ópticos mais sensíveis que permitiram perceber a ocorrência de fenômenos tipicamente ondulatórios no comportamento da luz.

Um desses fenômenos é o da difração: quando uma onda encontra um obstáculo, ela se difunde em torno desse obstáculo, chegando até locais situados atrás dele.

O som é um tipo de onda que se propaga, por exemplo, no ar. Se alguém está na sala de uma casa e grita chamando por outra pessoa que está na cozinha, esta poderá ouvi-la porque a onda sonora é capaz de contornar os obstáculos que separam uma pessoa da outra; ou seja, isso ocorre graças à difração, fenômeno tipicamente ondulatório. Entretanto, se uma pessoa pode ouvir a outra, talvez não possa vê-la, pois estão em cômodos diferentes da casa; podem transmitir o som, mas não a luz. Aparentemente, a luz não sofre difração, pois não contorna os obstáculos (corredores, portas etc.) que separam as duas pessoas e isso reforça a teoria corpuscular da luz. Mas, com a invenção de instrumentos ópticos mais precisos, foi possível perceber que a difração da luz ocorre em obstáculos muito pequenos.

A difração só se manifesta quando as dimensões do obstáculo forem comparáveis ao comprimento de onda, isto é, à distância entre duas cristas consecutivas.

As ondas sonoras possuem comprimento de onda da ordem de centímetros, o que não é desprezível em relação, por exemplo, ao vão de uma porta. Por isso o som pode chegar até outro cômodo da casa contornando obstáculos.

A luz tem comprimento de onda da ordem de centenas de nanômetros, um décimo de milésimo do milímetro, ordem de grandeza muito diferente das dimensões do vão de uma porta. Por isso, a difração da luz não é observada quando, por exemplo, numa noite, acendemos uma única lâmpada num quarto de uma casa. Se a porta do quarto estiver aberta, a luz passará apenas pelo vão da porta sem se difundir para outros cômodos, que ficarão escuros. No entanto, se nessa mesma casa alguém gritar nesse mesmo quarto, o som se espalhará pela casa.

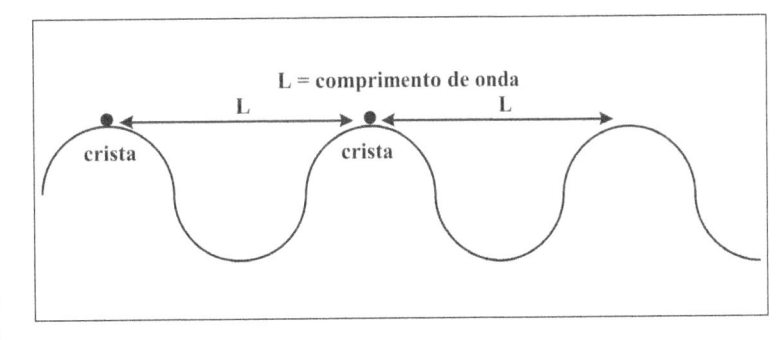

Figura 116

A luz sofre difração, mas é difícil observá-la em fenômenos cotidianos. Isso gera desconfiança em relação ao caráter ondulatório da luz, pois a difração é característica das ondas. Com o desenvolvimento dos instrumentos ópticos, foi possível constatar a difração da luz em fendas cujas aberturas eram compatíveis com o comprimento de onda da luz, o que restaurou a credibilidade da teoria ondulatória da luz.

Outros fenômenos tipicamente ondulatórios (como as *interferências*, mostradas por Thomas Young em 1801) confirmavam o caráter vibratório da luz. Mas a "experiência crucial" foi sugerida pelo físico francês Dominique Arago

ONDAS E ÓPTICA GEOMÉTRICA

e realizada após algumas décadas (em 1850) por Léon Foucault: a teoria corpuscular supunha que os corpúsculos luminosos sofrem uma aceleração ao penetrarem num meio mais denso e, portanto, que a velocidade da luz na água ou no vidro é superior à sua velocidade no ar; a teoria ondulatória supunha

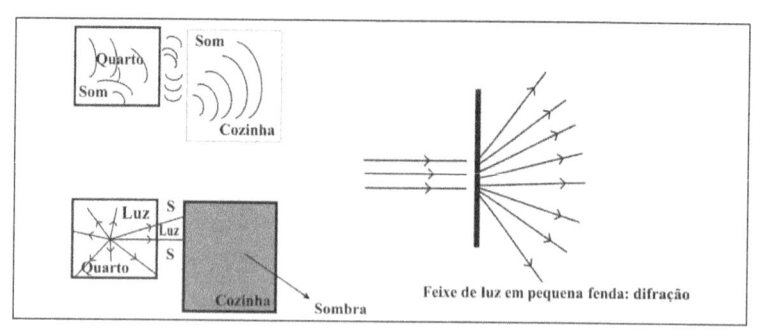

Figura 117

exatamente o contrário. Foucault realizou o experimento e encontrou um resultado que não dava lugar a nenhuma ambiguidade: a velocidade da luz na água é inferior à sua velocidade no ar, e a diferença entre as duas velocidades é exatamente igual ao valor previsto pela teoria ondulatória. Portanto, a luz é uma onda e, em 1864, os trabalhos do físico britânico James Clerk Maxwell reforçaram essa teoria.

No final do século XIX, o problema da natureza da luz parecia estar resolvido. No entanto, no início do século XX, em 1905, Albert Einstein mostrou que, em certos casos, a luz se comporta não como uma onda contínua, mas como um fluxo discreto de "pacotes" de energia. O *efeito fotoelétrico* só pode ser explicado, afirmou Einstein, com a convicção de que a luz é formada por um feixe de *fótons* de energia eletromagnética. Isso renovou o conflito entre a teoria corpuscular e a teoria ondulatória, tendo sido gradualmente resolvido pela evolução da teoria quântica e da mecânica ondulatória.

Imaginemos uma superfície plana horizontal e perfeitamente lisa sobre a qual desliza um conjunto de blocos de gelo perfilados. A distância entre dois blocos consecutivos quaisquer é constante.

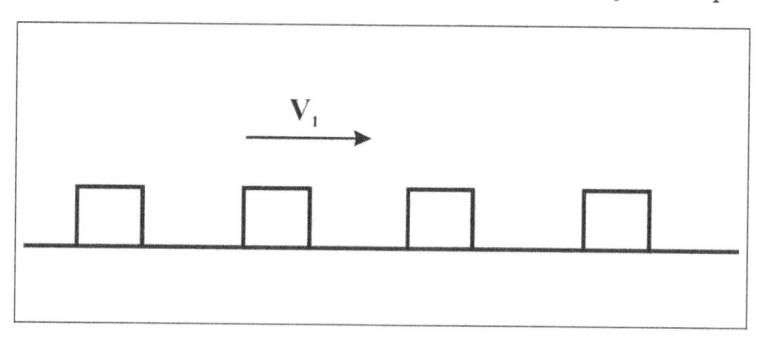

Figura 118

Num ponto dessa superfície, está o início de uma rampa; os blocos sobem essa rampa e passam a se movimentar no patamar superior, também sem nenhum atrito. No patamar superior a velocidade dos blocos será, naturalmente, menor.

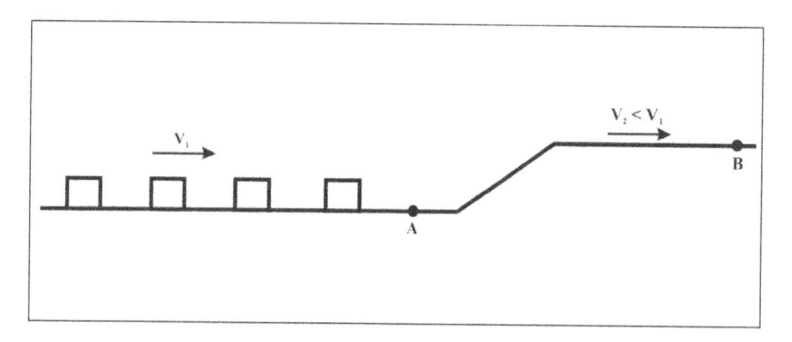

Figura 119

Essa situação foi proposta numa questão de um exame vestibular da Unicamp. O examinador perguntava:

a) A distância entre os blocos no patamar superior é maior, menor, ou igual à distância entre eles no patamar inferior?
b) A frequência com que os blocos passam pelo ponto A (no patamar inferior) é maior, menor ou igual à frequência com que eles passam pelo ponto B (no patamar superior)?

Analisando com cuidado, percebemos que, após subirem a rampa, os blocos estarão mais próximos uns dos outros. A distância entre eles será *menor*. Todos os blocos reduzem suas velocidades ao subirem a rampa, mas o primeiro da fila reduz sua velocidade antes do segundo, e o segundo antes do terceiro. Assim, há um intervalo de tempo em que o primeiro está mais devagar e o segundo ainda não reduziu sua velocidade, o que faz com que este se aproxime daquele. Da mesma forma, o terceiro se aproximará do segundo, o quarto do terceiro etc.

No patamar superior, a distância entre os blocos será menor e a velocidade do conjunto também. Comparando os fluxos de blocos que passam pelos pontos **A** e **B**, notamos que são iguais. A frequência com que passam pelo ponto A é igual à frequência com que passam pelo ponto B. O fato de o conjunto estar mais devagar no patamar superior sugere que o fluxo por B é menor; o fato de estarem mais próximos sugere o contrário; um fator compensa o outro, de modo que por **A** e por **B** passa o mesmo número de blocos por unidade de tempo.

O comportamento da fileira de blocos é análogo ao comportamento da luz ao passar de um meio para outro no qual se propaga com menor velocidade. A frequência permanece a mesma e o comprimento de onda diminui, assim como a frequência de passagem dos blocos é a mesma e a distância entre dois deles consecutivos diminui. Vemos aí um comportamento semelhante da matéria (blocos) e da energia (luz).

A fronteira entre matéria e energia vai se dissolvendo ao longo do século XX. A isso retornaremos no próximo capítulo.

Espelhos, lentes e prismas

O essencial para a formação do aluno no nível do ensino médio é que ele aprenda a identificar ao seu redor os princípios básicos da ciência nos fenômenos que observa. Educar o olhar do estudante para a percepção desses fenômenos e para suas traduções para a linguagem matemática é obviamente mais importante do que a memorização de fórmulas.

A óptica geométrica parte de três princípios. O *princípio da propagação retilínea da luz*[5] pode ser identificado na formação de sombras e penumbras e nos remete à discussão que há

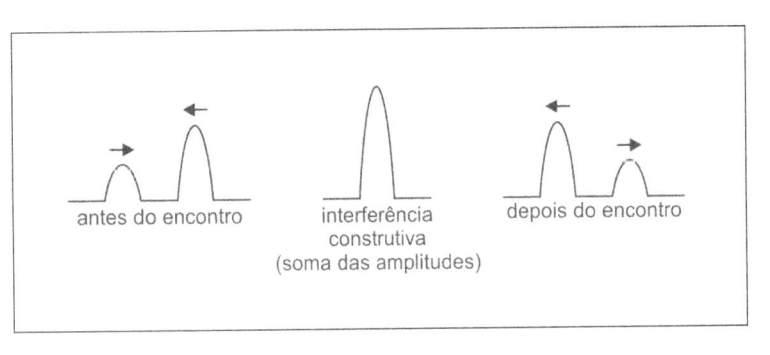

Figura 120

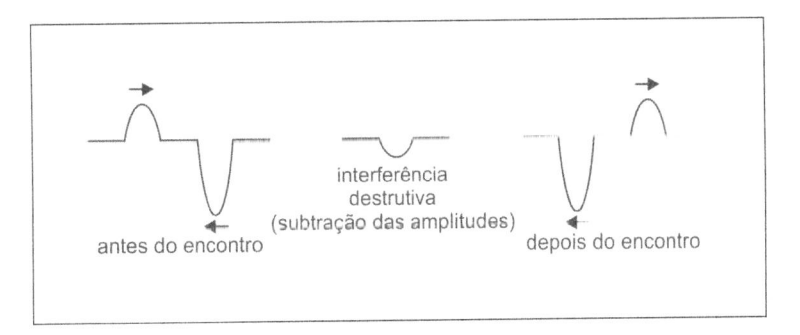

Figura 121

---

5. "Nos meios transparentes e homogêneos, a luz se propaga em linha reta."

pouco fizemos sobre o fenômeno da difração das ondas. O *princípio do caminho inverso*[6] é facilmente reconhecido quando duas pessoas se olham através de um espelho, especialmente quando cada uma delas não vê a própria imagem dentro do respectivo campo visual. Igualmente fundamental, o *princípio da independência dos raios luminosos*[7] é observado quando dois feixes luminosos se cruzam sem que isso afete as respectivas propagações. Podemos fazer uma analogia com as ondas mecânicas: dois pulsos que se propagam em sentidos contrários num fio esticado sofrerão mútua interferência ao se encontrarem, mas, passado o instante em que se justapõem, seguem suas trajetórias de propagação sem qualquer alteração. Se os pulsos estiverem em fase, a interferência é construtiva e as respectivas amplitudes se somam durante o encontro.

Quando a interferência é destrutiva, as amplitudes dos pulsos de fases opostas se subtraem.

Construtiva ou destrutiva, a interferência não modifica a propagação dos pulsos. Com raios de luz, algo análogo se passa: o cruzamento de feixes de luz (como os dos holofotes de um teatro) não altera suas trajetórias, frequências ou velocidades.

Não é raro encontrarmos o ensino da óptica deslocado para a primeira série do ensino médio, especialmente pelo fato de ela ser considerada de fácil assimilação para o estudante. Essa suposta facilidade é bastante relativa, pois a geometria pode atingir níveis de complexidade que questionam a tese de que o aluno da primeira série não encontrará dificuldades.

O papel da geometria é aqui fundamental para a formação do aluno e para a promoção da interdisciplinaridade entre a física e a matemática. No entanto, por vezes nos voltamos menos para os fenômenos ópticos e mais para as especificidades técnicas dos sistemas ópticos. A imersão na tecnicidade e na complexidade dos exercícios sobre lentes, espelhos e prismas não deve ocultar a essência desses fenômenos. As regras às quais os raios de luz obedecem ao atravessarem uma lente esférica são imanentes ao fenômeno da refração. A conhecida *equação dos fabricantes de lentes*,[8] por exemplo, se ajusta bem aos cursos de formação profissional, mas sua pertinência ao conteúdo regular do ensino médio é questionável.

No estudo dos espelhos planos e esféricos, o aluno não deve perder de vista o fenômeno da reflexão. A partir dele, é possível compreender como se determina o *campo visual* de um espelho plano e o *enantiomorfismo*[9] das imagens nele formadas.

As construções de imagens nos espelhos esféricos e nas lentes são muito semelhantes. Se o aluno souber construir imagens a partir do cruzamento de raios refletidos nos espelhos esféricos, não terá dificuldades em fazer o mesmo com os raios de luz refratados pelas lentes.

---

6. "A forma da trajetória do raio de luz independe do sentido de sua propagação."
7. "Os raios luminosos se cruzam sem que isso afete suas propagações."
8. $f^{-1} = [(n_2/n_1) - 1] \cdot [(R_1)^{-1} + (R_2)^{-1}]$, onde **f** = distância focal, **n** = índice de refração (sendo **1**, o do meio exterior e **2**, o da lente) e **R** = raio de curvatura das faces da lente.
9. Simetria entre o objeto e a imagem em relação ao espelho, o que provoca uma espécie de inversão da imagem (tal como ficam invertidas as letras de uma estampa de camiseta quando vistas através de um espelho plano).

Ponto objeto é o ponto em que os raios *incidentes* no sistema óptico (espelho, lente etc.) se cruzam, ou seja, o centro emissor de raios de luz que *chegam* a um *sistema óptico*. Após interagirem com o sistema óptico, os raios dele emergem e voltam a se cruzar num ponto que corresponde à imagem daquele objeto.

Os *raios notáveis* permitem a determinação de imagens nas lentes e nos espelhos esféricos pelo método gráfico: (1) *raio que incide paralelamente ao eixo principal passa pelo foco após ser refletido pelo espelho esférico (ou refratado pela lente)*; (2) *raio que incide passando pelo centro óptico da lente (ou pelo centro de curvatura do espelho) não sofrerá desvio*; (3) *raio que incide passando pelo foco (foco objeto, no caso das lentes) reflete-se (ou refrata-se) paralelamente ao eixo principal*. Há outros tantos raios notáveis, mas dois já bastam para a determinação da imagem.

Qualquer raio de luz pode ter seu caminho determinado geometricamente: basta traçarmos paralelamente a ele um eixo secundário e refleti-lo (ou refratá-lo) passando pelo foco secundário (intersecção entre o eixo secundário e o plano focal, **πf**).

A figura ao lado representa um raio de luz incidente que não passa pelo centro óptico ou pelo foco objeto da lente, nem é paralelo ao eixo principal. Nesse caso, um eixo secundário (reta que passa pelo centro óptico da lente) é traçado paralelamente ao raio incidente. O raio refletido passará pelo foco secundário (**Fs**), ponto em que o eixo secundário se encontra com um plano (**πf**) colocado perpendicularmente ao eixo principal e na posição do foco imagem (**F'**).

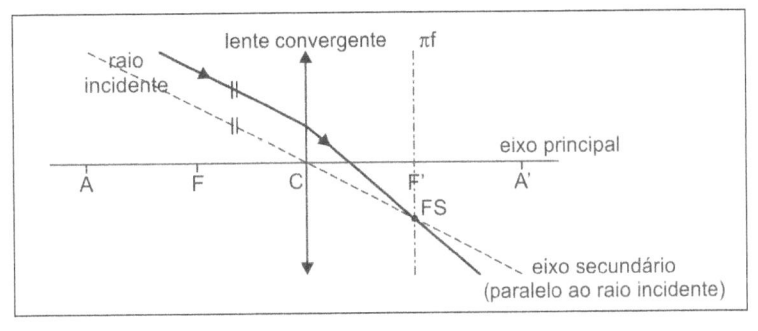

Figura 122

Um espelho esférico côncavo conjugará, de um objeto colocado entre o foco e o centro de curvatura, sua imagem de natureza real, maior do que o objeto, invertida em relação a ele e localizada sobre o eixo principal, mas além do centro de curvatura.

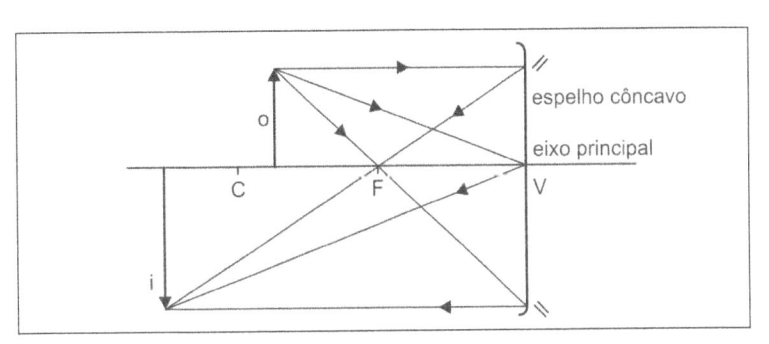

Figura 123

A imagem foi determinada graficamente por meio de raios notáveis. É possível determinar a imagem e suas características também analiticamente. Para isso, utilizaremos o referencial de Gauss: a origem de um sistema de eixos é colocado no centro óptico da lente ou no vértice do espelho; o eixo vertical coincide com o espelho (ou com a lente) e o eixo horizontal fica sobre o eixo principal. Em geral, adota-se o sentido positivo do eixo vertical para cima; para o eixo horizontal, *o sentido positivo é o sentido contrário ao da luz incidente*. Para o espelho côncavo do exemplo anterior, o sentido positivo do eixo horizontal é para a direita, já que a luz incidente do objeto vem da esquerda.

Na Figura 124, ***f*** é a distância focal do espelho e corresponde à metade do *raio de curvatura* do espelho (f = R/2); ***p*** é a distância entre o objeto e o espelho, e ***p'*** é a

Figura 124

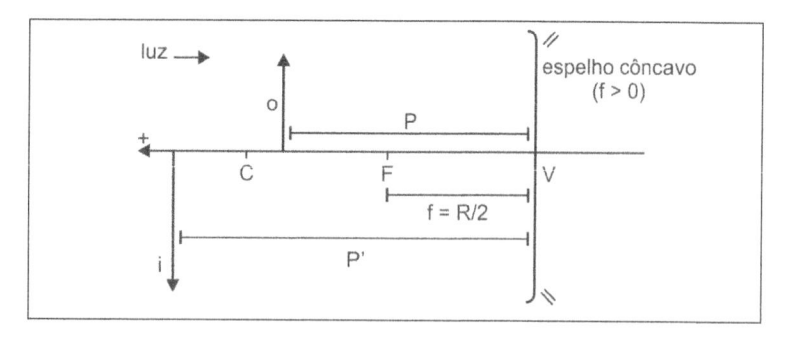

distância entre a imagem e o espelho. Os valores de *i* e *o* representam, respectivamente, os tamanhos da imagem e do objeto. Quando *i* e *o* têm o mesmo sinal, a imagem é direita em relação ao respectivo objeto. Nesse caso, *i* e *o* terão sinais contrários, pois a imagem é invertida.

Quando o valor de **p'** for positivo, a imagem estará formada diante do espelho (e não atrás), ou seja, a imagem será positiva. A distância focal será positiva nos espelhos côncavos (o foco fica na frente do espelho), mas negativa nos espelhos convexos.

As equações, $p^{-1} + p'^{-1} = f^{-1}$ e $i/o = -p'/p$, são facilmente demonstráveis por semelhança de triângulos que se formam com os raios notáveis, o eixo principal, o objeto e a imagem. As demonstrações dessas equações à luz do referencial de Gauss são ótimos exercícios para ajudar na tradução do fenômeno para a linguagem matemática.

Imaginemos que o objeto do nosso exemplo tenha 4 cm de altura, que nosso espelho tenha uma distância focal de 40 cm e que a distância entre o objeto e o vértice do espelho seja de 60 cm. Ou seja: **o = 4 cm; f = 40 cm e p = 60 cm**.

Com esses dados aplicados às equações, obtemos: **p' = 120 cm e i = -12 cm**.

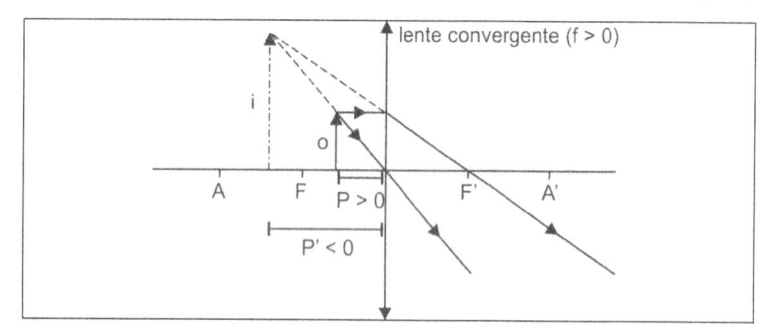

A partir do referencial de Gauss, podemos interpretar os resultados acima e concluir que a imagem é *real* (**p' > 0**), *invertida* (**o > 0** e **i < 0**) e *maior* do que o objeto, pois, em módulo, o valor de *i* é maior do que o de **o**.

Vejamos outro exemplo: uma lente convergente conjugará uma imagem virtual, direita e maior do

Figura 125

que o respectivo objeto colocado entre o foco e o centro óptico da lente.

Pode parecer exagero, mas é essencial que o aluno faça a construção da imagem graficamente para todas as posições do objeto: para as lentes, entre **F** e **C**, entre **F** e **A**, em **C**, em **F**, além de **C**; para os espelhos, entre **F** e **V**, em **F**, entre **F** e **C**, em **C** e além de **C**. Para cada uma dessas posições do objeto, as características da imagem são previsíveis. Por exemplo, se um objeto real for colocado entre **F** e **C** da lente convergente representada na Figura 123, a imagem será virtual,[10] maior e direita (é o caso da "lente de aumento"), o que pode ser tomado como uma espécie de regra. Assim, se o enunciado de uma questão anuncia que a imagem conjugada por uma lente é direita e maior do que o respectivo objeto, o aluno deverá supor que se trata de uma lente convergente. Se, no entanto, o enunciado apresentar a imagem como virtual e menor do que seu objeto, o aluno saberá que é uma

---

10. A imagem é considerada *virtual* por ser conjugada pelo prolongamento dos raios de luz. Quando os raios que emergem de um sistema óptico se *cruzam efetivamente* para determinar uma imagem, esta é considerada *real*.

lente divergente que a conjuga (ou um espelho convexo). Isso tem implicações na resolução analítica: para uma lente divergente (ou de um espelho convexo), a distância focal será negativa (f < 0).

O exercício da construção das imagens para cada posição do objeto facilita o reconhecimento da situação proposta pelo enunciado de uma questão e o seu desenvolvimento analítico matemático.

Voltemos ao nosso exemplo da lente de aumento (lupa). Admitamos que o objeto tenha 4 cm de altura, que a distância focal da lente seja de 40 cm e que a distância entre o objeto e ela seja de 30 cm (f = 40 cm; p = 30 cm).

$$p^{-1} + p'^{-1} = f^{-1}$$

Resolvendo a equação, obteremos:

$$p' = -120 \text{ cm (imagem virtual)}$$

$$i/o = - p'/p$$

$$i/4 = - (-120)/30$$

$$i = 16 \text{ cm (imagem direita e maior do que o objeto)}$$

Nas lentes esféricas, o eixo horizontal é orientado no sentido contrário da luz incidente, tal como nos espelhos esféricos. A diferença é que, nos espelhos, a luz volta, e, no caso das lentes, ela atravessa o sistema óptico (a lente).

Nos espelhos esféricos, objeto ou imagem que ficarem "na frente" do espelho são *reais* e têm abscissas (p ou p') positivas; imagens (ou mesmo objetos) que estiverem "atrás" do espelho, serão *virtuais* e, assim, terão abscissas negativas.

No caso das lentes, isso é um pouco mais complexo: objetos que estiverem na frente da lente, terão abscissas positivas, mas as imagens que se conjugarem desse mesmo lado terão abscissas negativas (na frente da lente, ***p>0*** e ***p'<0***). As imagens que se formarem "depois" da lente serão *reais*, e terão abscissas positivas (***p'>0***), mas, se lá estiver um objeto virtual, ele terá abscissa negativa (***p<0***). É como se nas lentes houvesse dois sistemas de referência, um para o objeto e outro para a imagem. Para o objeto, a abscissa é positiva na frente da lente (o lado em que a luz chega à lente) e negativa atrás da lente (o lado para o qual a luz passa após atravessá-la). Para a imagem, é o contrário: imagens reais e de abscissa positiva ficam depois da lente; imagens virtuais de abscissas negativas ficam antes da lente.

Suponhamos que o enunciado de uma questão afirme que é de 2,5 cm a distância entre o objeto e sua respectiva imagem conjugada por uma lente esférica cuja distância focal se pede calcular. E, ainda, que o enunciado afirme tratar-se de uma imagem virtual de tamanho igual a três quartos do tamanho do respectivo objeto. O aluno familiarizado com as construções gráficas deverá reconhecer, pelas características da imagem (virtual e menor do que o objeto), que a questão refere-se a uma lente divergente. As lentes convergentes conjugam imagens virtuais, mas, quando o fazem, elas são maiores do que os objetos.

Faremos, então, um esquema fora de escala, pois não conhecemos as posições exatas do objeto e da imagem, tampouco sabemos o valor da distância focal. Mas o esquema é importante para a interpretação matemática do enunciado.

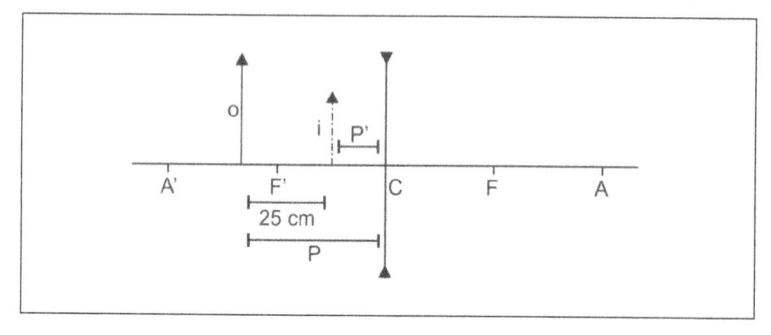

Da visualização da figura ao lado depende a boa formulação algébrica da questão. A princípio, tendemos a postular que p - p' = 2,5. No entanto, no referencial de Gauss, sendo virtual a imagem, p'<0. Então, para de fato subtrairmos os valores absolutos das distâncias, devemos escrever: **p + p' = 2,5 cm** (I).

Figura 126

O *enunciado* afirma também que **i = 3o/4**. Aqui também a visualização do esquema tem um papel: sendo virtual, a imagem é direita em relação ao objeto; fosse ela real, seria invertida, e teríamos que colocar um sinal negativo na expressão acima.

Passemos, então, às equações.

$$i/o = - p'/p$$

$$3o/4o = - p'/p$$

$$p = - 4p'/3 \text{ (II)}$$

Substituindo (II) em (I):

$$- 4p'/3 + p' = 2,5$$

Portanto:

$$p' = - 7,5 \text{ cm e } p = 10 \text{ cm}$$

$$p^{-1} + p'^{-1} = f^{-1}$$

$$(1/10) + (1/-7,5) = 1/f$$

$$f = - 30 \text{ cm}$$

Os estudos da reflexão e da refração da luz têm muitos desdobramentos. A refração explica por que a imagem de um objeto no interior de um recipiente com água parece mais próxima do olho de um observador externo que o olha na direção perpendicular à superfície de separação dos dois meios.

Nas lentes, nas lâminas de faces paralelas e nos prismas, é importante que o aluno perceba que se trata de uma dupla refração.

Tomemos o exemplo de um raio de luz monocromática que se propaga no ar (n_{ar} = 1,0) e penetra num prisma de vidro (n_v = 1,5). O ângulo de abertura (A) do prisma é de 50°. Na primeira refração, tomemos um ângulo de incidência de 30° (sen 30° = 0,50).

Aplicando a lei de Snell à primeira refração, teremos:

$$\text{sen } i / \text{sen } r = n_v / n_{ar}$$

$$\text{sen } 30° / \text{sen } r = 1,5 / 1,0$$

$$0,50 / \text{sen } r = 1,5$$

$$\text{sen } r = 0,33...$$

$$r = 19° \text{ (valor aproximado)}$$

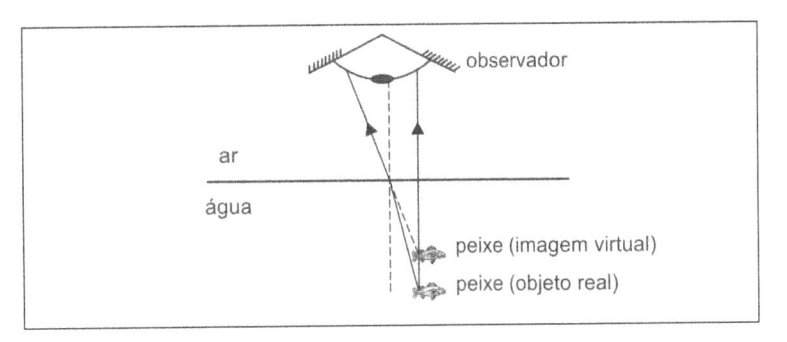

Figura 127

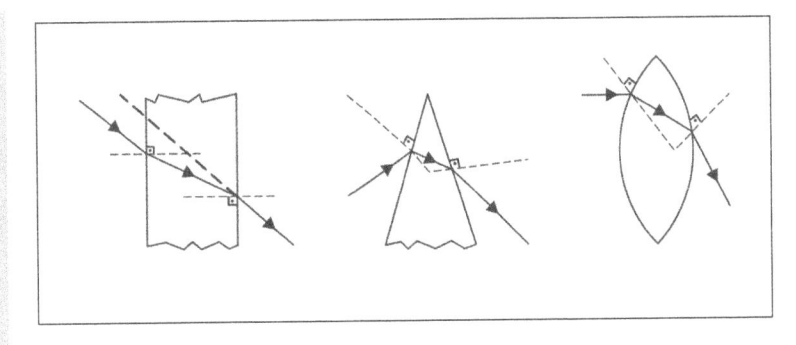

Figura 128

Os triângulos formados pelo raio de luz no interior do prisma e pelas retas *normais* ao ângulo A nos permitem demonstrar que:

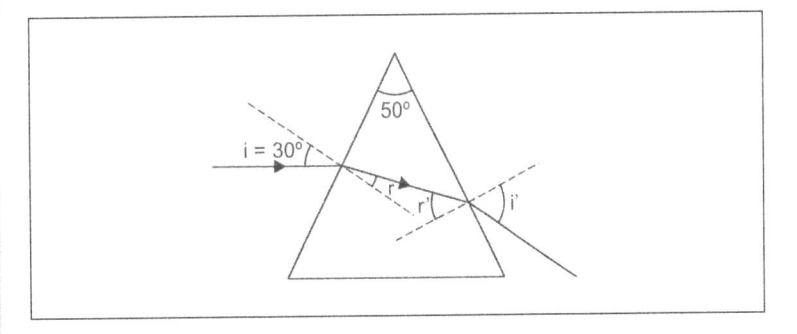

$$A = r + r'$$

$$50° = 19° + r'$$

$$r' = 31° \text{ (sen } 31° = 0,51, \text{ aproximadamente)}$$

Figura 129

Para a segunda refração, o ângulo r' é o ângulo de incidência.[11]

$$\text{sen } r' / \text{sen } i' = n_{ar} / n_v$$

$$0,51 / \text{sen } i' = 1,0 / 1,5$$

$$\text{sen } i' = 0,76$$

$$i' = 49° \text{ (valor aproximado)}$$

---

11. Se o ângulo r' for maior do que o ângulo limite, ocorrerá *reflexão total*. Nesse caso, sen L = 1,0/1,5 = 0,67 > sen 31°. Logo, o raio será refratado para o ar.

O triângulo formado pelos raios de luz nos permite ainda demonstrar que o *desvio* do raio de luz (ângulo δ formado entre o raio incidente na primeira face do prisma e o raio emergente pela segunda face) é dado por:

$$\delta = i + i' - A$$

$$\delta = 30° + 49° - 50° = 29°$$

O prisma de vidro desvia a luz monocromática segundo o índice de refração relativo entre o material que o compõe e o meio envolvente. Nesse caso, adotemos $n_{2,1} = 1,5$. Esse valor depende da frequência da radiação incidente. Em outras palavras, para a luz visível, cada cor terá um desvio diferente, ou seja, para cada cor haverá um índice de refração. Foi observando esse fenômeno que Isaac Newton formulou, no século XVII, uma teoria das cores.

Isaac Newton e a teoria das cores

A luz do Sol, chamada de *luz branca*, é composta de várias radiações eletromagnéticas cujas frequências são diferentes. Em outras palavras, a luz branca é composta de várias cores: vermelho, alaranjado, amarelo, verde, azul, anil e violeta. Com o auxílio de um disco dividido em sete setores (cada um deles pintado com uma das sete cores do arco-íris), podemos comprovar que a luz branca resulta da mistura das outras cores. Basta girar o disco rapidamente e ele se mostrará como se fosse branco.

Assim como o disco, ao girar, mistura as cores, é possível separá-las também. A decomposição da luz branca nas cores do espectro visível foi observada por Isaac Newton. Alguns filósofos acreditavam que a luz branca era pura e que as cores resultavam de impurezas adquiridas pela luz ao entrar em contato com os corpos. Mas Newton observou que, em vez de pura, a luz branca era o resultado de uma mistura de cores.

Chamamos de luz toda forma de radiação eletromagnética à qual o olho humano é sensível e, embora o espectro visível cubra uma extensão de cores que varia continuamente desde o vermelho ao violeta, há geralmente uma divisão em sete cores (o espectro visível) com os seguintes intervalos, aproximados, de comprimentos de onda:

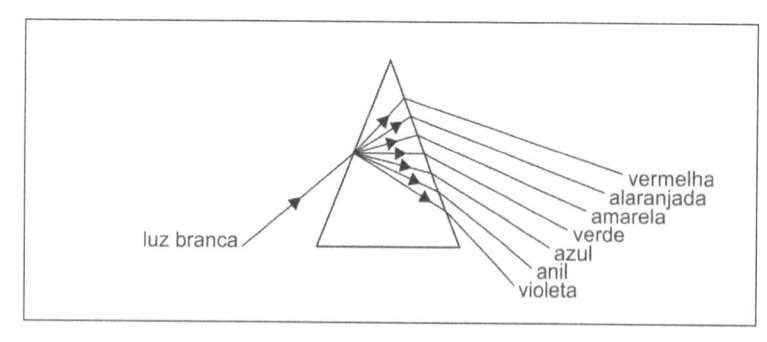

Figura 130

Vermelho	740-620 nm	Alaranjado	620-585 nm
Amarelo	585-575 nm	Verde	575-500 nm
Azul	500-445 nm	Anil	445-425 nm
Violeta	425-390 nm		

Uma mistura de todas essas cores, nas proporções encontradas na luz do dia, resulta em luz branca; produzem-se outras cores pela variação das proporções ou pela omissão de componentes. Os objetos coloridos absorvem alguns componentes da luz branca e refletem os restantes. Por exemplo, um livro azul, observado à luz branca, absorve todos os seus componentes, exceto o azul que reflete.

Em fevereiro de 1672, Isaac Newton publicou o seu primeiro trabalho, que era sobre óptica e continha sua *nova teoria sobre luz e cores*. Escreveu Newton:

> No começo do ano de 1666 (época em que me dedicava ao polimento de vidros ópticos de outras formas além da esférica), obtive um prisma de vidro triangular para tentar observar com ele o célebre fenômeno das cores (...). Tendo escurecido meu quarto e feito um pequeno orifício na folha da janela a fim de deixar entrar uma quantidade conveniente de luz solar, coloquei o meu prisma no orifício de modo que a luz pudesse ser refratada, por esse processo, para a parede oposta.

A descoberta da decomposição da luz branca nas cores espectrais ocorreu durante os *anni mirabilis*[12] (de 1664 a 1666), período em que se refugiou da peste na fazenda de Woolsthorpe, local onde vivera sua infância. Foi lá também que Newton concebeu suas principais ideias sobre a gravitação universal.

Aprimorando seu experimento com o prisma, Newton levou-o a uma forma rigorosamente capaz de refutar a "teoria da modificação", segundo a qual a luz branca era pura e, ao atravessar o prisma, se tornava multicolorida em razão das impurezas encontradas no prisma. Para refutar tal ideia, Newton colocou um segundo prisma capaz de reunir as várias cores que nele incidiam, recompondo a luz branca e não a deixando "mais suja", como previa a teoria da modificação.

A teoria das cores de Newton ofereceu imenso material para a imaginação dos poetas ingleses, os quais celebravam as descobertas de seu maior cientista. Já os mentores do movimento literário romântico da Alemanha do século XIX não tinham a teoria de Newton em tão alta opinião. O procedimento científico de dissecação e análise dos fenômenos naturais por meio de experiências parecia-lhes detestável. Goethe, poeta e filósofo alemão, despendeu anos tentando derrubar a teoria das cores de Newton, insistindo, apaixonadamente, na pureza da luz em seu estado natural. Mas a força do método experimental foi maior, e a teoria de Newton permaneceu firmemente estabelecida.

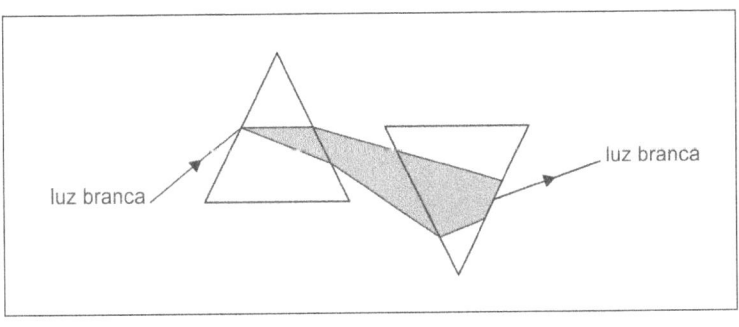

Figura 131

Várias descobertas do século XVII aceleraram o desenvolvimento da óptica. Newton conheceu e estudou os trabalhos de Descartes, Boyle, Hooke e provavelmente teve acesso às importantes contribuições de Kepler para a óptica.

---

12. Expressão do latim que significa "anos milagrosos", assim chamados por terem sido os anos mais férteis da criação científica de Newton.

A óptica foi uma das maiores paixões de Newton, e sobre esse assunto é o seu primeiro artigo e também o seu último livro, o *Óptica*. Essa obra foi traduzida para o português pelo professor André Koch T. Assis e é uma importante contribuição para os estudos newtonianos no Brasil. A tradução foi publicada pela editora da Universidade de São Paulo e, na apresentação, o professor André Assis comenta:

> Newton (...) dedicou-se aos trabalhos de Descartes a partir de 1664, usando as traduções para o latim que haviam aparecido 20 anos antes. Certamente as idéias de Newton em matemática, mecânica e óptica, assim como suas principais fontes de inspiração e de orientação sobre o que pesquisar, foram em boa parte oriundas dos trabalhos de Descartes. Embora no futuro ele viesse a se opor a muitas das idéias de Descartes em física, seus livros e idéias foram o ponto de partida de boa parte do que Newton realizou em seguida. A partir de 1664, Newton passa a acompanhar toda a literatura contemporânea que ia sendo publicada, e a ser por ela influenciado, além de se corresponder com muitos cientistas (...). A partir de então ele é fruto tanto de seu meio quanto de sua própria originalidade e genialidade. (Newton 2000)

8 Física moderna

A constante de Planck

O final do século XIX é marcado pelo sentimento de que a física havia já desvendado todos os mistérios da natureza. A consolidada mecânica de Newton, os avanços do eletromagnetismo e as novas conquistas nos estudos dos gases pareciam dar conta de explicar todos os fenômenos que nos rodeiam.

O princípio da conservação da energia uniu a mecânica e o estudo do calor, e as equações de Maxwell fizeram a síntese entre o eletromagnetismo e a óptica. Jovens estudantes eram desencorajados de seguir a carreira de físico, pois iriam, segundo o que se dizia, apenas "polir os corrimões do castelo construído nos séculos anteriores": aprimorar uma medida aqui ou um experimento sem tanta importância acolá.

Lord Kelvin, professor de Maxwell, embora otimista como a maioria dos cientistas do final do século XIX, lembrou que havia ainda alguns pequenos resultados experimentais que precisavam ser explicados. Ele se referia, por exemplo, ao fracasso nas tentativas dos cientistas Michelson e Morley de medir a velocidade da Terra no éter. No entanto, acreditava-se que essa e outras pendências da física da época (a distribuição da radiação do corpo negro, o efeito fotoelétrico e a ausência de algumas frequências no espectro da luz solar) seriam resolvidas naturalmente com o passar do tempo. Não se imaginava, porém, que essa aparente estabilidade seria em breve abalada e que novas revoluções apontariam no horizonte.

O marco inicial da revolução pela qual a física passaria no início do século XX foi a constante de Planck: anunciada no ano de 1900 e despretenciosa a princípio, logo se revelaria o elo de transição entre a física clássica e a física moderna. Vejamos brevemente do que se trata.

Os corpos que facilmente absorvem calor são aqueles que também emitem rapidamente o calor absorvido. Se colocarmos dentro de um forno duas massas idênticas, uma de madeira e outra de ferro, esta última se aquecerá mais rapidamente. Retiradas do forno, a porção de ferro irá esfriar antes também, já que esse metal é melhor condutor de calor do que a madeira.

Em física, o absorvente de calor ideal (logo, o emissor ideal também) é chamado de "corpo negro". Um pedaço de carvão é um bom exemplo, mas considera-se uma cavidade escura, dentro da qual a energia entra e a partir da qual a radiação é também emitida, como um *corpo negro ideal*.

No século XIX, já se sabia que a radiação emitida pelo corpo negro ideal estava relacionada com sua temperatura. No entanto, algo relacionado com a emissão de calor intrigava os físicos no crepúsculo daquele século: por que um pedaço de ferro vai ficando vermelho à medida que sua temperatura se eleva?

A distribuição da radiação do corpo negro fazia relacionar a temperatura do corpo com a frequência da radiação: a frequência é proporcional à quarta potência de sua temperatura. Assim, quanto maior a temperatura, mais alta a frequência da radiação emitida.

Ao aproximarmos as mãos de uma barra de ferro bem quente, podemos sentir o calor que ela emite. Percebemos que a barra está quente porque dela emana uma radiação eletromagnética imperceptível aos nossos olhos, chamada de infravermelho. Aumentando-se a temperatura dessa porção de ferro, ela se torna enrubescida, avermelhada; ou seja, dela emana uma onda eletromagnética de frequência visível (vermelha), mais alta que a frequência do infravermelho.

De acordo com a física clássica, radiações como ultravioleta, raios X e outras deveriam emanar também do corpo à medida que sua temperatura se elevasse. Na prática, no entanto, isso não era observado, e os padrões clássicos não ofereciam uma explicação satisfatória para a ausência dessas frequências de radiação mais elevadas; se elas surgissem, a emissão radioativa levaria o corpo ao que os físicos chamavam de *catástrofe do ultravioleta*.

Para ajustar as discrepâncias entre a teoria clássica e a prática, Max Planck (1858-1947) postulou que a energia emitida por um corpo negro é proporcional à sua frequência. Em outubro de 1900, ajustando por tentativa e erro os dados experimentais com a teoria, Planck propõe que essa proporcionalidade tem uma constante (h):

$$h = 6{,}626 \cdot 10^{-34} \text{ kg} \cdot \text{m}^2 \cdot \text{s}^{-1}$$

E = h . f, onde "h" é a constante de Planck e "f" a frequência da radiação emitida. As implicações dessa equação foram enormes e surpreenderam o próprio Planck. De acordo com suas observações, a energia só pode ser irradiada ou absorvida em quantidades que sejam múltiplas de $h \cdot f$:

$$1 \cdot h \cdot f;\ 2 \cdot h \cdot f;\ 3 \cdot h \cdot f,$$

e assim por diante, de modo que:

$$E = n \cdot h \cdot f,$$

sendo

$$n = 1, 2, 3, \ldots$$

Isso significa que a energia só é transportada em *quantidades* definidas, ou seja, em "pacotes". Esse modelo violava a física clássica, segundo a qual a energia é emitida ou absorvida de forma *contínua* e não *quantizada* (em múltiplos de um determinado valor).

Podemos fazer uma analogia: nos dias de hoje, os habitantes das grandes cidades compram, nos supermercados e nas padarias, leite em pacotes de um litro. Salvo exceções (pessoas que compram diretamente de pequenos produtores), os que moram nas metrópoles não têm acesso ao leite a não ser em embalagens de um litro. Para esses cidadãos, o leite só é adquirido nessa forma "quantizada": os consumidores compram leite em quantidades que são múltiplos de um litro (uma pessoa não pode, por exemplo, comprar 1,35 litros de leite, pois tal quantidade não existe disponível em supermercados).

Da mesma forma, a energia só é disponível na natureza em quantidades específicas, múltiplas de $h \cdot f$. Um $h \cdot f$ é a menor porção de energia para certa frequência, assim como um litro de leite é a menor porção dessa bebida encontrada no supermercado. Embora saibamos que o leite existe na forma contínua, que podemos obter qualquer porção que queiramos por meio da ordenha, o supermercado só "emite" leite em múltiplos de um litro; analogamente, a energia só é emitida em quantidades definidas e múltiplas de $h \cdot f$.

A única maneira de explicar as discrepâncias entre a observação experimental da radiação de um corpo negro e a teoria clássica era negar que a emissão da energia se dá numa distribuição contínua e considerar essa energia como variável discreta, ou descontínua. Era preciso subverter a física clássica.

O *princípio de equipartição de energia* foi anunciado por Planck em 14 de dezembro de 1900: qualquer ente físico com grau de liberdade cuja coordenada executa oscilações harmônicas simples pode possuir apenas energias totais que satisfaçam à relação

$$E = n \cdot h \cdot f$$

sendo **n** um número inteiro.

Os fenômenos que observamos à nossa volta parecem dizer que a energia tem fluxo contínuo, e não discreto. Por exemplo, quando observamos um pêndulo simples oscilando, vemos sua energia cinética oscilar de zero até um valor máximo de maneira contínua; não observamos saltos bruscos, quantizados, no movimento do pêndulo. No entanto, Planck afirma que *qualquer* ente físico emite energia de forma quantizada. Por que não observamos sempre tal quantização?

A própria equação de Planck responde a essa questão. Tomemos como exemplo um pêndulo de massa 10 g preso a um fio leve de 10 cm de comprimento e oscilando com pequena amplitude. A energia do pêndulo, segundo Planck, varia discretamente em quantidades definidas de energia.

Calculemos o valor dessas quantidades.

A frequência de oscilação do pêndulo é dada por:

$$f^{-1} = 2 \cdot \pi \cdot (l/g)^{1/2}$$

Sendo:

$$\pi = 3, L = 10 \text{ cm e } g = 10 \text{ m/s}^2$$

Temos:

$$f = 0,6 \text{ Hz}$$
$$E = h \cdot f$$

Assim:

$$E = 6,62 \cdot 10^{-34} \cdot 0,6$$

Portanto:

$$E = 4,0 \cdot 10^{-34} \text{ J}$$

Como se nota, é uma quantidade de energia tão pequena que nossa percepção não consegue distingui-la. Aquilo que é emitido em quantidades discretas, julgamos ser uma variação contínua.

No cinema, fotografias imóveis são projetadas tão rapidamente que temos a impressão de um movimento contínuo; no caso do pêndulo, as emissões de energia discretas são tão pequenas e próximas que também julgamos ver uma emissão contínua.

Por não acreditar nas implicações de sua fórmula, Planck lutou durante os dez anos seguintes para torná-la compatível com a física clássica; mas sua ideia da equipartição de energia seguiu seu próprio caminho e foi importante para Einstein explicar o efeito fotoelétrico e para Bohr elaborar um novo modelo do átomo. A constante de Planck viria a desencadear uma revolução na física na qual ele próprio custava a crer. Era o início da mecânica quântica.

O efeito fotoelétrico

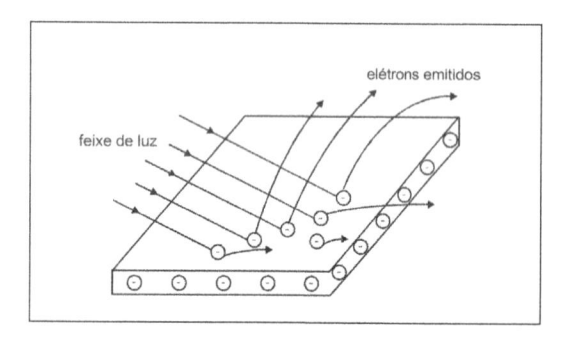

Ao incidir numa placa metálica, um feixe de luz de alta frequência faz com que dessa placa "saltem" elétrons. A emissão de elétrons de um metal por ação da luz é um fenômeno conhecido como *efeito fotoelétrico*, o qual não tinha uma explicação convincente no final do século XIX. Esse era um dos pontos que incomodavam os cientistas da época.

Einstein interpretou quanticamente o fenômeno, imaginando a luz composta por "pacotes" de energia quantizados, hoje chamados *fótons*. A energia cinética dos elétrons, ao saltarem das placas, é dada pela diferença entre a energia da radiação incidente e a função

Figura 132

trabalho (W). Função trabalho (W) é a energia necessária para fazer o elétron saltar da placa.

$$\text{ENERGIA}_{\text{cinética do elétron ao sair da placa}} = \text{ENERGIA}_{\text{incidente}} - W$$

A energia incidente, segundo a fórmula de Planck, é proporcional à frequência: $E = h \cdot f$. Sendo relativamente alta a frequência da radiação ultravioleta, a energia incidente supera o valor da função trabalho e, assim, destaca os elétrons da placa metálica. Frequências mais baixas, como a do infravermelho, não transportam energia suficiente para isso.

Einstein explicou o efeito fotoelétrico em 1905, seu "ano miraculoso"; suas deduções foram verificadas – em 1916 – pelo físico norte-americano Robert Millikan, o que deu a Einstein o prêmio Nobel de Física de 1921.

A concepção de luz na forma de pacotes de energia recolocou um antigo problema: Isaac Newton concebia a luz como partículas, pequenas "bolinhas", ou seja, como matéria. Por volta de 1804, Thomas Young havia provado que a natureza da luz era ondulatória e não corpuscular, como pensava Newton. Einstein reacendeu a discussão propondo que a luz, no caso do efeito fotoelétrico, se comportava como corpúsculos de energia capazes de arrancar da placa os elétrons, mas manteve as outras características ondulatórias da luz. A luz possui, segundo ele, um comportamento *dual*, de onda e de partícula, o que tornava menos nítida a fronteira entre energia e matéria.

A aplicação do efeito fotoelétrico hoje em dia é enorme: podemos citar a ativação do sistema de iluminação pública ao anoitecer e todo dispositivo eletrônico que é controlado ou acionado pela luz. As células solares e fotovoltaicas que geram potência para calculadoras, relógios, residências, satélites em órbitas e protótipos de veículos são também aplicações do efeito fotoelétrico.

Por ocasião dos 100 anos das importantes publicações de Einstein, o ano de 2005 foi considerado o Ano Internacional da Física. Vestibulares de todo o país apresentaram naquele ano questões referentes às tais publicações em seus exames vestibulares. Reproduziremos abaixo a questão número 10 do vestibular da Universidade Estadual de Campinas:

O efeito fotoelétrico, cuja descrição por Albert Einstein está completando 100 anos em 2005, consiste na emissão de elétrons por um metal no qual incide um feixe de luz. No processo, "pacotes" bem definidos de energia luminosa, chamados fótons, são absorvidos um a um pelos elétrons do metal. O valor da energia de cada fóton é dado por $E_{\text{fóton}} = h \cdot f$, onde $h = 4,0 \cdot 10^{-15}$ eV $\cdot$ s é chamada constante de Planck e f é a frequência da luz incidente. Um elétron só é emitido do interior do metal se a energia do fóton absorvida for maior que uma energia mínima. Para os elétrons mais fracamente ligados ao metal, essa energia mínima é chamada de função trabalho W e varia de metal para metal (ver tabela a seguir). Considere c = 300.000 km/s.

metal	W (eV)
césio	2,1
potássio	2,3
sódio	2,8

a) Calcule a energia do fóton (em eV), quando o comprimento de onda da luz incidente for $5 \cdot 10^{-7}$ m.
b) A luz de $5 \cdot 10^{-7}$ m é capaz de arrancar elétrons de quais dos metais apresentados na tabela?
c) Qual será a energia cinética de elétrons emitidos pelo potássio, se o comprimento de onda da luz incidente for $3 \cdot 10^{-7}$ m? Considere os elétrons mais fracamente ligados do potássio e que a diferença entre a energia do fóton absorvido e a função trabalho W é inteiramente convertida em energia cinética.

Vejamos uma possível solução para a questão.

Com a equação fundamental da ondulatória ($v = \lambda \cdot f$), onde "λ" representa o comprimento de onda, podemos calcular a frequência no item "a" da questão, pois "v" também é dado (300.000 km/s = $3 \cdot 10^8$ m/s):

$$a)\ V = \lambda \cdot f \quad \ldots \quad 3 \cdot 10^8 = 5 \cdot 10^{-7} \cdot f \quad \ldots \quad f = 6 \cdot 10^{14}\ \text{Hz}$$

Utilizando a equação de Planck, $E = h \cdot f$, temos a energia do fóton:

$$E = h \cdot f \quad \ldots \quad E = 4 \cdot 10^{-15} \cdot 6 \cdot 10^{14} \quad E = 2,4\ \text{eV}$$

Repare que a unidade de medida de energia é elétron-volt (1 eV = $1,6 \cdot 10^{-19}$ J), pois a constante de Planck no enunciado foi expressa em eV · s.

b) Analisando a tabela fornecida, percebemos que o valor da energia calculado no item anterior é maior do que a função trabalho (energia necessária para "arrancar" elétrons do metal) do *césio* e do *potássio*.

c) Inicialmente, repetiremos o procedimento do item "a" para calcularmos a energia do fóton quando $\lambda = 3 \cdot 10^{-7}$ m.

$$V = \lambda \cdot f \quad \ldots \quad 3 \cdot 10^8 = 3 \cdot 10^{-7} \cdot f \quad \ldots \quad f = 1 \cdot 10^{15}\ \text{Hz}$$

$$E = h \cdot f \quad \ldots \quad E = 4 \cdot 10^{-15} \cdot 1 \cdot 10^{15} \quad E = 4,0\ \text{eV}$$

A função trabalho (W) é fornecida na tabela. Para o potássio, **W = 2,3 eV**. Utilizando agora a equação de Einstein para o efeito fotoelétrico (que, de certa forma, o enunciado da questão também fornece), temos:

$$\text{ENERGIA}_{\text{cinética ao sair da placa}} = \text{ENERGIA}_{\text{incidente}} - W$$

$$\text{ENERGIA}_{\text{cinética ao sair da placa}} = 4,0 - 2,3 = 1,7\ \text{eV}$$

A física em crise

Duas teorias coabitavam a física do século XIX: a mecânica, ciência dos objetos ditos materiais, e o eletromagnetismo, ciência da luz. Apesar do otimismo dos cientistas em relação às conquistas daquele século, foi ficando evidente que essas duas teorias se contradiziam em muitos pontos. A física de então era como um edifício de dois blocos – a imagem é do próprio Einstein –, tendo um (o do eletromagnetismo) sido acrescentado ao outro (o da mecânica), provocando graves fissuras na estrutura do edifício.

A mecânica construída por Galileu (1564-1642) e Newton (1642-1727) propõe-se a descrever o movimento dos corpos, seja de um grão de pó dançando numa nuvem de fumaça, seja de um planeta em revolução ao redor do Sol. Ela se baseia no *princípio da relatividade* (enunciado pela primeira vez por Galileu, não por Einstein) e nas três leis da dinâmica de Newton.

O princípio da relatividade de Galileu afirma que não há repouso absoluto: quando nos encontramos fechados no interior de um trem em movimento retilíneo e uniforme, tudo se passa para nós como se o trem estivesse em repouso; a ausência da sensação de movimento não é prova de que estamos parados. Dentro desse trem, estamos imóveis em relação às paredes do vagão, mas em movimento em relação à Terra; a própria Terra move-se ao redor do Sol que, por sua vez, movimenta-se em relação a outros referenciais.

Se nos movimentamos pelos corredores do trem e no mesmo sentido do seu próprio movimento, nossa velocidade em *relação à Terra* aumenta, mas diminui quando andamos no sentido contrário. O repouso e o movimento são relativos ao referencial adotado, e esse é o princípio da relatividade de Galileu.

A mecânica de Newton e Galileu edificou a ciência moderna. O outro bloco do edifício da física no final do século XIX é o do eletromagnetismo, teoria elaborada durante os anos 1850 pelo físico britânico James Clerk Maxwell. O desenvolvimento do eletromagnetismo, cujas arestas eram em alguns pontos conflitantes com as da mecânica, criou uma fissura nas bases do sólido edifício da física.

A teoria de Maxwell descreve matematicamente a luz como uma onda que se propaga num meio (como se propagam, na superfície de um lago, as perturbações provocadas por uma pedra lançada na água). Para os cientistas do final do século XIX, o meio no qual a luz se propagava era o *éter* luminoso. Maxwell imaginava o mundo repleto pelo éter, um meio incolor, sem peso, desprovido de todas as propriedades físicas e caracterizado apenas pela *imobilidade absoluta*, em flagrante contradição com o princípio da relatividade de Galileu.

Além disso, os experimentos com as ondas eletromagnéticas levavam a crer que *a luz se movimenta com a mesma velocidade para todo referencial*. A convicção da existência do éter no final do século XIX era tal que as experiências para determinar o movimento da Terra em relação a ele se multiplicavam. Michelson (em 1881) e Michelson e Morley (em 1887) deveriam verificar uma suposta diferença de velocidade da luz em dois braços perpendiculares de um interferômetro, um deles colocado paralelamente à velocidade da Terra em relação ao éter. A diferença provaria a existência de um meio em repouso absoluto (o éter) em relação ao qual a

Terra se movimentava. Embora um tanto complexa, a ideia básica do experimento de Michelson e Morley era verificar como se modificaria a velocidade das ondas de luz de acordo com o referencial adotado. No entanto, a velocidade da luz em relação à Terra parecia ser a mesma, não importando em que direção o feixe de luz fosse lançado. Então havia duas hipóteses: ou o éter não existia e a velocidade da luz seria absoluta – isto é, a mesma não importando o observador –, ou os experimentos não deram resultados precisos.

Alguns cientistas, como Hendrick Lorentz, físico holandês que recebeu o prêmio Nobel em 1902 por seus trabalhos com o eletromagnetismo (e a quem Einstein muito admirava), continuaram a pesquisar acreditando na existência do éter, mas Einstein foi radical supondo que o éter não existia e considerando que não houve erro nas medições de Michelson e Morley: a velocidade da luz é a mesma para qualquer referencial adotado. O problema, então, era que essa hipótese contrariava os princípios básicos da mecânica de Galileu. A solução de Einstein, como veremos, foi mexer nos conceitos de tempo e de espaço para conciliar a mecânica com o eletromagnetismo.

Havia ainda outra dificuldade que agravava a fissura nos alicerces da física: Maxwell havia descrito a luz como algo verdadeiramente contínuo; a matéria, no entanto, é constituída de átomos, cujos movimentos eram descritos pela mecânica, mas essa descrição implicava uma *descontinuidade* da matéria, pois deveria haver espaços vazios entre os átomos. Ora, se a luz nasce da matéria, seja quando uma substância é aquecida (como o óleo nos antigos lampiões ou o filamento de uma lâmpada), seja quando um gás é "excitado" por uma descarga elétrica (como numa lâmpada fluorescente), como imaginar então que a matéria descontínua possa transformar-se em luz contínua?

As propostas de Einstein

No início da primavera[1] de 1905, Einstein (*apud* Balibar 1993a, p. 39) enviou uma carta a seu amigo Konrad Habicht, na qual escreveu:

> Prometo a você quatro trabalhos (...). O primeiro trata da radiação e das propriedades energéticas da luz de uma maneira totalmente revolucionária (...). Meu segundo trabalho é uma determinação do verdadeiro tamanho dos átomos. (...) No terceiro, demonstro que o movimento browniano é provocado pela agitação térmica. (...) O quarto ainda está sendo esboçado; trata-se de uma eletrodinâmica dos corpos em movimento que repousa sobre modificações da teoria do espaço e do tempo.

Como veremos a seguir, Einstein cumpriu as promessas que fez ao amigo.

---

1. A primavera aqui se refere ao período dessa estação no hemisfério norte, que começa no mês de março.

Robert Brown, botânico especialista em microscopia, observou pela primeira vez em 1827 que partículas do interior dos grãos de pólen pareciam mover-se aleatoriamente na água. Esse movimento ficou conhecido como *movimento browniano*. Einstein sugeriu que o movimento de um lado para o outro era causado pelos choques da partícula com as moléculas do meio (água) em que ela se encontrava. A matemática básica do movimento browniano foi deduzida por Einstein em 1905 e seu desenvolvimento mostrou-se útil posteriormente para analisar o mercado de ações, para prever o comportamento de substâncias que se difundem em fluidos e para projetar as "catracas brownianas" – com aplicações na separação de vírus por tamanho e de grandes fragmentos de DNA.

Aquele ano foi realmente milagroso para Einstein: durante seis meses, ele conseguiu desembaraçar o novelo de contradições em que a física havia se transformado. O Ano Internacional da Física, comemorado em 2005, deveu-se ao centenário das publicações no *Annalen der Physik* de três artigos de Einstein, dentre os quais se encontra a Teoria da Relatividade Especial (ou Restrita), divulgada em junho de 1905.

O *Annalen* era o principal periódico de física da Alemanha e teve o mérito de apostar na publicação de artigos escritos por alguém até então desconhecido: um obscuro funcionário público do departamento de patentes da Suíça que se mostrava preocupado com as aparentes inconsistências da física e que acompanhava com atenção as publicações sobre a luz e sobre as teorias do elétron (recém-descoberto por J.J. Thompson).

Em 17 de março, o *Annalen der Physik* publicou o artigo no qual Einstein demonstra que a oposição entre contínuo e descontínuo (luz e matéria) não existe, pois a luz também é constituída de "grãos" de energia. Einstein percebeu que a produção da luz pelo aquecimento da matéria é compreensível apenas supondo que a energia da luz é composta por "partículas de energia" (hoje denominadas *fótons*); sua ideia foi estudar a transformação da matéria em luz, utilizando métodos estatísticos, mas conservando sua característica de onda contínua da teoria de Maxwell.

A ideia do *comportamento dual da luz* (como "partículas" quantizadas de energia e como onda) marcou o início da física quântica e forneceu uma explicação para o efeito fotoelétrico. A radiação luminosa escapava daquela dicotomia *contínuo-descontínuo* à qual nos referimos há pouco: a teoria da luz estava compatível com a da matéria.

O *laser* e toda a sua aplicação na pesquisa científica, nos aparelhos de leitura de CDs e DVDs, na medicina e também na indústria bélica têm sua origem teórica nesse artigo de 1905 (que se desdobrou em outro artigo publicado em 1917 com o título "Sobre a teoria da luz do *quantum*"). Einstein não podia prever, no entanto, que a questão da natureza da luz e da realidade dos *quanta de luz* iria atormentá-lo durante toda a vida. Apesar de ter sido precursor da mecânica quântica, ele acreditou até sua morte (em 1955) que um modelo científico determinista viria a substituí-la.

A Teoria da Relatividade Restrita foi anunciada no artigo de junho de 1905; nela, Einstein considera supérflua a introdução do éter luminoso, resolvendo a outra contradição em que a física se encontrava: a imobilidade absoluta do éter contrariava o princípio da relatividade de Galileu, segundo o qual não há um referencial privilegiado em repouso absoluto.

Eliminando o éter, Einstein liberou a luz da necessidade de um meio para sua propagação; mas ele preservou como característica fundamental uma das conclusões da teoria de Maxwell: a luz se propaga a 300.000 km/s, seja qual for o movimento do observador. A luz é unicamente caracterizada, enuncia Einstein, pelo fato de que ela se propaga sempre com velocidade c para todos os observadores.

Michelson e Morley fracassaram ao tentar detectar o éter utilizando um aparelho chamado interferômetro. Einstein interpretou esses fracassos como experimentos bem-sucedidos, pois confirmavam a tese da constância da velocidade da luz. Ele não abriu mão da constância da velocidade da luz, mas, para tornar esse "estranho" comportamento da luz compatível com a mecânica, reformulou os conceitos de tempo e de espaço absolutos ao publicar a Teoria da Relatividade Restrita no artigo de junho de 1905.

A bem dizer, a Teoria da Relatividade de Einstein é uma teoria sobre *invariâncias*: ela busca na natureza aquilo que não varia em relação a qualquer ponto de vista do observador. Em outras palavras, as leis da física devem ser as mesmas para qualquer referencial adotado, uma vez que não existe um sistema de referência que possa ser considerado imóvel. A frase "tudo é relativo" não traduz a teoria de Einstein; ao contrário, a teoria busca leis imutáveis, absolutas para qualquer referencial, tal como é o valor da velocidade da luz.[2]

Em novembro, o *Annalen* publicaria ainda um segundo artigo sobre a relatividade restrita, um célebre "pós-escrito" no qual aparece a famosa equação: $E = m \cdot c^2$, sobre a qual trataremos mais adiante.

Eventos simultâneos

Para julgar se eventos são simultâneos ou não, é preciso levar em conta a posição do observador. Em geral, como a velocidade da luz é muito grande, tendemos a dizer que vemos os eventos simultaneamente às suas ocorrências.

Tomemos um exemplo usado pelo próprio Einstein para explicar o caráter relativo da simultaneidade. Imaginemos o vagão de um trem em cujo centro há uma fonte de luz, uma lâmpada comum, por exemplo. O vagão se move para a

---

2. Para além do círculo científico, a relatividade do tempo e do espaço chega ao senso comum às avessas: o popular "tudo é relativo" não condiz com o pensamento de Einstein. Ao contrário, o físico buscou na natureza leis que sejam as mesmas para qualquer referencial. Podemos dizer que a relatividade é uma teoria do *absoluto*, pois o valor da velocidade da luz é uma constante universal que independe do ponto de referência, ainda que, para isso, tempo e espaço sejam relativos. O "tudo é relativo", no entanto, acabou por se instalar em outras áreas do conhecimento e no senso comum como uma máxima dos que defendiam a ideia de que não existem certo e errado, bem e mal, modos de vida (individuais ou em sociedade) melhores ou piores etc. Embora interessante, pois contrário a preconceitos, embora nos induza a pensar que não existe uma única maneira de ver o mundo, há que se considerar que, quando levado ao extremo, o relativismo instaura uma espécie de niilismo, uma ausência de valores, ou um "vale-tudo".

direita com certa velocidade e em cada uma de suas extremidades encontra-se uma pessoa.

Chamemos de Paulo, a pessoa da direita, e de Pedro, a da esquerda. No centro do vagão, junto à fonte de luz, está uma terceira pessoa – que chamaremos de Ana.

Num dado instante, a lâmpada é acesa. Para Ana, que está dentro do trem, Paulo e Pedro receberão os raios de luz da lâmpada simultaneamente, já que a luz percorrerá iguais distâncias para chegar a um e a outro.

No entanto, as coisas serão diferentes se nosso referencial estiver do lado de fora do trem: pode ser uma quarta pessoa, chamada Maria, que está parada na plataforma, assistindo à passagem do trem.

Imaginemos que a lâmpada foi ligada no exato instante em que Ana passa por Maria. Para Maria, Paulo receberá o sinal *depois* do que Pedro. Isso porque Maria percebe que enquanto a luz vai ao encontro de Paulo, Paulo se desloca no mesmo sentido, o que, do ponto de vista de Maria, obrigará a luz a percorrer uma distância maior. Já Pedro irá ao encontro do raio de luz, encurtando a distância necessária para a luz percorrer até encontrá-lo.

A velocidade da luz é a mesma para Paulo, Pedro, Ana e Maria, ou para qualquer outro referencial adotado. Assim, como a distância percorrida pela luz até Pedro é menor do que a distância que ela percorre até Paulo, Maria verá *primeiro* Pedro ser iluminado, *depois* Paulo. Já para Ana, como as distâncias percorridas são iguais, ela verá Pedro e Paulo serem iluminados *simultaneamente*.

Resumindo, as iluminações de Pedro e Paulo são simultâneas para Ana (referencial dentro do trem), mas não o serão para Maria (referencial fixo na Terra). Como a velocidade do trem é muito pequena em relação à velocidade da luz, a diferença entre as duas observações é imperceptível. Mas precisaria ser levada em conta se o trem tivesse uma velocidade considerável em relação à velocidade da luz.

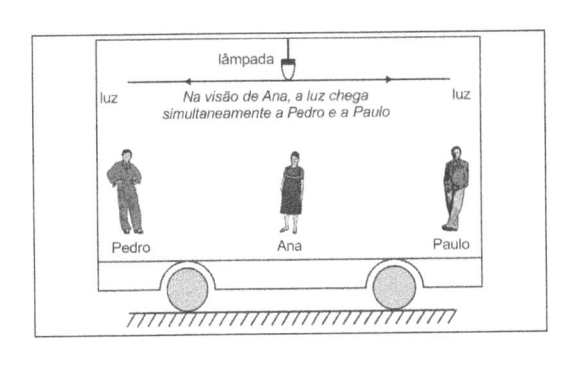

Figura 133. Pedro, Paulo e Ana dentro do trem. Do ponto de vista de Ana, quando a lâmpada é ligada, a luz chega simultaneamente aos homens posicionados nas extremidades do trem.

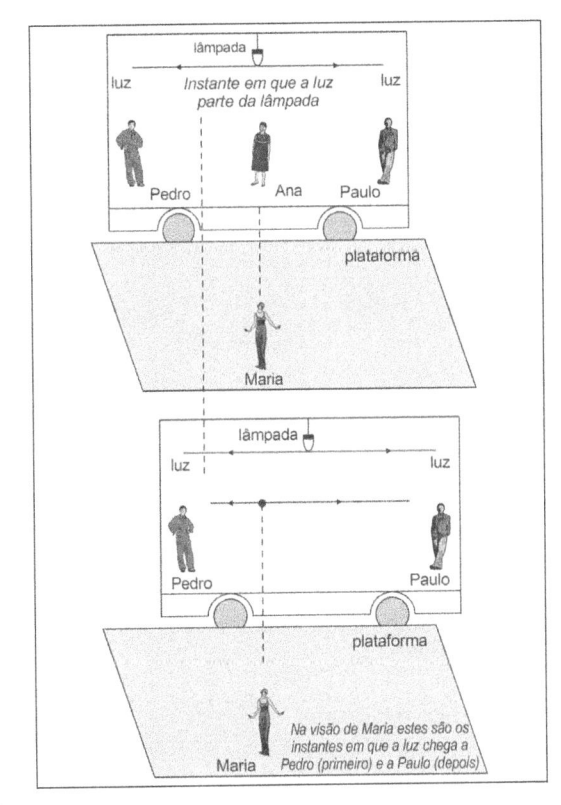

Figura 134. Enquanto o raio de luz vai para a esquerda, Pedro vai ao encontro dele; no entanto, enquanto o raio de luz vai para a direita, Paulo "foge" dele. Sendo assim, na perspectiva de Maria, o raio de luz percorre uma distância maior para chegar até Paulo do que para chegar até Pedro; portanto, a luz chega a Pedro *antes* que o outro raio de luz chegue a Paulo.

Este foi o ponto de partida de Einstein: se eventos simultâneos são relativos, isso significa que o próprio tempo não é absoluto, que o próprio tempo depende do referencial adotado. Einstein preserva o princípio segundo o qual a velocidade da luz é a mesma para qualquer referencial, mas relativiza o tempo. A velocidade da luz é absoluta, mas o tempo é relativo.

Não apenas o tempo deixa de ser absoluto, mas também o espaço e a massa: uma régua de 40 cm dentro do trem não terá 40 cm quando observada de fora; e, ainda, a massa de uma pessoa de 60 kg que passa dentro do trem terá outro valor para um observador parado (e vice-versa: para a pessoa que passa, a massa da pessoa parada é que terá outro valor).

A relatividade do tempo

Retomemos o nosso trem no qual Ana viajava observada por Maria, que estava parada na plataforma.

Adotemos o ponto de vista de Ana, que está dentro do trem, e imaginemos um relógio fictício colocado dentro do mesmo. O relógio funciona da seguinte maneira: um raio de luz se movimenta perpendicularmente ao chão do trem, refletindo-se em dois espelhos, um colocado na parte superior do relógio e outro na parte inferior, de modo que o *tique* e o *taque* desse relógio ocorrem em cada reflexão. Por exemplo, *tique*, quando o raio se reflete no espelho de cima, e *taque*, quando se reflete no espelho de baixo.

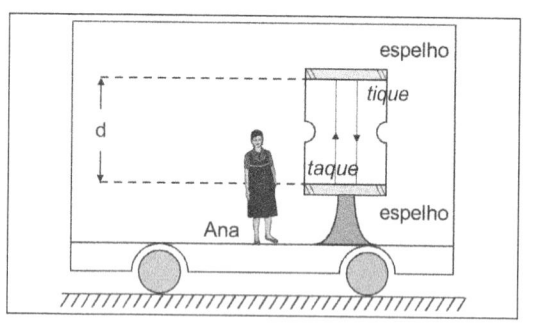

Figura 135. Relógio de luz dentro do trem (visto por Ana).

Entre um *tique* e um *taque*, temos uma unidade de tempo do nosso relógio (a mesma unidade entre um *taque* e um *tique*). Essa unidade de tempo corresponde à duração do percurso da luz entre um espelho e outro.

Vamos usar o conceito simples de velocidade: a relação entre o espaço percorrido e o tempo gasto no percurso. O espaço percorrido pela luz entre os dois espelhos tem um valor igual a "d", e chamaremos de "t_0" o tempo gasto no percurso; assim, para calcularmos o valor de nossa unidade de tempo, faremos:

$$V = \text{espaço percorrido} / \text{tempo} = d / t_0$$

A velocidade do raio de luz é de 300.000 km/s, a qual é usualmente designada por "c". Portanto:

$$c = d / t_0,$$

$$d = c \cdot t_0$$
(usaremos esse resultado logo adiante)

$$t_0 = d / c$$

Aí está nossa unidade de tempo (t_0), o tempo no referencial do trem, o tempo de Ana.

O que acontece com essa unidade de tempo do ponto de vista de Maria, parada na plataforma? Ela observa o trem que passa e o raio de luz que sobe e desce entre os dois espelhos. Mas o trem, os espelhos e a luz movimentam-se para a direita. Por isso, Maria vê o raio de luz numa trajetória inclinada: enquanto sobe com a velocidade da luz, o raio desloca-se também para a direita com a velocidade do trem (o mesmo acontece enquanto o raio desce).

Imaginemos que Maria tem a seu lado, na plataforma, um relógio idêntico ao que está dentro do trem. Comparando as medidas do relógio ao seu lado e do relógio que passa dentro do trem, ela observará que o tempo entre o *tique* e o *taque* é maior no relógio que passa; e que entre um *tique* e um *taque* consecutivo do relógio que passa, o relógio ao seu lado executa um número maior de *tiques* e *taques*.

Repare que a velocidade do trem tem que ser consideravelmente grande em relação ao valor da velocidade da luz para produzir esse efeito de inclinação do raio para quem o observa da plataforma. Se o trem tiver a velocidade que os trens normalmente têm, a inclinação praticamente inexiste, de modo que a unidade temporal é a mesma para as duas observadoras.

O importante é que fatos como a inclinação do raio não podem ser desprezados se um fenômeno ocorre numa velocidade cujo valor é da ordem de grandeza da velocidade da luz. Em nosso exemplo, o tempo que passa dentro do trem, quando visto de fora, terá uma unidade maior, pois o percurso do raio de luz é maior. A velocidade da luz não muda: se o percurso é maior, o intervalo entre um *tique* e um *taque* será também maior: o tempo dentro do trem é *dilatado* de uma perspectiva externa (Maria).

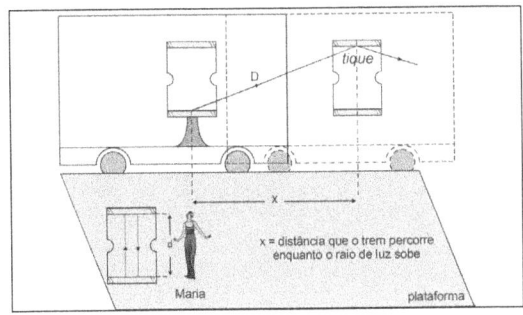

Figura 136. Do ponto de vista de Maria, o raio de luz dentro do trem percorre uma distância maior do que o espaço (d) entre os dois espelhos. Dessa forma, o tempo de Ana, visto por Maria, é dilatado em relação ao relógio de luz que está na plataforma. Para Maria, o relógio de Ana faz um "tique-taque" enquanto seu próprio relógio faz mais do que isso.

Vamos calcular o valor dessa unidade de tempo dilatada, utilizando novamente o mesmo conceito de velocidade = espaço / tempo.

A velocidade da luz (c) é a mesma para qualquer referencial. A distância inclinada será maior do que "d" e a chamaremos de "D". Portanto, da perspectiva de Maria, o tempo gasto para a luz percorrer "D" – que chamaremos de "t_1" – será maior do que t_0:

$$c = \text{espaço percorrido} / \text{tempo} = D / t_1$$

$$c = D / t_1$$

$$D = c \cdot t_1$$
(usaremos também esse resultado logo adiante)

$$t_1 = D / c$$

Observemos agora o triângulo retângulo formado pelo raio de luz inclinado (D), pelo comprimento da altura do vagão (d) e por "x", que é a distância percorrida pelo trem durante o tempo em que Maria observa sua trajetória inclinada da plataforma; em outras palavras, "x" é a distância percorrida *pelo trem* durante o tempo t_1. Sendo "v" o valor da velocidade do trem, temos: v = espaço percorrido / tempo

$$v = x / t_1,$$

onde "v" é a velocidade *do trem*.

$$x = v \cdot t_1 \text{ (usaremos esse resultado logo abaixo)}$$

O cálculo de "t_1" pode ser feito pelo teorema de Pitágoras. Poderemos, dessa forma, comparar t_1 e t_0:

$$D^2 = d^2 + x^2$$
$$(c \cdot t_1)^2 = (c \cdot t_0)^2 + (v \cdot t_1)^2$$
$$c^2 t_1^2 = c^2 \cdot t_0^2 + v^2 \cdot t_1^2$$
$$c^2 t_1^2 - v^2 t_1^2 = c^2 t_0^2$$
$$t_1^2 (c^2 - v^2) = c^2 t_0^2$$

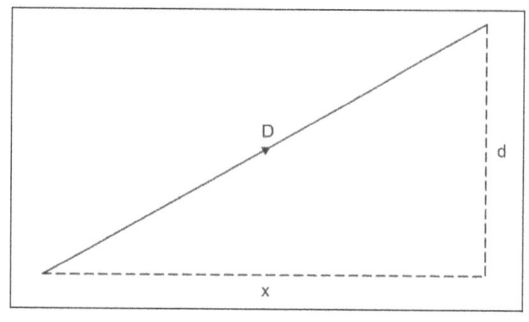

Figura 137. Triângulo retângulo formado do ponto de vista de Maria. O raio de luz é a hipotenusa.

$$t_1^2 = \frac{c^2 t_0^2}{c^2 - v^2} = \frac{t_0^2}{\frac{c^2 - v^2}{c^2}} = \frac{t_0^2}{1 - \frac{v^2}{c^2}}$$

$$t_1 = t_0 \cdot \frac{1}{\sqrt{1 - \frac{v^2}{c^2}}}$$

$$t_1 = t_0 \cdot \gamma \quad (\gamma = \text{fator gama})$$

$$\gamma = \frac{1}{\sqrt{1 - \frac{v^2}{c^2}}} \quad \text{esta expressão é muito usada em Relatividade}$$

O "fator gama" (γ) permite a conversão entre os tempos de Ana (t_0) e de Maria (t_1). Repare que, se a velocidade "v" do trem não for alta – comparativamente à velocidade da luz, "c" –, o valor de gama é praticamente igual a 1, de modo que, para um trem com velocidade, por exemplo, de 100 km/h, $t_1 = t_0$. Quando, no entanto, a velocidade do trem tem um valor considerável em relação à da luz, os tempos não são mais iguais e $t_1 > t_0$.

Hipoteticamente, admitamos que o trem viaja com velocidade de 261.000 km/s. Calculemos gama para esse caso, sendo c = 300.000 km/s:

$$\gamma = \frac{1}{\sqrt{1-\frac{v^2}{c^2}}} = \frac{1}{\sqrt{1-\frac{261.000^2}{300.000^2}}}$$

$$\gamma = \frac{1}{\sqrt{1-\frac{261^2}{300^2}}} \cong \frac{1}{\sqrt{1-0,75}}$$

$$\gamma = \frac{1}{\sqrt{0,52}} = \frac{1}{0,5} = 2,0$$

$$t_1 = t_0 \cdot \gamma$$

$$t_1 = t_0 \cdot 2$$

Como gama é igual a dois: $t_1 = 2 \cdot t_0$.

Isso significa que o raio de luz percorre a distância entre os dois espelhos num tempo maior para Maria do que para Ana; significa que o *tique-taque* de Ana, quando visto por Maria, demora o dobro do tempo. Se Maria tiver ao seu lado um relógio idêntico ao de Ana, ela observará dois ciclos nesse relógio enquanto observa apenas um ciclo no de Ana. Em outras palavras, o tempo de Ana está dilatado do ponto de vista de Maria. O que Ana diz ser, por exemplo, "um segundo", Maria, vendo de fora, diz que o mesmo segundo "demora mais"; no caso, duas vezes mais. Analogamente, um ano para Ana são dois anos do ponto de vista de Maria.

Curioso é que, na observação de Ana, é o tempo de Maria que está dilatado, pois Ana, passando pela plataforma, observaria os raios de luz do relógio de Maria inclinados. Parece um tanto paradoxal, mas é o que prevê a teoria.

O tempo de uma não é igual ao tempo da outra. A princípio, é uma ideia de difícil aceitação, pois estamos tão habituados com os fenômenos cotidianos acontecendo numa velocidade bem inferior à da luz que não nos damos conta de que o tempo e sua medida não são únicos. No entanto, os experimentos científicos já realizados comprovam a multiplicidade das medidas temporais.

O físico francês Paul Langevin explorou em 1911 a dilatação do tempo, propondo uma experiência mental que ficou conhecida como o "paradoxo dos gêmeos idênticos": dois irmãos gêmeos são separados, de modo que um deles parte numa viagem espacial em uma cápsula que trafega com velocidade próxima à da luz. O outro permanece na Terra, seu sistema inercial de referência. Como o tempo do gêmeo que viaja é dilatado em relação ao do que permanece imóvel, quando o que partiu estiver de volta, terá envelhecido menos que seu irmão. O irmão que ficou na Terra poderá ter envelhecido muitos anos, ao passo que o que viajou envelheceu apenas algumas semanas.

Na época, Langevin atribuiu aos irmãos os nomes fictícios de Paul e Pierre. Pierre permanece na Terra enquanto Paul tem seu tempo dilatado por viajar com velocidade considerável em relação à da luz. É importante mencionar que, do ponto de vista de Pierre, tudo se passa normalmente, mas, para ele, o relógio de Paul anda mais devagar. Para Paul, dá-se o inverso (aí está o paradoxo): ele nada percebe de diferente consigo mesmo, mas vê o relógio de Pierre mais lento que o seu. O paradoxo está no fato de que, se Paul voltar à Terra, Pierre terá envelhecido mais do que ele; mas se, em vez de Paul retornar ao referencial de Pierre (Terra), fosse Pierre que visitasse o referencial de Paul, ocorreria o contrário: Paul é que teria envelhecido mais do que Pierre. Um acredita que é o relógio do outro que vai mais devagar; cada qual vê o tempo *do outro* dilatado.

O fator gama é também utilizado para o cálculo de variações da massa e de contração das distâncias. Não apenas o tempo é relativo, mas também a massa e o espaço: uma régua de um metro de comprimento que viaja num trem, terá um metro para um observador que esteja dentro ou fora do trem, caso a velocidade deste seja pequena; no entanto, se o trem estiver a uma velocidade compatível com a velocidade da luz, a régua terá uma medida menor para o observador externo.

A massa do corpo em movimento também não é a mesma para um observador posicionado em outro sistema de referência. Tanto para as medidas de comprimento quanto para as de massa, o fator de conversão é o mesmo *fator gama*.

É preciso ressaltar que a criação da Teoria da Relatividade Restrita foi um passo dado por Einstein dentro de uma fase complexa da evolução da física. Segundo o professor Roberto de Andrade Martins, da Universidade Estadual de Campinas, "esse passo dependeu de muitos outros pesquisadores cujos trabalhos atingiram um amadurecimento por volta de 1905. Vinte anos antes disso", afirma Martins, "nem Einstein nem qualquer outra pessoa poderia ter produzido uma proposta como a dele".

Estas ideias de dilatação do tempo, contração da distância e relatividade da massa subvertem a física clássica. Antes de Einstein, Ernst Mach (1838-1916) criticava as noções de movimento e de espaço absolutos; segundo ele, tais noções são frutos do pensamento puro, construções mentais que não podem ser produzidas pela experiência. Certamente, Einstein leu a *Mecânica*, de Mach, na qual este já denunciava os pontos fracos da física clássica.

Hendrik Lorentz já havia se aproximado de uma teoria da relatividade, supondo, num célebre ensaio publicado em 1895, a introdução de um *tempo local* e enunciando o importante *teorema dos estados correspondentes*.[3] Lorentz, no entanto, manteve a ideia de um referencial privilegiado: o éter imóvel. Einstein dispensou o éter e usou o fator gama para a dilatação do tempo e para a contração de distâncias.

$E = m . c^2$

Antes que se completassem quatro meses desde a publicação do artigo sobre a relatividade especial, Einstein enviou um *post-scriptum* aos editores do *Annalen der Physik*. Datado de 27 de setembro de 1905, o pós-escrito traz a demonstração da célebre fórmula $E = m . c^2$, apresentada como consequência interessante de sua teoria. Considerando um corpo que emite sob a forma de radiação eletromagnética

---

3. "A toda experiência de óptica ou eletrostática realizada num laboratório em movimento em relação ao éter, corresponde uma experiência *fictícia* do mesmo tipo em um laboratório ligado ao éter, onde todas as dimensões longitudinais se encontram dilatadas de um fator 'gama'."

certa energia "E", Einstein demonstra, apoiado em cálculos, que a massa do corpo emissor diminui (diminui de uma quantidade E/c^2, onde c é o valor da velocidade da luz). A massa de um corpo, portanto, está ligada ao seu conteúdo de energia: se o corpo absorve energia, sua massa aumenta; se perde energia, sua massa diminui. Massa e energia são equivalentes: entre ambas existe apenas um fator de conversão (c^2).

De maneira premonitória em relação à técnica de produção de energia nuclear, ele acrescenta ainda, neste mesmo pós-escrito, que "é possível que os processos radioativos, onde os conteúdos de energia dos corpos são modificados de maneira notável, possam servir para estabelecer a verdade sobre minha teoria".

De fato, anos depois, a energia nuclear obtida em processos radiativos tornou-se realidade. Os núcleos dos átomos mantêm-se coesos graças às forças nucleares. Quando esses núcleos se rompem, uma enorme quantidade de energia é liberada, resultado da transformação de massa em energia.

A quebra do núcleo atômico é feita pelo bombardeamento de nêutrons. O pioneiro nessa técnica foi Enrico Fermi, que, em 1935, conseguiu capturar nêutrons, bombardear o núcleo de urânio e descobrir novos elementos radioativos. Um único núcleo rompido libera energia capaz de romper o núcleo de outros átomos próximos, o que provocará a fissão de outros tantos núcleos num processo chamado de *reação em cadeia*.

A energia liberada e tecnicamente controlada na fissão dos núcleos foi utilizada para fins bélicos na Segunda Guerra Mundial e tem sido também largamente empregada para a produção de energia elétrica em usinas *termoelétricas*.

As usinas nucleares são a principal aplicação civil da energia atômica. A massa convertida em energia pela fissão do núcleo é utilizada nas centrais nucleares termoelétricas para produzir calor; o calor aquece uma quantidade de água cujo vapor pressurizado movimenta as turbinas.

As turbinas geram eletricidade, tal como acontece nas usinas hidrelétricas; no entanto, nas *hidrelétricas* as turbinas giram pelo movimento da queda da água. Em países muito planos, com poucos desníveis no curso dos rios, as *termoelétricas* utilizam a pressão do vapor como motor das turbinas. Para obter esse vapor, a água é aquecida pelo emprego da energia nuclear.

Por ocasião do Ano Internacional da Física, em 2005, o vestibular da Fuvest (SP) apresentou uma questão sobre a célebre equação de Einstein:

> O ano de 2005 foi declarado o Ano Internacional da Física, em comemoração aos 100 anos da Teoria da Relatividade, cujos resultados incluem a famosa relação $E = \Delta m \cdot c^2$. Num reator nuclear, a energia provém da fissão do urânio. Cada núcleo de urânio, ao sofrer fissão, divide-se em núcleos mais leves, e uma pequena parte, Δm, de sua massa inicial transforma-se em energia. A usina de Angra II tem uma potência elétrica de cerca de 1.350 MW, que é obtida a partir da fissão de Urânio-235. Para produzir tal potência, devem ser gerados 4.000 MW na forma de calor **Q**. Em relação à usina de Angra II, estime a

a) quantidade de calor Q, em Joules, produzida em um dia;
b) quantidade de massa Δm, que se transforma em energia na forma de calor, a cada dia;
c) massa M_U de Urânio-235, em kg, que sofre fissão em um dia, supondo que a massa Δm, que se transforma em energia, seja aproximadamente 0,0008 ($8 \cdot 10^{-4}$) da massa M_U.

Note e adote:
1 MW = 10^6 W c = $3 \cdot 10^8$ m/s.
Em um dia, há cerca de $9 \cdot 10^4$ s.
$E = \Delta m \cdot c^2$: Essa relação indica que massa e energia podem se transformar uma na outra. A quantidade de energia E que se obtém está relacionada à quantidade de massa Δm, que "desaparece", através do produto dela pelo quadrado da velocidade da luz (c).

Vejamos uma possível resolução esperada para essa questão:

a) a quantidade de calor (Q) é dada pelo produto da potência (4.000 MW) pelo tempo ($9 \cdot 10^4$ s).

$$Q = 4000 \cdot 10^6 \cdot 9 \cdot 10^4$$

$$Q = 3,6 \cdot 10^{14} \text{ Joules}$$

b) Para descobrir a variação na massa de urânio que gerou essa energia, basta utilizar a equação $E = \Delta m \cdot c^2$.

$$3,6 \cdot 10^{14} = \Delta m \cdot (3 \cdot 10^8)^2$$

$$\Delta m = 4 \cdot 10^{-3} \text{ kg}$$

c) A massa de urânio necessária é dada pela expressão $\Delta m = 0,0008 \cdot M_U$, expressão fornecida pelo próprio enunciado da questão. Assim,

$$4 \cdot 10^{-3} = 0,0008 \, M_U$$

$$M_U = 5 \text{ kg}$$

Ainda que o emprego da energia atômica em usinas seja para um "fim pacífico", os riscos de a radioatividade fugir do controle devem ser considerados, bem como a questão do lixo nuclear. É preciso lembrar ainda que o primeiro emprego da energia nuclear não foi com a finalidade de gerar eletricidade, mas destruição: no final da Segunda Guerra Mundial, o uso de bombas atômicas inaugurou a era das possíveis guerras nucleares que poderiam (e que ainda podem) acabar com a vida humana sobre a face da Terra.

Newton, Einstein e a relatividade geral

A Teoria da Relatividade não poderia satisfazer Einstein porque ela estava incompleta, ou, como dizemos hoje, "restrita". Ele achava que, numa teoria completa, nenhum objeto deveria possuir *status* privilegiado. É certo que ele havia livrado a física do éter, mas havia restado um vestígio do absoluto em virtude do privilégio dado ao estado de movimento uniforme.

Voltemos por um instante a Galileu e ao princípio da relatividade, segundo o qual o movimento de um barco que navega com velocidade constante é percebido por um passageiro em seu interior como se estivesse em repouso. O adjetivo importante aqui é *constante*, pois o único movimento do barco que pode ser considerado idêntico ao repouso é aquele em linha reta e com velocidade constante.

O que incomodava Einstein era que a relação de pontos de vista equivalentes não deveria se restringir ao movimento uniforme e ao repouso, mas todos os pontos de vista deveriam ser equivalentes, não importando o tipo de movimento. As leis físicas devem ser as mesmas para qualquer referencial adotado: essa é a essência da Teoria da Relatividade.

Outra "pedra no sapato" de Einstein era que a relatividade restrita afirmava que nenhuma interação física poderia se propagar mais depressa do que a velocidade da luz. Ora, essa premissa estava em conflito com a teoria da gravitação de Newton, segundo a qual a força da gravidade agia instantaneamente entre objetos distantes uns dos outros.

A partir de 1905, Einstein passou dez anos trabalhando numa nova teoria da gravitação que fosse compatível com as teorias da luz e com a generalização da Teoria da Relatividade, ou seja, aplicada também ao movimento acelerado.

O primeiro passo foi dado em 1907, quando teve o que chamou *a ideia mais feliz de sua vida*, ou seja, a de que uma pessoa não "sente" o seu peso quando cai livremente. Uma pessoa fechada num elevador, por exemplo, não sente seu peso durante a queda livre desse recinto fechado e pode supor que está numa região sem gravidade. Assim são feitas filmagens em que se supõem os personagens do filme em viagens espaciais por regiões de gravidade zero: um avião sobe com os atores e a equipe de filmagem até certa altura e, quando o diretor grita "ação!", o avião entra em queda livre, o que simula um ambiente livre de forças gravitacionais.

Do ponto de vista de um *observador externo* ao elevador que cai, o homem está num campo gravitacional (terrestre) em queda livre *junto* com o elevador. A interpretação do fenômeno gravitacional depende, portanto, do referencial adotado? Einstein achava que não, pois um fenômeno físico deve obedecer às mesmas leis, independentemente do referencial (princípio da equivalência).

Caso o elevador estivesse numa região do espaço livre de campos gravitacionais e acelerando em relação ao observador externo, o homem de dentro poderia sentir-se como se estivesse em repouso num campo gravitacional como o da Terra: bastaria o elevador estar acelerando contra os seus pés à razão de aproximadamente 10 m/s^2.

Como já havia percebido Newton, a massa inercial de um objeto (medida de sua resistência a mudanças de estado de movimento) é igual à sua massa

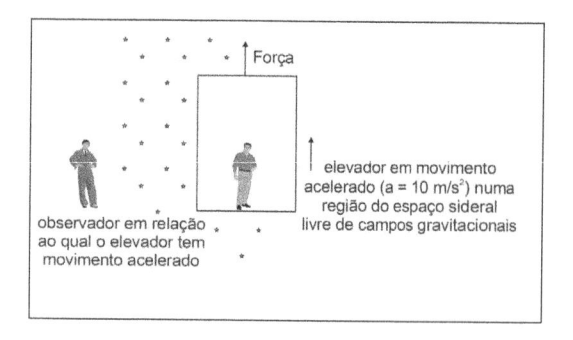

Figura 138. A pessoa dentro do elevador sente seu corpo "pesando" sobre o piso como se estivesse num campo gravitacional.

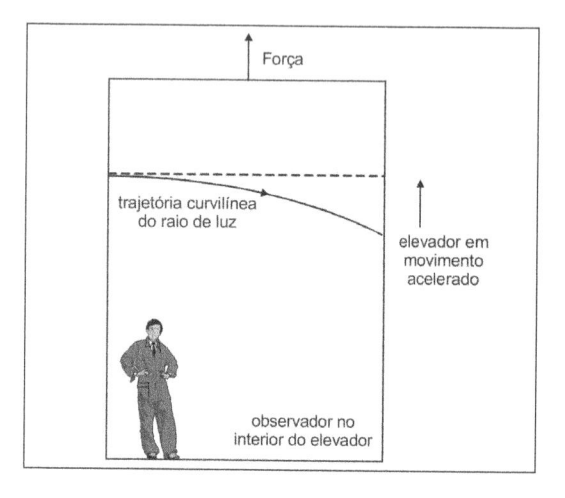

Figura 139. Um raio de luz, vindo de fora, atravessa o interior do elevador. Sua trajetória é paralela ao chão do elevador para quem observa de fora. No entanto, para um observador no interior do elevador, é como se o raio caísse em direção ao chão, pois, conforme o raio de luz atravessa o compartimento, este se move aceleradamente para cima.

gravitacional (medida proporcional à sua interação gravitacional com outras massas), ainda que ambas sejam definidas de modos diferentes. Isso não era apenas coincidência, mas Newton não forneceu uma explicação para o fato.

Newton deixou também aos seus leitores a tarefa de explicar as causas da gravidade. Passaram-se mais de 200 anos até que um leitor à sua altura, chamado Albert Einstein, fornecesse explicações às questões que Newton havia deixado no ar.

O experimento mental do homem que cai junto com o elevador forneceu a Einstein a explicação da equivalência entre a massa inercial e a massa gravitacional, pois o homem percebe que seus pés estão pressionados pelo chão do elevador, quer o elevador esteja parado no campo gravitacional da Terra, quer o elevador esteja sendo acelerado numa região sem campo de gravidade. Logo veremos as causas que Einstein atribuiu à gravidade.

O experimento do elevador pode ainda nos levar a uma nova concepção de gravidade: a da curvatura do espaço-tempo. Utilizando-se de uma matemática avançada para a sua época, Einstein previu que a luz deveria ser curvada pela gravidade.

Para darmos uma ideia do seu feito, retomemos a experiência mental em que uma pessoa se encontra num elevador em movimento acelerado numa região livre de forças gravitacionais. Imaginemos que um raio de luz *vindo do exterior da cabine* atravesse o elevador, indo de uma parede a outra. O raio atravessa as paredes do elevador (supostamente transparentes) sem alterar sua trajetória retilínea (veja linha tracejada na Figura 139). Mas, para a pessoa que se encontra dentro do elevador, a trajetória será curvilínea (linha cheia), pois, quando o raio chegar à parede oposta, estará um pouco mais perto do piso, já que o elevador sobe enquanto o raio de luz se desloca.

Para um observador no interior do elevador, o raio de luz entra num ponto de uma parede e sai na parede oposta num ponto mais baixo. Um observador externo veria o raio de luz numa trajetória retilínea. A trajetória do raio será curva dentro do elevador por causa da aceleração do elevador para cima.

É como se um campo gravitacional dentro do elevador atraísse o raio de luz para baixo. De acordo com o princípio da equivalência de Einstein, segundo o qual as leis da física independem do observador, o efeito é o mesmo, quer o elevador esteja acelerado para cima, quer ele permaneça imóvel num campo gravitacional. Assim, se a luz se curva pela ação do movimento acelerado do elevador, irá se curvar também pela ação do campo gravitacional, já que essas causas são equivalentes.

Com uma aceleração do elevador de 10 m/s², a curvatura do raio de luz é imperceptível, mas, para grandes acelerações, a curvatura é significativa. Adotando-se o princípio da equivalência, campos gravitacionais pequenos provocam desvios insignificantes na trajetória da luz, mas, se a intensidade do campo for muito intensa, a luz sofrerá seus efeitos. Nos buracos negros, resultantes de contrações de estrelas que concentram enormes massas, o campo gravitacional é tão intenso que impede que a luz dele escape.

Em 1911, Einstein apresentou no *Annalen der Physik* uma previsão para a luz que atravessa o campo gravitacional do Sol: "Um raio de luz passando pelo Sol sofreria um desvio de 0,83 segundo de arco".

Em 1919, Einstein chegava aos 40 anos. Naquele ano, o astrofísico inglês Arthur Stanley Eddington organizou duas expedições com o objetivo de observar, durante um eclipse solar, o desvio provocado pelo Sol na luz proveniente das estrelas. As observações comprovaram os valores de desvio previsto pela Teoria da Relatividade, em oposição aos previstos pela física newtoniana.

Quando Eddington enviou a Einstein um telegrama dizendo que o eclipse solar observado em Sobral (Ceará, Brasil) havia confirmado a validade da Teoria da Relatividade Geral, Einstein reagiu com indiferença, pois o resultado não o surpreendeu, tamanha era sua confiança em suas próprias previsões.

Newton havia formulado a lei da gravitação universal segundo a qual massas se atraem na razão inversa do quadrado da distância entre elas. Essa lei de Newton foi uma das maiores conquistas da ciência moderna e do pensamento ocidental e explicava com precisão quase absoluta toda a mecânica do universo. As causas da gravidade, ou seja, o porquê de porções de matéria se atraírem umas às outras, não foi uma preocupação de Newton. No fundo, ele atribuía essas causas a um agente divino, mas preferia dizer: "Não formulo hipóteses". Em uma carta a Richard Bentley datada de 1692, Isaac Newton escreveu: "A gravidade deve ser causada por um agente agindo constantemente de acordo com certas leis, mas se esse agente é material ou imaterial é uma questão que eu deixo para a apreciação dos meus leitores".

Einstein, séculos depois, atribuirá a gravidade a uma deformação do espaço-tempo. Para ele, a gravidade se integra à Teoria da Relatividade quando tempo e espaço são um amálgama de quatro dimensões (três do espaço e uma do tempo) que se deformam pela presença de uma massa.

Como imaginar as três dimensões por nós conhecidas se "curvando"?

Seria preciso que nossa percepção captasse mais do que três dimensões. O máximo que podemos fazer aqui é uma analogia para termos uma ideia da explicação de Einstein para as causas da gravidade: em vez de imaginarmos o nosso espaço tridimensional "curvo", tomemos um espaço bidimensional. Usaremos um lençol esticado em suas quatro pontas por quatro pessoas em pé, de modo que a tensão no tecido forme um plano suspenso que representará nosso universo bidimensional.

Coloquemos agora uma maçã no centro desse lençol esticado. A maçã pode representar, por exemplo, a Terra, e o lençol representará o espaço ao seu redor. A maçã, pelo seu peso, deforma o lençol, produzindo nele uma curvatura que fica cada vez mais acentuada nas suas proximidades. O lençol representa um espaço bidimensional deformado pela maçã. Algo semelhante acontece quando o espaço-tempo ao redor da Terra é por ela deformado. Como nos é impossível representar essa deformação, usamos a analogia do lençol.

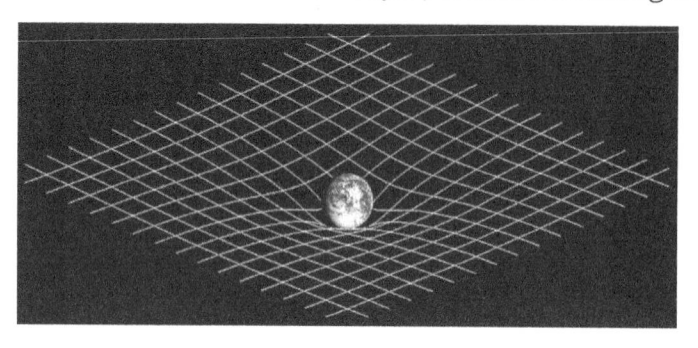

Figura 140. Simulação da deformação de um espaço bidimensional pela presença de um planeta (Terra).

Imaginemos agora que uma pequena esfera – uma bolinha de vidro, por exemplo – seja colocada numa das bordas do lençol. Essa esfera, uma vez abandonada, irá naturalmente rolar no lençol curvado pela maçã; irá rolar pela linha de maior declive, até se chocar com a maçã. Se a maçã representa a Terra nessa analogia, a bolinha de vidro pode representar uma pedra que cai no espaço deformado pela Terra até se chocar com ela. Portanto, para Einstein, uma pedra abandonada de certa altura do solo cai sobre a Terra porque o espaço-tempo está deformado, ou seja, o campo gravitacional terrestre é fruto dessa deformação.

Qualquer esfera que fosse colocada naquela borda do lençol – fosse ela de vidro, de madeira ou de ferro – seguiria a mesma trajetória determinada pela deformação da maçã sobre o tecido. Em outras palavras, os corpos "caem" sobre a Terra em movimentos idênticos, como Galileu havia constatado quatro séculos antes.

Apesar de desvendar toda a mecânica do universo, a teoria gravitacional de Newton não era suficiente para explicar uma pequena alteração na órbita de Mercúrio. Os cientistas anteriores a Einstein acreditavam que tal alteração se devia à existência de algum planeta de dimensões pequenas, mas ainda não descoberto. Após esforçar-se durante anos para formular matematicamente a relatividade geral, Einstein conseguiu explicar a anomalia da órbita de Mercúrio com a nova geometria do espaço-tempo.

Na Teoria da Relatividade Geral, não somente o espaço é *modificado* pelos corpos, mas o próprio espaço não existiria sem esses corpos. Podemos dizer que é a matéria que *cria* o espaço, ou seja, se o espaço fosse esvaziado de toda a matéria, ele próprio deixaria de existir. Quando nos referimos aqui a "espaço", estamos nos referindo ao espaço-tempo, pois o teatro do mundo tem como palco um espaço de quatro dimensões: as três dimensões do espaço ordinário acrescidas de uma dimensão temporal. Assim, não apenas o "espaço" desapareceria se o universo fosse esvaziado de toda a matéria, mas também o tempo.

Ora, se a massa deforma o espaço-tempo, é de se esperar que relógios andem mais depressa ou mais devagar dependendo da deformação da região em que se encontrem. E assim é: a gravidade influencia na medição do tempo. O Sistema de Posicionamento Global (GPS) funciona levando em conta este efeito: sendo menor a intensidade do campo gravitacional na órbita do satélite em relação à da superfície da Terra e levando-se em conta a velocidade com que o objeto celeste trafega no espaço, o efeito relativístico desses dois fatores não pode ser desprezado. É necessário um fator de correção de algumas dezenas de microssegundos por dia para produzir dados precisos do tempo por meio do GPS. No entanto, a correção é em geral feita "automaticamente", sem que o usuário se dê conta.

O modelo científico de Einstein superou o de Newton. No entanto, o passo adiante dado por Einstein não diminui a estatura do cientista inglês que, com os recursos tecnológicos de que dispunha no século XVII, descreveu a mecânica do universo com uma precisão espantosa.

O próprio Einstein reconhece que, apesar de tê-lo superado, a genialidade de Newton é inabalável. "Newton, verzeh'mir" (Newton, perdoe-me), escreveu Einstein em 1949, e assim prosseguiu: "A via que você abriu era a única que um homem dotado de uma inteligência brilhante e de um espírito criador poderia encontrar naquela época. Os conceitos que você elaborou guiam ainda hoje os raciocínios físicos, ainda que saibamos ser necessário doravante substituí-los por outros conceitos que, mais distantes da experiência direta, nos permitirão chegar a uma compreensão mais profunda da realidade das coisas".

Para Newton, a matéria atrai a matéria através de uma força exercida a distância entre duas massas; assim, uma maçã cai sobre a Terra atraída pela força gravitacional entre o planeta e ela. Para Einstein, a Terra deforma o espaço-tempo ao seu redor, de modo que a maçã se precipita nessa deformação.

O átomo de Bohr

No final do século XIX, o átomo representava a menor porção de matéria, a menor partícula indivisível de qualquer substância, sem partes internas ou estruturas secundárias; ou seja, fiel à origem grega da palavra, o átomo era *indivisível*. Isso até que o físico inglês *sir* Joseph John Thompson (1856-1940) descobrisse, por meio de experimentos com raios catódicos realizados no Laboratório Cavendish, em Cambridge, que os átomos possuíam partículas ainda menores chamadas, a partir de 1897, de elétrons.[4] No modelo atômico de Thompson, o que era indivisível passou a ser constituído de elétrons (cujas cargas são negativas) espalhados numa espécie de *geleia* de carga oposta. Esse modelo atômico ficou conhecido como *pudim de passas*.

Ernest Rutherford (1871-1937), um físico neozelandês, chegou a Cambridge em 1895 para trabalhar sob a orientação do professor Thompson. Num célebre experimento, ao bombardear com partículas alfa uma lâmina de ouro muito delgada, Rutherford observou que a maioria dessas partículas atravessava a lâmina; no entanto, algumas eram defletidas, refletidas ou ricocheteadas, ao incidirem sobre a fina folha de ouro.

O experimento de Rutherford forçou um novo modelo de átomo, diferente do de J.J. Thompson. Em vez de uma "geleia" de carga positiva, o átomo possuiria um núcleo muito pequeno onde se concentrava a carga positiva e a massa do átomo (propriedades que justificam a deflexão de uma partícula alfa). Ao redor desse núcleo muito pequeno, giram os elétrons por atração coulombiana.

---

4. O *elektron* (hoje conhecido como âmbar) era uma pedra resinosa abundante na Grécia Antiga. Atritada com lã, produzia efeitos elétricos, daí a origem da palavra *elétron*.

Tais como os planetas girando ao redor do Sol, os elétrons executam revoluções ao redor do núcleo. Os planetas, atraídos pelo Sol, manteriam suas órbitas pela força gravitacional e os elétrons são atraídos ao núcleo pela força de atração elétrica (uma vez que é negativa a carga do elétron e positiva a do núcleo).

Havia, porém, um problema com esse modelo atômico. Apesar de funcionar de acordo com as leis da mecânica da época, o modelo não se adequava às leis de Maxwell, segundo as quais o elétron, ao girar ao redor do núcleo, irradiaria energia. Assim fosse, o elétron acabaria precipitando-se sobre o núcleo à medida que fosse perdendo energia e toda a matéria seria instável, ou impossível.

O físico dinamarquês Niels Bohr (1885-1962) terminou seu doutorado em Copenhague, em 1911. Passou, então, oito meses em Cambridge com o professor J.J. Thompson ao qual não agradavam as ideias de Bohr sobre a estrutura atômica. Por esse motivo, Bohr mudou-se para Manchester, onde permaneceu durante quatro anos com Rutherford.

Para justificar a estabilidade das órbitas dos elétrons ao redor do núcleo, Bohr introduz uma ideia radical: os elétrons poderiam existir, *sem irradiar energia*, em órbitas cujos raios fossem múltiplos de um valor fixo, isto é, *quantizados*.

Segundo a física clássica, os elétrons poderiam existir em órbitas de qualquer raio e, uma vez em movimento, sempre irradiariam energia. Para Bohr, no entanto, o elétron só irradiaria ou absorveria energia quando saltasse de uma órbita para outra, o que explicaria a estabilidade da matéria e a não precipitação dos elétrons sobre o núcleo.

Vejamos um pouco mais detalhadamente a proposta de Bohr.

O momento angular (L) de uma partícula em movimento circular é dado pelo produto: massa x velocidade x raio.

$$L = m \cdot v \cdot r$$

A unidade de medida de L é, portanto, $[L] = kg \cdot m^2 \cdot s^{-1}$.

Como vimos, Planck havia postulado em 1900 que a energia só podia ser irradiada ou absorvida em quantidades que fossem múltiplas de $h \cdot f$, ou seja, **$E = n \cdot h \cdot f$** (sendo n um número natural). Examinando essa equação, Bohr percebeu que a constante de Planck tem unidade de medida igual à de um momento angular:

$$[h] = [E] \cdot [f]^{-1} = kg \cdot m^2 \cdot s^{-1}$$

Assim, Bohr vai propor que as órbitas dos elétrons ao redor do núcleo têm momentos angulares múltiplos de h/2p e *apenas* momentos angulares múltiplos de h/2p. A constante h/2p ficou conhecida como "h-barra" ($\hbar$).

$$L = n \cdot \hbar, \text{ sendo } n = 1, 2, 3, \dots$$

A ideia de Bohr era radical e não se encaixava na física clássica.

Um aparelho recém-criado na época, o espectroscópio, serviu para confirmar experimentalmente as ideias de Bohr. O aparelho é capaz de decompor a radiação que atravessa um gás, o qual pode ser identificado pela análise do espectro resultante dessa decomposição.

As frequências do espectro do hidrogênio só puderam ser explicadas com a teoria de Bohr, segundo a qual cada frequência seria resultado de um salto quântico do elétron. A teoria de Bohr explicava também as ausências de algumas frequências no espectro da luz solar, que seriam absorvidas pelos gases que rodeiam o Sol.

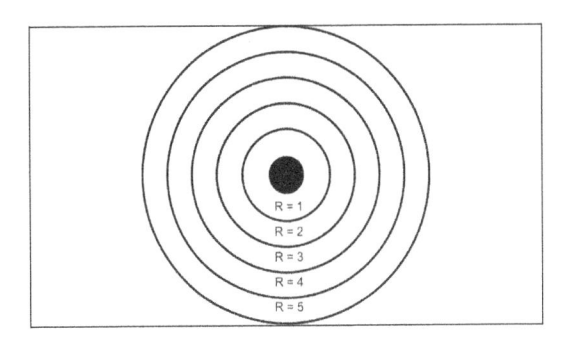

Figura 141. Modelo atômico de Bohr, com os elétrons ocupando órbitas definidas e cujos momentos angulares são múltiplos de h/2p.

Bohr propõe que o elétron emite ou absorve uma energia num salto entre uma órbita e outra (cada uma com raios bem definidos pelo momento angular múltiplo de $\hbar$). A energia irradiada ou absorvida é a diferença entre as energias do elétron nas duas órbitas.

E = diferença das energias nas órbitas = h . f

A dualidade onda-partícula

Um historiador francês que se interessou por ciência, Louis de Broglie (1892-1987) ofereceu uma nova visão sobre as ondas e as partículas. De Broglie estudou história na Sorbonne e adquiriu interesse pela ciência durante a Primeira Guerra. Seu doutorado propunha que, se a luz (que é uma onda) pode se comportar como partícula ao produzir o efeito fotoelétrico,[5] os elétrons (que são partículas) podem se comportar como ondas.

De Broglie teve uma ideia genial: se a energia se transmite em valores definidos pela fórmula de Planck ($E = h . f$) e se a energia de um corpo pode ser expressa em termos de sua massa pela equação de Einstein ($E = m . c^2$), então é possível obter um resultado surpreendente a partir dessas duas expressões:

$$h . f = m . c^2$$

Da equação fundamental das ondas, chegamos a $f = v . \lambda^{-1}$, onde λ representa o comprimento de onda. Então,

$$m . c^2 = h . v . \lambda^{-1}$$

---

5. Sobre a explicação de Einstein para o efeito fotoelétrico (que lhe rendeu o prêmio Nobel de 1921), ver "O efeito fotoelétrico" neste mesmo capítulo.

Como:

$$v = c,$$

$$m \cdot v = h \cdot \lambda^{-1}$$

Ou seja:

$$\lambda = h \cdot m^{-1} \cdot v^{-1}$$

Aí estaria, segundo De Broglie, o comprimento de onda associado a uma partícula de massa "m" movimentando-se com velocidade "v". Repare que, de acordo com a equação, uma pessoa de 70 kg andando com velocidade de 1 m/s tem um comprimento de onda tão pequeno que podemos desprezar seu caráter ondulatório. Para um elétron, no entanto, esse valor é significativo em relação às suas propriedades.

Os elétrons poderiam ser vistos como ondas que se reforçam de maneira construtiva a cada comprimento de onda. Aplicando-se ao elétron a fórmula encontrada por De Broglie, obtêm-se valores de comprimentos de onda exatamente iguais aos dos raios das órbitas dos elétrons previstos por Niels Bohr.

Os elétrons podem ser partículas que giram ao redor do núcleo em órbitas de raios bem definidos ou ondas que se reforçam a cada comprimento de onda. Esses comprimentos de onda têm os mesmos valores dos respectivos raios.

O comportamento ondulatório dos elétrons foi comprovado por *sir* G.P. Thompson, filho de J.J. Thompson, ao observar, em 1927, a difração (fenômeno tipicamente ondulatório) de elétrons em redes de cristal. Thompson (pai) ganhou o prêmio Nobel por descobrir que o elétron é uma partícula, e Thompson (filho) ganhou o mesmo prêmio por confirmar que o elétron é uma onda. Assim, não só a luz tem comportamento dual, mas o elétron também.

Outro fenômeno tipicamente ondulatório é o da interferência, que pode ser observado quando, por exemplo, um feixe de luz atravessa uma dupla fenda. Num anteparo colocado atrás das fendas, observam-se regiões claras e escuras, resultado de interferências construtivas (regiões claras) e destrutivas (regiões escuras) entre as ondas após passarem pelas duas fendas. Como explicar o fenômeno do ponto de vista corpuscular?

O físico alemão Max Born (1882-1970) ofereceu uma interpretação probabilística para explicar as linhas claras e escuras do ponto de vista da concepção corpuscular da luz, ou seja, para explicar a interferência e também a difração de partículas. Segundo Born, os fótons de luz são partículas cujos comportamentos são regidos por probabilidades de sofrer interferências e difrações, como as ondas. Assim, os fótons de luz têm maior probabilidade de atingir uma região do anteparo (clara) e menor probabilidade de atingir outra região (escura), tendo, por isso, comportamento semelhante ao de uma onda.

O princípio da incerteza

Como as partículas estão associadas a probabilidades de interferir como ondas, o físico austríaco Erwin Schrödinger (1887-1961) propôs que, em vez de descrever órbitas precisas ao redor do núcleo, o elétron podia ocupar qualquer posição dentro de uma região ou orbital. No entanto, apesar de poder estar em qualquer parte dessa região, o elétron tem maior probabilidade de estar a uma distância do núcleo igual à do raio da órbita prevista por Bohr. Em vez de afirmar que o elétron se encontra numa órbita de raio definido, Schrödinger prefere dizer que essa órbita representa a região de maior probabilidade de se encontrar o elétron.

Werner Heisenberg (1901-1976), aluno, discípulo e amigo de Bohr, introduziu na mecânica quântica o *princípio da incerteza*, segundo o qual é impossível determinar, ao mesmo tempo, a posição e a quantidade de movimento de uma partícula.

Em outras palavras, quanto mais se conhece a posição de uma partícula, menos se sabe para onde e com que velocidade ela se movimenta; por outro lado, se conhecemos a velocidade da partícula, dificilmente sabemos onde ela se encontra.

Esse princípio, descoberto por Heisenberg em 1927, é geralmente conhecido na forma: $\Delta x \cdot \Delta p \geq h/4\pi$, onde "$\Delta x$" é a incerteza na posição da partícula, "Δp" é a incerteza na quantidade de movimento da partícula e "h" é, mais uma vez, a constante de Planck.

O átomo de hidrogênio, por exemplo, possui um único elétron e um único próton. Aplicando o princípio da incerteza, notamos que esse elétron, tendo pouca massa, precisa ocupar um espaço grande, ou seja, é grande a incerteza de sua posição. Já o próton, com bastante massa, ocupa um espaço bem menor, sendo pequena a incerteza de sua posição.

$$\Delta x \cdot \Delta p \geq h/4\pi$$

O elétron ocupa, portanto, uma larga região em que ele pode se encontrar com alguma probabilidade (grande valor de Δx), ao passo que o próton tem uma posição mais definida, ou seja, uma pequena incerteza (Δx). No entanto, essa probabilidade tem um valor máximo a uma distância do núcleo que é igual ao raio da órbita do elétron do átomo de Bohr.

No mundo macroscópico do nosso cotidiano, podemos dizer que o princípio da incerteza não é observável. O valor da constante de Planck (h) é muito pequeno ($6{,}626 \times 10^{-34}$ kg $\cdot$ m$^2 \cdot$ s^{-1}), o que implica numa incerteza muito pequena para a posição, por exemplo, de uma pessoa de 70 kg com velocidade de 1 m/s. A quantidade de movimento dessa pessoa é p = 70 kg $\cdot$ m/s. Imaginemos que a incerteza para essa medida é de 10%. Assim, $\Delta p = 0{,}10 \cdot 70 = 7{,}0$ kg $\cdot$ m/s.

Como $\Delta x \cdot \Delta p \geq h/4\pi$, temos:

$$\Delta x \cdot 7{,}0 \geq 6{,}626 \cdot 10^{-34} / 4\pi$$

$$\Delta x = 0{,}754 \cdot 10^{-34} \text{ m}$$

Obviamente, esse valor para a incerteza na posição da pessoa é desprezível em relação às suas dimensões. Assim, a menos que estejamos numa alucinação, a probabilidade de a pessoa estar no local em que a vemos é praticamente total. Mas, no caso de uma partícula subatômica, a incerteza tem um valor não desprezível.

O princípio da incerteza de Heisenberg ia de encontro ao determinismo da física clássica, pois as leis da natureza deveriam, segundo os modelos clássicos, localizar e determinar a quantidade de movimento de um corpo físico sem qualquer margem de indeterminação.

Einstein permaneceu fiel a esse determinismo científico e não poderia aceitar a física quântica como uma ciência acabada; ele a considerava uma ciência provisória.

Referências bibliográficas

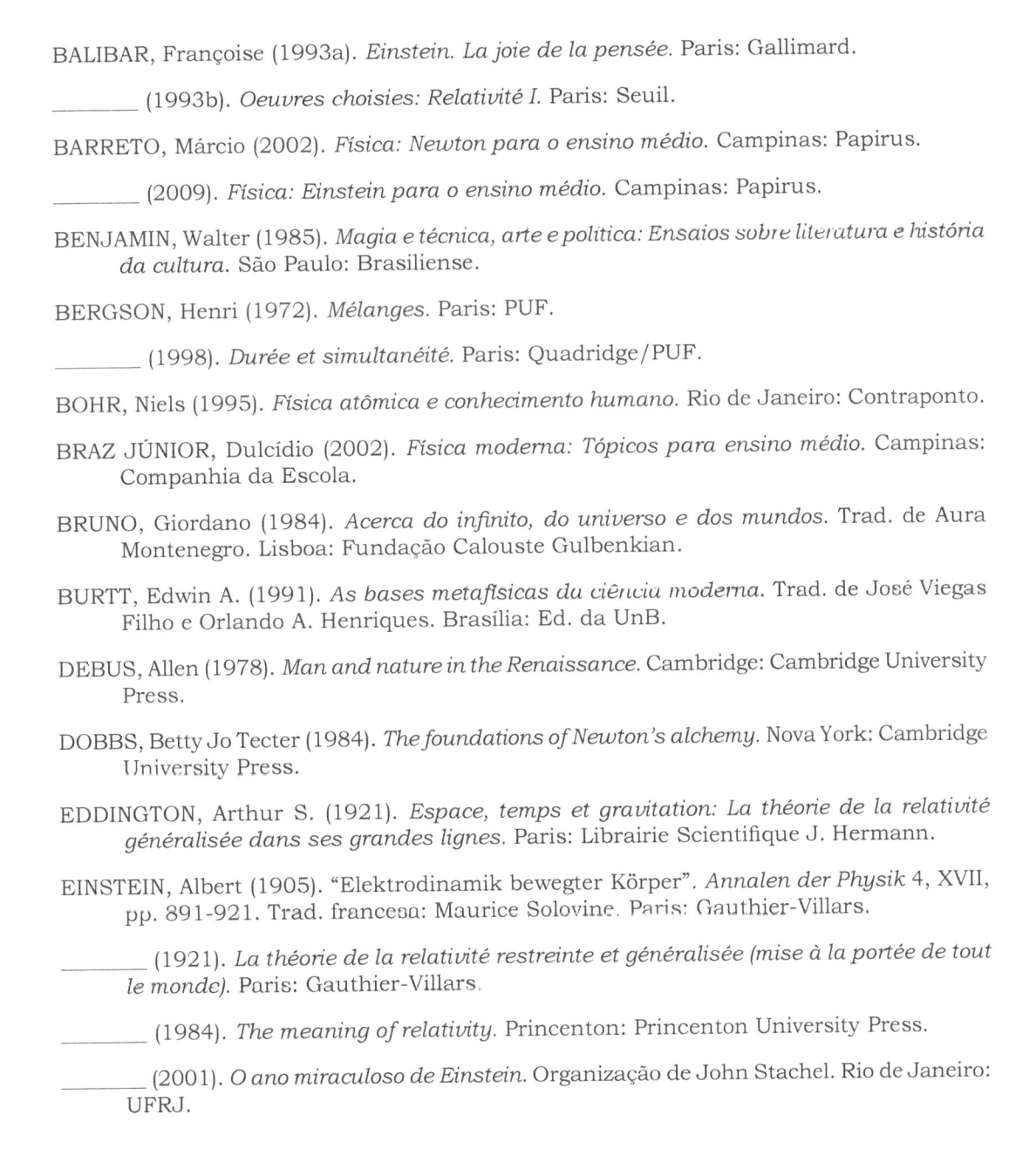

BALIBAR, Françoise (1993a). *Einstein. La joie de la pensée*. Paris: Gallimard.

_____ (1993b). *Oeuvres choisies: Relativité I*. Paris: Seuil.

BARRETO, Márcio (2002). *Física: Newton para o ensino médio*. Campinas: Papirus.

_____ (2009). *Física: Einstein para o ensino médio*. Campinas: Papirus.

BENJAMIN, Walter (1985). *Magia e técnica, arte e política: Ensaios sobre literatura e história da cultura*. São Paulo: Brasiliense.

BERGSON, Henri (1972). *Mélanges*. Paris: PUF.

_____ (1998). *Durée et simultanéité*. Paris: Quadridge/PUF.

BOHR, Niels (1995). *Física atômica e conhecimento humano*. Rio de Janeiro: Contraponto.

BRAZ JÚNIOR, Dulcídio (2002). *Física moderna: Tópicos para ensino médio*. Campinas: Companhia da Escola.

BRUNO, Giordano (1984). *Acerca do infinito, do universo e dos mundos*. Trad. de Aura Montenegro. Lisboa: Fundação Calouste Gulbenkian.

BURTT, Edwin A. (1991). *As bases metafísicas da ciência moderna*. Trad. de José Viegas Filho e Orlando A. Henriques. Brasília: Ed. da UnB.

DEBUS, Allen (1978). *Man and nature in the Renaissance*. Cambridge: Cambridge University Press.

DOBBS, Betty Jo Tecter (1984). *The foundations of Newton's alchemy*. Nova York: Cambridge University Press.

EDDINGTON, Arthur S. (1921). *Espace, temps et gravitation: La théorie de la relativité généralisée dans ses grandes lignes*. Paris: Librairie Scientifique J. Hermann.

EINSTEIN, Albert (1905). "Elektrodinamik bewegter Körper". *Annalen der Physik* 4, XVII, pp. 891-921. Trad. francesa: Maurice Solovine. Paris: Gauthier-Villars.

_____ (1921). *La théorie de la relativité restreinte et généralisée (mise à la portée de tout le monde)*. Paris: Gauthier-Villars.

_____ (1984). *The meaning of relativity*. Princeton: Princeton University Press.

_____ (2001). *O ano miraculoso de Einstein*. Organização de John Stachel. Rio de Janeiro: UFRJ.

EINSTEIN, Albert e BESSO, Michele (1972). *Correspondance 1903-1955*. Paris: Hermann.

EINSTEIN, Albert e INFELD, Leopold (1988). *A evolução da física*. Rio de Janeiro: Guanabara.

ELIADE, Mircea (1987). *Ferreiros e alquimistas*. Lisboa: Relógio D'Água.

ÉVORA, Fátima R.R. (1988). *A revolução copernicana-galileana*. Campinas: Centro de Lógica, Epistemologia e História da Ciência.

FAUVEL, John (1990). *Let Newton be!*. Oxford: Oxford University Press.

FILGUEIRAS, Carlos A.L. (1988). "Newton e a alquimia". *Ciência e Cultura*, n. 40, jan.

FORCE, James E. e POPKIN, Richard H. (1990). *Essays on the context, nature and influence of Isaac Newton's theology*. Dordrecht: Kluwer Academic Publishers.

FRIEDMAN, Alan e DONLEY, Carol (1990). *Einstein as myth and muse*. Cambridge: Cambridge University Press.

GALILEI, Galileu (1987). *Diálogo dos grandes sistemas (primeira jornada)*. Lisboa: Gradiva.

GALISON, Peter (2005). "Os relógios de Einstein". *Ciência e Ambiente*, n. 30, jan.-jun., pp. 7-34. Universidade Federal de Santa Maria.

GJERTSEN, Derek (1986). *The Newton handbook*. Londres e Nova York: Routledge & Kegan Paul.

HÉMERY, Daniel *et al.* (1993). *Uma história da energia*. Trad. de Sérgio de Salvo Brito. Brasília: Editora da UnB.

HILL, Christopher (1987). *O mundo de ponta-cabeça: Idéias radicais durante a revolução inglesa de 1640*. Trad. de Renato Janine Ribeiro. São Paulo: Companhia das Letras.

ISAACSON, Walter (2007). *Einstein: Sua vida, seu universo*. São Paulo: Companhia das Letras.

KEYNES, J.M. (1972). "Newton, the man". *Essays in biography*. Londres: Macmillan.

KOYRÉ, Alexandre (1968). *Newtonian studies*. Chicago: First Phoenix Edition, The University of Chicago Press.

_____ (1992). *Do mundo fechado ao universo infinito*. Trad. de Jorge Manuel Pereirinha F. Pires. Lisboa: Gradiva.

LÉVY-LEBLOND, Jean-Marc (1981). *L'esprit de sel*. Paris: Arthème Fayard.

MAXIMO, Antônio e ALVARENGA, Beatriz (2000). *Curso de física*, v. 3. São Paulo: Scipione.

MOREIRA, Ildeu de Castro e VIDEIRA, Antonio (1995). *Einstein e o Brasil*. Rio de Janeiro: UFRJ.

MOURÃO, Ronaldo de Freitas (1997). *Explicando a teoria da relatividade*. Rio de Janeiro: Ediouro.

NEWTON, Isaac (1950). *As profecias de Daniel e o Apocalipse de São João*. Trad. de Júlio Abreu Filho. São Paulo: Édipo. (Versão original: 1733.)

_____ (1990). *Principia. Princípios matemáticos da filosofia natural*. Trad. de Trieste S.F. Ricci *et al.* São Paulo: Edusp/Nova Stella. (1ª ed. em latim: 1686.)

_____ (2000). *Óptica*. Trad. de André Koch T. Assis. São Paulo: Edusp.

NUNES, Djalma (1994). *Física*, v. I. São Paulo: Ática.

PAIS, Abraham (1995). *"Sutil é o senhor...": A ciência e a vida de Albert Einstein*. Rio de Janeiro: Nova Fronteira.

PRIGOGINE, Ilya e STENGERS, Isabelle (1984). *A nova aliança*. Trad. de Miguel Faria e M.J.M. Trincheira. Brasília: UnB.

RAMALHO, Francisco Jr. *et al.* (2000). *Os fundamentos da física*. 7ª ed. São Paulo: Moderna.

RONAN, Colin A. (1987). *História ilustrada da ciência da Universidade de Cambridge*. Trad. de Jorge Enéas Fortes. Rio de Janeiro: Jorge Zahar.

SCHENBERG, Mário (1984). *Pensando a física*. São Paulo: Brasiliense.

SEVCENKO, Nicolau (org.) (1998). *História da vida privada no Brasil República: Da Belle Époque à era do rádio*. São Paulo: Companhia das Letras.

WESTFALL, Richard S. (1971). *Force in Newton's physics*. Londres: McDonald & Co.

_____ (1980). *Never at rest. A biography of Isaac Newton*. Nova York: Cambridge University Press.

YATES, Frances A. (1987). *Giordano Bruno e a tradição hermética*. São Paulo: Cultrix.